KB159103

딱! 30일 만에 논문 작성하기

딱! 30일 만에 논문 작성하기

김진수 지음

글라이더

천기누설!
대학원에서도 지도교수님도 가르쳐 주지 않는
논문컨설팅 과정에서 다루어지는 노하우 大공개!

대학에서 강의를 진행하면서 논문컨설팅 전문기업에서 수석컨설턴트로 5년간 300명 이상의 다양한 전공 연구자들을 대상으로 석·박사 및 학술지에 대한 논문 컨설팅을 해왔습니다. 그런데 연구자 대부분에게서 몇 가지 공통점을 발견할 수 있었습니다.

첫째, 학교나 지도교수에게 논문작성에 대한 교육을 충분히 받지 못했다.
둘째, 논문작성을 어디서부터 시작을 해야 할지 몰라 어려워했다.
셋째, 논문을 어떻게 찾는지, 논문 주제에 어떻게 접근하는지 몰랐다.
넷째, 통계에 대한 막연한 두려움을 가지고 있었다.
다섯째, 논문작성에 대한 두려움을 가지고 있었다.

돌이켜보면 필자도 대학원 과정에서 논문에 대한 두려움과 부담을 가진 적이 있었습니다. 당연히 선행연구를 찾는 방법도 모르고 논문작성을 위한 통계 개념도 전혀 모르던 시절이었습니다. 만약 그 시절에 논문작성을 위한 기본 내용을 주변의 도움을 받았거나 적절한 서적이 있었다면 조금 덜 고생스러웠을 것입니다. 따라서 필자와 같은 경험을 할 많은 연구자에게 조그만 도움이 되고자 이 책을 준비하게 되었습니다.

이 책의 특징은 다음과 같습니다.

1. 논문작성을 위한 기본부터 마지막 심사 준비까지!

학위논문에 접근하는 방법을 전혀 모르는 초급자부터 논문을 지도하는 강사나 교수도 논문작성법 교재로 사용할 수 있도록 내용을 구성하였다. 논문 찾는 방법부터 연구주제를 구체화하는 방법, 장별 작성 방법, 심사 준비 요령에 이르기까지 독학 연구자부터 교수자까지 사용할 수 있는 내용을 담았다.

2. 논문작성을 위한 알짜배기 핵심 내용만 구성

시중에 나온 논문작성 가이드 서적은 원론적 내용으로 된 경우가 많다. 연구자들이 논문을 작성하는 데 실질적인 도움을 받기 위해 관련 서적을 구매해도 너무나 어려운 용어와 현실에 맞지 않는 내용이어서 별 도움이 안 되곤 한다. 하지만 이 책에서는 초보 연구자부터 논문작성에 자신 있는 연구자까지 유용하게 사용할 수 있는 내용으로 구성하였다.

3. 논문의 규칙을 강조

논문의 정해진 규칙만 이해해도 쉽게 논문을 작성할 수 있다. 하지만 지금까지 어떤 서적에서도 논문 각 장의 규칙을 제시하고 쉽게 작성하는 방법을 제공하지 못하였다. 하지만 이 책에서는 연구자들에게 필요한 정보를 쉽게 찾도록 구성하고 쉬운 말로 설명하였기 때문에, 누구나 어렵지 않게 논문 규칙을 이해하고 논문을 작성할 수 있다.

♥ 감사의 글

논문컨설팅을 진행하는 과정에서 더욱 쉽게 설명해주기 위해 다양한 방식으로 컨설팅을 진행하였습니다. 그 결과 책으로 펴낼 것을 여러분에게 수차례 제안받기도 했습니다. 그렇지만 생활에 찌들어 실행에 옮기는 게 쉽지 않았습니다. 이 책을 통해 많은 연구자가 실질적인 도움을 받기를 원하면서 앞으로도 저의 경험과 지식이 더 많은 연구자에게 도움이 되기를 바랍니다.

이 책을 출간하기 위해 애써주신 글라이더 박정화 대표님과 책으로 완성하기 위해 고생하신 편집자님께 감사의 말씀을 드립니다. 항상 바쁜 아빠를 이해해 주는 아내와 쌍둥이(성현, 성준)에게도 고마움과 사랑을 전합니다.

2022년 7월

김진수

| 차례 |

머리말 · 4

Ⅰ. 준비 단계

1. 논문 이해 단계

1일 차 : 논문 검색 방법과 논문 구조 이해하기 · 10

2일 차 : 논문 용어 이해하기 · 14

2. 논문작성 준비 단계

3일 차 : 논문 주제 접근방법 이해하기 · 29

4일 차 : 논문 주제 접근하기(1) · 33

5일 차 : 논문 주제 접근하기(2) · 41

6일 차 : 탄탄한 연구모형 설계 방법 숙지하기 · 51

7일 차 : 논문 주제 선정사례 살펴보기(1) · 57

8일 차 : 논문 주제 선정사례 살펴보기(2) · 69

9일 차 : 논문 주제 선정사례 살펴보기(3) · 80

10일 차 : 지도교수에게 논문 주제 승낙받는 노하우 익히기 · 91

11일 차 : 프로포절 준비방법 마스터하기 · 97

Ⅱ. 작성 단계

1. 서론 작성

12일 차 : 1장 서론 이해하기 · 103

13일 차 : 서론 작성 따라 하기 · 108

2. 이론적 배경 작성
14일 차 : 2장 이론적 배경 이해하기 · 114
15일 차 : 이론적 고찰 20분 이내에 정리하는 요령 익히기 · 119
16일 차 : 이론적 고찰 2주 만에 끝내는 요령 익히기 · 129
17일 차 : 하루 만에 표절률 5% 떨어뜨리는 요령 익히기 · 138
3. 연구설계 작성
18일 차 : 3장 연구설계 이해하기 · 144
19일 차 : 3장 연구설계 작성하기(1) · 148
20일 차 : 3장 연구설계 작성하기(2) · 155
4. 연구결과 작성
21일 차 : 4장 연구결과 이해하기 · 160
22일 차 : 기초통계 쉽게 이해하기 · 162
23일 차 : 중급통계 쉽게 이해하기 · 175
24일 차 : 고급통계 쉽게 이해하기 · 189
5. 결론 작성
25일 차 : 5장 결론 하루 만에 작성하기 · 198
6. 마무리
26일 차 : 논문 마무리하기 · 206
III. 심사 단계
27일 차 : 논문 완성도 자가진단방법 · 212
28일 차 : 1차 논문심사 준비방법 숙지하기 · 214
29일 차 : 2차 이후 논문심사 준비방법 숙지하기 · 216
30일 차 : 주요 심사 지적사항 살펴보기 · 219
참고문헌 · 231

1부 11일 준비 단계

1. 논문 이해 단계 · 1일 차 논문 검색 방법과 논문 구조 이해하기 · 2일 차 논문 용어 이해하기 2. 논문작성 준비 단계 · 3일 차 논문 주제 접근방법 이해하기 · 4일 차 논문 주제 접근하기(1) · 5일 차 논문 주제 접근하기(2) · 6일 차 탄탄한 연구모형 설계 방법 숙지하기 · 7일 차 논문 주제 선정사례 살펴보기(1) · 8일 차 논문 주제 선정사례 살펴보기(2) · 9일 차 논문 주제 선정사례 살펴보기(3) · 10일 차 지도교수에게 논문 주제 승낙받는 노하우 익히기 · 11일 차 프로포절 준비방법 마스터하기

01 논문 이해 단계

논문의 시작은 선행연구를 고찰하는 것이다. 이 책의 준비 단계에서는 논문을 전체적으로 이해하기 위해 논문을 시작하는 초급자가 반드시 숙지해야 할 내용으로 구성하였다.

1일 차 논문 검색 방법과 논문 구조 이해하기

혹자는 "논문 찾는 방법도 모르냐?"고 말할 수 있겠지만 논문컨설팅을 의뢰받아 수업을 진행하다 보면 의외로 논문 찾는 방법을 모르는 연구자도 있어 논문 찾는 방법부터 시작해보자.

Q 1. 학위논문 검색은 어떻게 하죠?

A 1. RISS를 이용하면 됩니다.

석·박사 학위논문을 작성하기 위해 선행연구를 찾을 때 가장 널리 사용하는 곳이 한국교육학술정보원(KERIS)에서 운영하는 서비스 RISS이며, 무료로 이용할 수 있다.

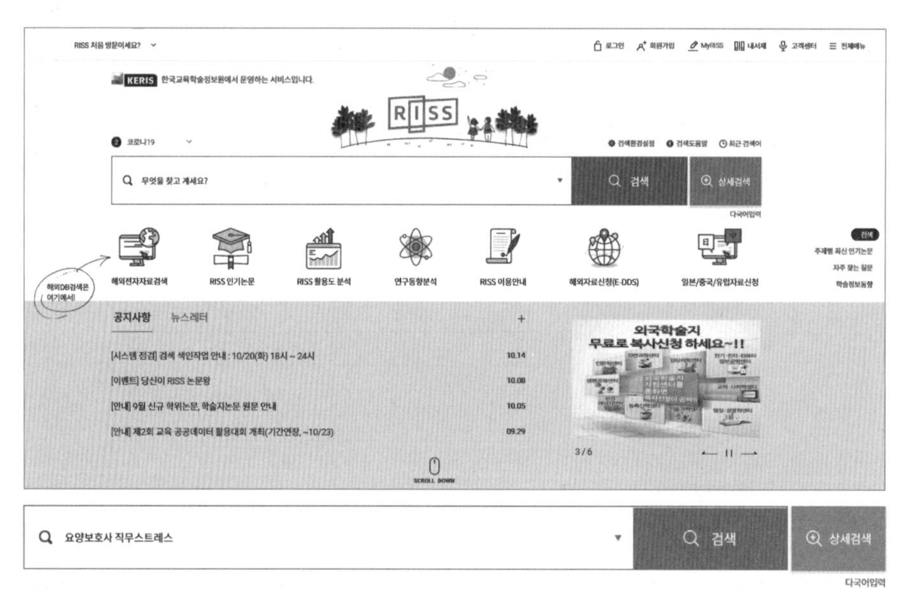

⇒ http://www.riss.kr/

이 사이트에서 국내 학위논문을 검색할 때는 별도의 회원가입이 필요하지 않으며, 원하는 학위논문을 검색한 후 PDF 형태로 내려받을 수 있다. 그리고 제한적이긴 하지만 학술지 논문도 PDF 형태로 내려받을 수 있다. 일단 RISS에 접속하면 아래와 같은 화면이 나온다. 연구자가 검색하고자 하는 내용을 입력하면 관련 논문을 확인할 수 있다.

Q 2. 학술지 논문 검색은 어떻게 합니까?

A 2. 가장 대표적으로 활용할 수 있는 곳으로 DBpia가 있습니다.

학술지 논문을 검색할 때 가장 많이 이용하는 곳으로 DBpia를 들 수 있다.

⇒ http://www.dbpia.co.kr/

DBpia는 유료이므로 주로 학교도서관으로 로그인을 한다. 곧 대학교 도서관 홈페이지에서 DBpia로 이동을 할 수 있다. 대부분의 대학교는 DBpia에 가입되어 있으며 재학생이면 DBpia에 별도 가입 없이 국내 학술지를 검색할 수 있다. 추가로 해외 논문을 무료로 이용하는 사이트는 구글 스칼라(https://scholar.google.co.kr)가 대표적이다.

- 화면 출처 : 인천대학교 학산도서관, http://lib.inu.ac.kr

DBpia 전체 ▾ 키워드, 저널, 학회, 저자 등을 입력해 주세요. 상세검색

- 화면 출처 : http://www.dbpia.co.kr

Q 3. 논문 저장을 효율적으로 하는 방법이 있나요?

A 3. 키워드별로 폴더를 생성하고 번호 체계를 갖추면 효과적입니다.
(일련번호 - 논문 발행 연도 - 연구자 이름 - 논문 구분 - 논문 제목)

이 글을 읽는 독자 중에 '논문 저장하는 방법을 모르는 사람도 있는가?'라고 할 수도 있다. 그렇지만 우리는 기본을 제대로 따르지 않아 시간을 낭비한다. 예를 들어 옷을 제대로 정리하지 못해 많은 시간을 들여 찾아야 하고, 생필품을 제대로 관리하지 못해 중복구매하기도 한다.

논문도 마찬가지이다. 학위논문을 작성하는 과정에서 우리는 수없이 많은 논문을 검색하고 저장한다. 하지만 기본을 제대로 지키지 못해 같은 논문을 여러 번 검색하고 내려받는 시간 낭비를 한다. 그러므로 논문을 저장하는 기본이 중요하다.

먼저 선행연구를 내려받기 위해 저장할 때 파일 이름이 별도로 생성되지 않는 경우가 있다. 이 상태로 저장하면 향후 선행연구를 읽고 정리하는 데 애를 먹게 될 것이다.

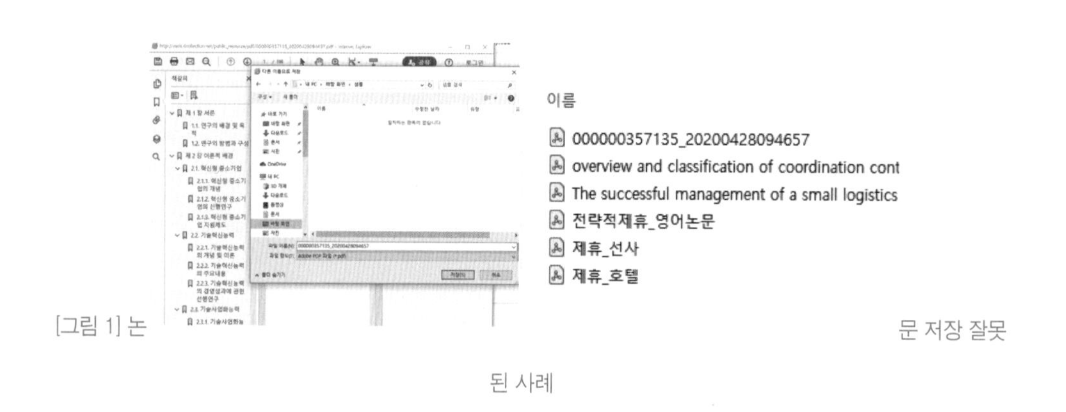

[그림 1] 논문 저장 잘못된 사례

만약 연구모형이 아래 [그림 1]과 같다고 한다면

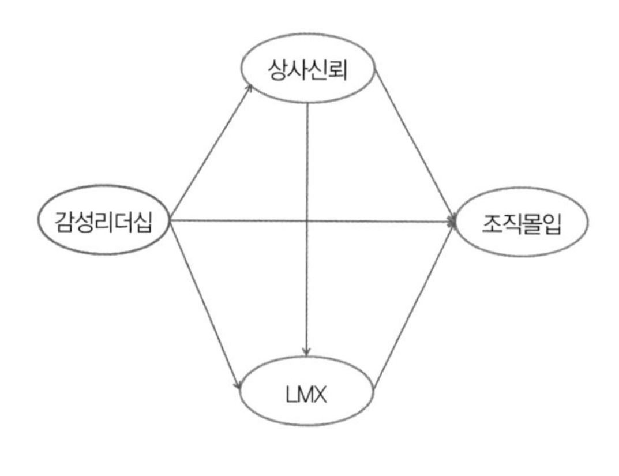

[그림 2] 연구모형 예시

논문을 저장할 때 주요 키워드(변수)별로 할 것을 제안한다. 생성한 폴더에 논문을 저장할 경우에는 일련번호 - 논문 발행 연도 - 연구자 이름 - 논문 구분 - 논문 제목 순으로 하면 같은 논문을 반복해서 찾는 수고는 덜게 될 것이다.

[그림 3] 주요 키워드별 폴더 생성 예시

[그림 4] 감성리더십 선행연구 저장 예시

현재 주제가 명확하지 않으면 관심 있는 분야에 대한 키워드를 중심으로 저장하면 된다. 그러면 반복하여 논문을 찾는 시간을 줄일 수 있다. 더불어 향후 다른 분야에 관해 연구할 때에도 유용하게 활용할 수 있다.

일련번호 - 논문 발행 연도 - 연구자 이름 - 논문 구분 - 논문 제목

Q 4. 논문의 구조는 어떻게 되나요?

A 4. 가장 일반적으로 다섯 장으로 구성됩니다.

논문 구조에는 규칙이 있다. 정해진 규칙에 따라 작성되어야 한다. 따라서 아무리 글쓰기에 자신이 있는 사람도 논문의 구조를 충분히 이해하지 못했기 때문에 논문작성을 어렵게 느낀다.

우리는 낯선 지역이나 새로운 기기를 접하면 막연한 두려움을 갖는다. 익숙하지 않기 때문이다. 따라서 어려움을 해소하기 위해서는 먼저 논문의 전체 구조를 이해해야 한다.

학위논문 본문은 대부분 5장으로 구성된다.

(제1장 서론, 제2장 이론적 배경, 제3장 연구설계, 제4장 연구결과, 제5장 결론)

Tip 각 장의 세부 목차는 학교나 학과마다 약간 차이가 있으니 논문 목차를 구성하기 전에는 반드시 지도교수의 학생이 쓴 논문을 참고하자.

2일 차 논문 용어 이해하기

논문의 생소한 용어는 논문을 더 어렵게 느껴지게 한다. 논문에서 자주 언급되는 내용을 살펴보자.

Q 5. 연구모형이 뭐지요?

A 5. 연구주제를 예상하게 하는, 그림으로 표현된 도형 모음을 말합니다.

논문을 보면 다양한 그림을 쉽게 발견할 수 있는데, 이를 '연구모형'이라고 한다. 연구모형은 각 논문에서 다루는 내용을 요약해서 제시한 그림을 말한다.

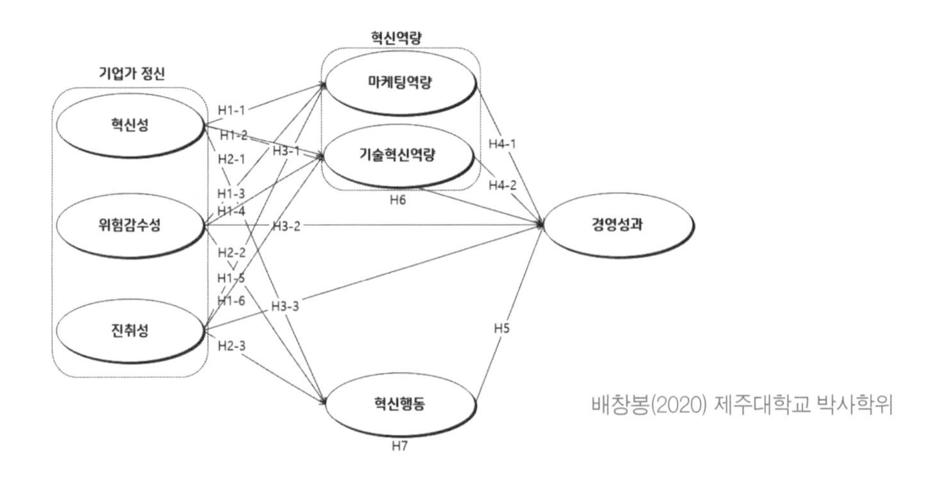

배창봉(2020) 제주대학교 박사학위

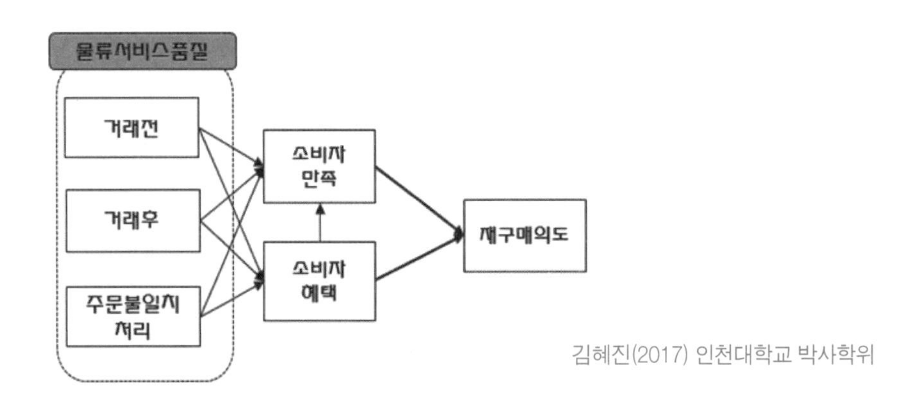

김혜진(2017) 인천대학교 박사학위

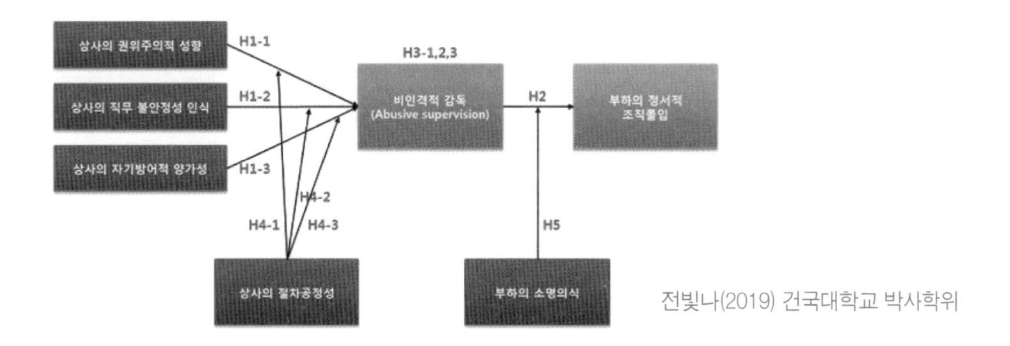

전빛나(2019) 건국대학교 박사학위

Q 6. 연구모형으로 연구 제목을 예상할 수 있나요?

A 6. 어느 정도 예상할 수 있습니다.

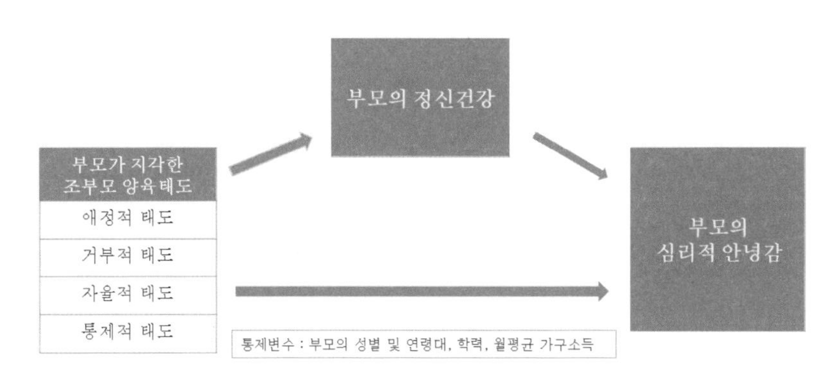

김수현(2018) 부산대학교 석사학위

위의 제시된 연구모형을 살펴보자.

① '부모가 지각한 조부모 양육태도'의 화살표가 '부모의 정신건강'과 '부모의 심리적 안녕감'으로 향해 있다. 이를 통해 부모가 지각한 조부모의 양육태도와 부모의 정신건강, 부모의 심리적 안녕감에 대해 다룬다는 것을 예상할 수 있다.

② '부모의 정신건강'이 '부모의 심리적 안녕감'으로 향해 있는 것을 통해 부모의 정신건강과 부모의 심리적 안녕감의 관계를 살펴볼 것을 예상할 수 있다.

③ 더불어 '부모가 지각한 조부모 양육태도'는 '부모의 정신건강'을 거쳐서 '부모의 심리적 안녕감'에 영향을 미친다는 것을 살펴볼 것이라 예상할 수 있다.

따라서 연구모형을 통해 논문 제목을 어느 정도 예상할 수 있다.

예상 논문 제목	실제 논문 제목
① 부모가 지각하는 조부모의 양육태도가 부모의 심리적 안녕감에 미치는 영향 : 부모의 정신건강을 매개로 ② 조부모의 양육태도가 부모의 정신건강을 매개로 심리적 안녕감에 미치는 영향 : 부모의 지각을 중심으로 ③ 부모가 지각하는 조부모의 양육태도와 부모의 정신건강, 그리고 부모의 심리적 안녕감의 구조관계에 관한 연구	조부모의 손자녀 양육태도와 맞벌이 부모의 심리적 안녕감과의 관계에서 정신건강의 매개효과

Q 7. 연구가설이 무엇인가요?

A 7. 연구가설이란 연구자가 연구에서 증명하고자 하는 내용을 말하며, 연구모형이 확정된 후 구체적인 연구가설 수립이 이루어집니다.

앞서 연구모형에 대해 살펴보았다. 연구모형에 이어 제시되는 것이 연구가설이다. 연구가설은 연구모형을 중심으로 수립되며, 화살표 방향대로 가설이 제시된다.

앞서 살펴본 [김수현(2018)의 연구모형]에서 화살표(→) 방향을 살펴보자.

'부모가 지각한 조부모 양육태도'의 방향이 '부모의 정신건강'과 '부모의 심리적 안녕감'에 연결되어 있다. 그리고 '부모의 정신건강'이 '부모의 심리적 안녕감'으로 연결되어 있다. 따라서 다음과 같이 표현할 수 있다.

H1) 부모가 지각하는 조부모의 양육태도는 부모의 정신건강에 유의한 정(+)의 영향을 미칠 것이다.

H2) 부모가 지각하는 조부모의 양육태도는 부모의 심리적 안녕감에 유의한 정(+)의 영향을 미칠 것이다.

H3) 부모의 정신건강은 부모의 심리적 안녕감에 유의한 정(+)의 영향을 미칠 것이다.

H4) 부모가 지각하는 조부모의 양육태도는 부모의 정신건강을 매개로 심리적 안녕감에 유의한 영향을 미칠 것이다.

하지만 가설 순서는 정해져 있지 않다. 연구자가 가설 순서를 다르게 설정하기 때문에 순서로 인한 스트레스를 받지 말자. 가설을 표현하는 방식도 정해져 있지 않으므로 아래 세 가지 모두 사용할 수 있다.

예) 부모의 양육태도는 정신건강에 영향을 미칠 것이다.

예) 부모의 양육태도는 정신건강에 유의한 영향을 미칠 것이다.

예) 부모의 양육태도는 정신건강에 유의한 정(+)의 영향을 미칠 것이다.

Q 8. 연구문제와 연구가설은 다른 것인가요?

A 8. 양적 연구에서 연구문제와 연구가설은 비슷합니다. 다만 연구문제는 연구모형과 연구가설이 제시되지 않는 경우에 흔히 사용됩니다. 간단히 말해서 연구자가 논문에서 연구하고자 하는 핵심 내용을 의미합니다.

인과관계를 설명하는 연구(양적 연구)가 모두 연구모형과 연구가설으로 제시되는 것은 아니다. 일부 학교(학과)에서는 연구모형과 연구가설이 제시되지 않고 서론에서 연구문제로 대체되기도 한다. 어떤 경우에는 연구모형은 제시되지만 연구가설이 별도로 제시되지 않고 연구문제로 대체된다. 다음의 그림은 연구모형이 제시되었으나 연구가설은 별도로 제시되지 않고 연구문제로 대체된 것이다.

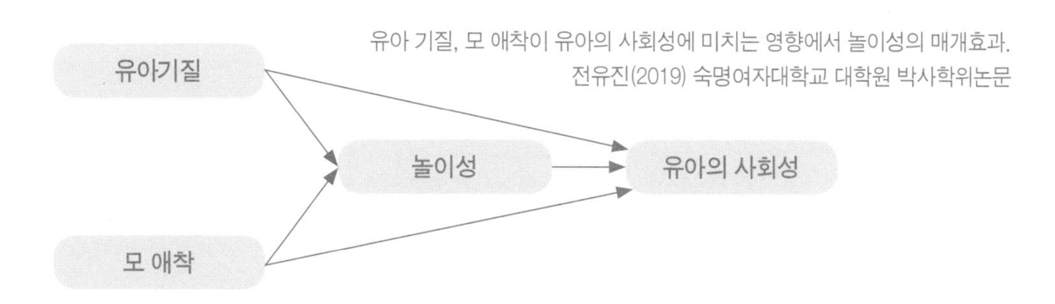

연구문제 1. 유아 기질이 유아의 사회성에 미치는 영향에서 놀이성의 매개효과는 어떠한가?

연구문제 2. 모 애착이 유아의 사회성에 미치는 영향에서 놀이성의 매개효과는 어떠한가?

연구문제는 연구가설을 수립하듯 변수와 변수 간의 관계를 연구문제로 설정하는 것이 가장 일반적이다.

통계분석의 결과를 제시할 때 연구가설이나 연구문제에서 제시한 내용대로 분석 결과를 제시한다. 일반적으로 연구가설은 변수와 변수 간에 세부적으로 수립하는 경우가 많으며, 연구문제는 연구가설에서 제시하는 항목보다 다소 넓은 범위에서 수립한다.

연구문제는 양적 연구뿐 아니라 질적 연구에서도 사용된다. 따라서 연구문제는 연구자가 논문에서 밝히고자 하는 핵심 내용이라고 할 수 있다. 연구 방법이 질적 혹은 양적 연구 방법을 떠나 핵심 연구 내용을 제시하는 것이라고 이해하면 된다.

Q 9. 변수는 무엇인가요?

A 9. 연구하고자 하는 주요 내용으로 주로 연구모형에서 표시된 다양한 형태(네모, 동그라미, 타원형)를 뜻합니다.

논문을 보면 '변수'라는 용어를 자주 접하게 된다. 논문에서 연구모형에 사용되는 그림을 변수라고 한다. 다양한 형태(네모, 동그라미, 타원형)가 사용되는데, 타원형이 가장 일반적이다.

다음의 [그림 5]처럼 가장 왼쪽에 있는 변수를 '외생변수', 오른쪽에 있는 변수를 '내생변수'라고 한다.

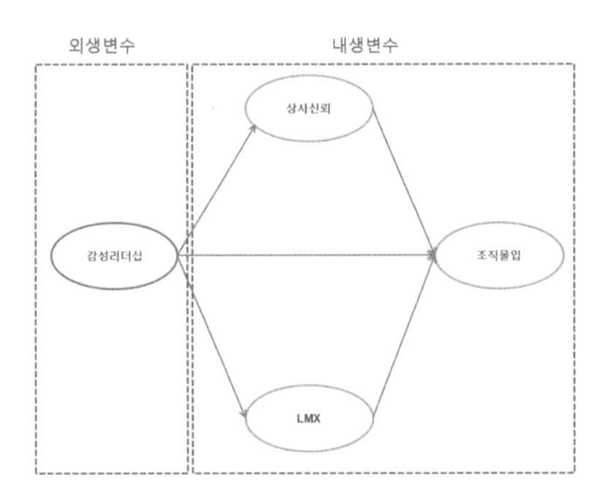

[그림 5] 외생변수와 내생변수

변수를 쉽게 이해하기 위해 네 가지로 나누어 설명하고자 한다. 네 가지 변수만 명확하게 구분하면 선행연구에 대한 이해도가 높아질 뿐 아니라 연구주제를 선정하는 데도 도움이 된다.

네 가지 대표적인 변수는 독립변수, 매개변수, 종속변수, 조절변수이다.

①독립변수(Independent Variable): 종속변수에 변화를 가져오거나 영향을 미치는 변수로 종속변수의 원인으로 추정되는 변수를 말한다. 간단하게 연구모형에서 가장 왼쪽에 있는 그림이라고 이해하면 쉽다. 독립변수의 숫자에는 제한이 없다(1개~복수).

②매개변수(Mediator variable): 독립변수와 종속변수의 관계를 매개하는 역할을 하는 변수를 말한다. 연구모형에서 중간에 있는 그림이 매개변수이다. 그러나 중간에 있다고 해서 모두 매개변수라고 할 수는 없다. 비록 연구모형은 독립변수와 매개변수, 종속변수처럼 보일지라도 연구가설에서는 매개효과를 측정하지 않는다면 해당 변수를 매개변수라고 하지 않는다. 그래도 논문을 이해하는 단계에서 변수를 쉽게 이해하기 위해 연구모형의 중간에 있는 변수를 매개변수라고 설명하겠다. 매개변수의 숫자에도 제한이 없다(1개~복수).

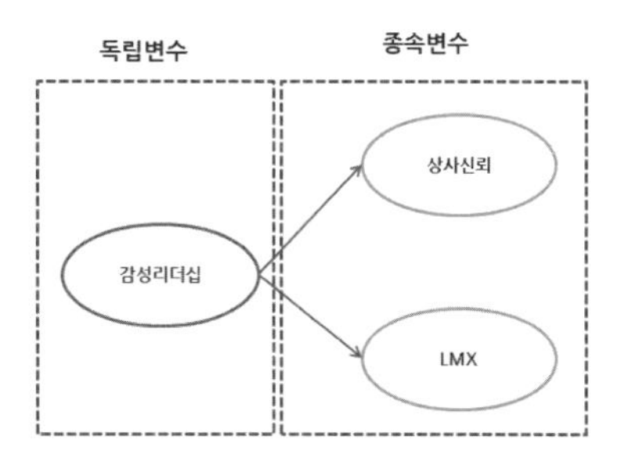

[그림 6] 독립, 종속변수

③종속변수(Dependent Variable): 독립변수의 영향으로 나타나는 결과변수를 의미하며, 연구모형에서 가장 오른쪽에 있는 그림을 말한다. 종속변수의 숫자에도 제한이 없다(1개~복수).

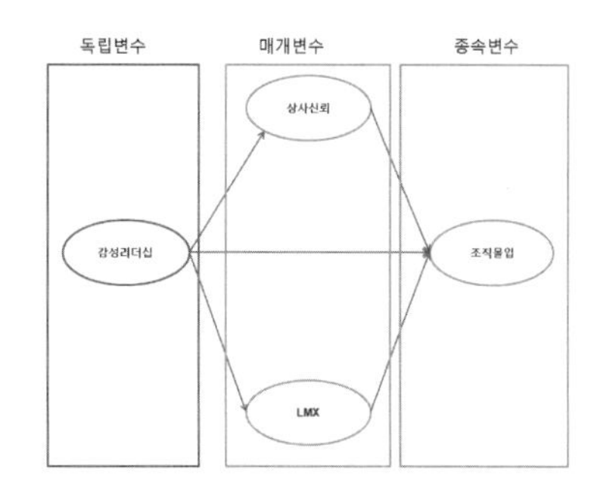

[그림 7] 독립, 매개, 종속변수

④조절변수(Moderator Variable): 종속변수에 대한 독립변수의 효과를 중간에서 조절하는 변수를 의미한다. 연구모형 그림에서는 중간에 걸친 형태이며, 놀이터의 시소 같은 역할을 한다. 즉 양쪽의 무게에 따라 결과가 달라지듯 조절변수는 양쪽(영향을 주는 변수와 영향을 받는 변수)의 효과를 조절한다.

첫 번째 그림은 두 가지로 구분되어 있다. 왼쪽과 오른쪽 두 개로 구분되어 왼쪽(감성리더십)은 독립변수, 오른쪽은 종속변수(상사신뢰, LMX)이다.

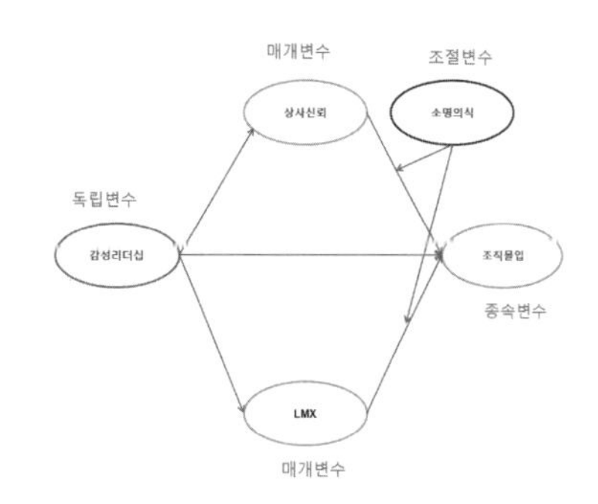

[그림 8] 독립, 매개, 조절, 종속변수

두 번째 그림은 세 가지 변수로 이루어져 있다. 맨 왼쪽(감성리더십)은 독립변수, 중간은 매개변수(상사신뢰, LMX), 제일 끝은 종속변수(조직몰입)이다.

세 번째 그림에서 맨 왼쪽(감성리더십)은 독립변수, 중간은 매개변수(상사신뢰, LMX), 맨 끝은 종속변수(조직몰입)이다. 매개변수와 종속변수 사이에 위치한 소명의식은 조절변수이다.

Q 10. '조작적 정의'는 무엇인가요?

A 10. 연구에 사용되는 변수를 연구 목적에 맞게 새롭게 정의하는 것을 의미합니다.

질문 1) 학위논문이 뭐지요?

답1) 학위를 취득하려고 제출하는 논문으로 주로 석사학위 논문, 박사학위 논문을 말합니다.(Naver사전)

질문 2) 연구자에게 학위논문은 뭐지요?

답 2) 제 인생 목표 중 하나입니다.

위의 예시에서 답1)은 교과서 같은 답이고, 답2)는 응답자 기준의 답이다. 교과서 같은 설명을 '개념적 정의', 자기 기준에서 해석한 것을 '조작적 정의'라고 한다. '조작적 정의'란 연구자가 연구에 사용하는 변수를 자신의 연구 목적에 맞게 새롭게 정의한 것이다.

다. 조절변수 : 가정친화정책

유계숙(2008)은 기업에서 실시하는 가정친화정책은 법, 프로그램, 교육, 그리고 홍보 등을 통해 근로자들이 직장·가정생활을 조화롭게 수행함은 물론이고 출산과 양육에 어려움이 없도록 지원하는 제도를 의미한다고 하였다. 그리고 이병훈, 김종성(2009)은 근로자들이 가정과 직장을 상호 조화롭게 병행할 수 있도록 기업차원에서 제공하는 제도를 의미한다고 하였다.

따라서 본 연구에서의 가정친화정책이란 병원의 이미지 및 생산성을 제고하고 구성원의 삶의 질을 향상하기 위해 일-가정 생활을 조화롭게 병행할 수 있도록 지원하고자 적극적으로 시행하는 제도라고 정의한다.

유효정(2019). 일-생활균형이 조직몰입에 미치는 영향에 관한 연구 : 의료기관 여성종사자의 가정친화정책 조절효과를 중심으로, 광운대 박사학위

구분	측정 변인	하위변인	개념적 정의	변수의 정의
독립 변인	인상 관리	자기증진인상관리 (Self-Promotion)	사회적, 심리적, 물질적 목표를 달성하기 위하여 자신의 이미지를 통제하고 노력하는 행위, 타인의 지각에 영향을 미치도록 의도적으로 디자인된 행동을 말함. (위키 백과사전)	강의 현장에서 교수자가 언어적·비언어적 행동을 표출함으로써 학습자에게 자신에 대한 인식 및 강의효과를 높이기 위한 전략적 커뮤니케이션 행동.
		타인중심 인상관리 (Other-Focused)		
		비언어적 인상관리 (Non-Verbal)		

최낙영(2017), 평생교육교수자의 인상관리가 교육만족도와 교육성과에 미치는 영향 연구, 백석대 박사학위.

위의 두 논문 내용을 보면 변수를 설명하는 데 개념적 정의와 조작적 정의를 제시하고 있음을 알 수 있다.

Q 11. 조작적 정의는 왜 하는 것인가요?

A 11. 연구자의 연구목적에 가장 적당한 설문 문항을 구성하기 위해서입니다.

이직의도	전혀 그렇지 않다	그렇지 않다	보통이다	그렇다	매우 그렇다
1. 나는 다른 병원으로 지원하고 싶다.					
2. 나는 더 좋은 조건의 병원이 있다면 그곳으로 갈 수 있다.					
3. 나는 더 좋은 조건의 병원으로 이직하기 위해 알아보고 있다.					
4. 나는 상사와 의견이 맞지 않아 직장을 바꾸려고 한다.					

[그림 9] 김상한(2017). 병원 간호사에 대한 임파워먼트가 직무만족, 정서적 몰입 및 이직 의도에 미치는 영향 : LMX, 지각된 조직지원 및 병원규모의 조절효과, 경희대 박사학위 논문 중에서

Ⅶ. 다음은 귀하의 **이직의도**에 관한 문항입니다. 귀하의 생각을 가장 잘 나타내는 곳에 표시(√)해 주십시오.

항목	전혀 그렇지 않다	그렇지 않은 편이다	보통이다	그런 편이다	매우 그렇다
1. 나는 다른 회사에서 일해보고 싶다.	①	②	③	④	⑤
2. 다시 선택할 수 있다면 현재의 회사를 선택하지 않을 것이다.	①	②	③	④	⑤
3. 더 나은 조건의 회사가 있다면 이직할 생각이 있다.	①	②	③	④	⑤
4. 나는 현재 회사를 그만 둘 생각을 진지하게 하고 있다.	①	②	③	④	⑤
5. 나는 새로운 회사로의 이직을 생각하고 있다.	①	②	③	④	⑤
6. 나는 종종 다른 회사의 구인광고를 검색해 본다.	①	②	③	④	⑤

[그림 10] 강인주(2015). 대기업 사무직 근로자의 이직의도와 경력학습, 경력동기, 조직지원인식, 조직몰입, 경력몰입 및 고용가능성의 관계, 서울대학교 박사학위 논문 중에서

위의 두 가지 논문에서 측정한 이직 의도에 대한 설문 문항을 살펴보자. 김상한(2017)은 설문 문항에서 병원에 근무하는 사람을 대상으로 이직 의도를 측정한 것을 예상할 수 있다. 강인

주(2015)는 회사 근로자를 대상으로 이직 의도를 측정한 것을 알 수 있다.

이처럼 동일한 이직 의도라 해도 연구자의 연구대상에 따라 변수(설문 문항)가 조작적 정의에 기반하여 재구성된다.

Q 12. 측정도구란 무엇입니까?

A 12. 변수를 측정하기 위해 사용하는 설문 문항의 출처입니다.

도구라는 개념적 정의를 표준국어대사전에서 검색하면 '일을 할 때 쓰는 연장을 통틀어 이르는 말', '어떤 목적을 이루기 위한 수단이나 방법'이라 쓰여 있다. 그렇다면 측정도구는 무엇일까? 용어를 풀어 유추해보면 논문에서 사용할 어떤 것을 측정하기 위해 쓰는 연장으로 해석할 수 있다. 무엇을 측정한다는 것일까? 아래와 같은 상황을 상상해보자.

— 주방에서 사용할 칼과 도마가 필요하다.

칼과 도마를 얻으려면 직접 만들거나 누군가가 만들어 놓은 것을 사야 한다.

내게 맞는 칼과 도마를 직접 만들겠다고 하면 '척도개발'이라는 연구를 하는 것이 된다. 마트에 들러서 칼과 도마를 구입한다면 누군가가 만들어 놓은 것 중에서 가장 적합한 측정도구를 고르는 것이다.

Q 13. 왜 측정도구를 찾아야 할까요?

A 13. 자신의 연구에 가장 적합한 도구를 사용해야 연구 목적에 부합한 결과를 얻을 수 있기 때문입니다.

칼과 도마를 마트에서 구입한다면 쓰임새, 재질, 가격, 디자인 등 다양한 칼과 도마가 있는 것을 확인할 수 있다. 그렇다고 아무거나 고르면 불편함을 겪거나 쓸모가 없어지는 문제가 생길 수 있다. 따라서 요리를 위해 사용되는 도구를 구입할 때 자신에게 가장 적합한 것을 선택해야 한다. 마찬가지로 논문에서 측정하고자 하는 변수를 고르기 위해서는 자신의 연구에 가장 적합한 것을 선택해야 한다. 그것이 측정도구를 찾아야 하는 이유이다.

중학생을 대상으로 하는 연구에서 연구모형이 다음과 같이 결정되었다고 가정해보자.

[그림 11] 중학생의 자기효능감이 학교생활 적응에 미치는 영향에 관한 연구

자기효능감과 학교생활 적응을 측정하기 위해서는 그에 맞는 측정도구를 찾아야 한다. 비록 선행연구에서 사용된 측정도구가 청소년을 대상으로 했다 해도 도구의 생김새가 조금씩 다르다. 이민주(2017)이 사용한 자기효능감의 측정도구는 다섯 개의 하위변인으로 구성이고, 설문 문항은 모두 31개이며, 4점 Likert 척도로 측정되어 있다.

> 자기효능감 척도는 박영신과 김의철(2006)이 5개의 하위변인으로 구성한 것을 사용하였다. 하위변인은 자기조절학습 효능감, 어려움극복 효능감, 사회성 효능감, 관계 효능감이 각 6문항, 부모자녀관계 효능감 7문항으로 구성되어 있다. 자기효능감 척도는 Likert 4점 척도를 사용하였으며, 점수가 높을수록 효능감이 높은 것을 의미한다. 자기효능감의 각 요인별 해당문항과 하위변인들의 신뢰도 값은 <표 IV-3>와 같다.

이민주(2017) 청소년의 부모에 대한 신뢰가 자기조절능력에 미치는 영향: 자기효능감의 매개효과, 고려대학교 석사학위 논문 p.19.

반면 권슬기(2016)는 별도의 하위요인이 구성되지 않은 18문항의 척도이다. 측정은 5점 Likert 척도로 측정된다.

> 다. 자기효능감 검사
>
> 본 연구에서 '자기효능감'은 음악적 자기효능감으로써, 학생이 음악활동 및 과제를 수행하기 위해 필요한 행위를 조작하고 실행해 나가는 자신의 능력에 대한 믿음으로 정의되었다. 이에 대한 척도는 김아영과 박인영(2001)이 개발하여 타당화 연구를 마친 학업적 자기효능감 척도를 음악학습영역에 맞추어 수정하여 사용하였다. 원 척도는 총 18문항으로 구성되어 있으나, 본 연구에서는 예비 검사 응답 결과에 대한 요인분석 과정을 통해 4문항이 제외되고 14문항으로 재구성되었다. 검사의 각 문항은 학생이 음악 학습 및 활동을 할 때 각자의 음악능력을 얼마나 믿고 조절할 수 있는지를 묻는 것으로, 5점 Likert 척도로 제시되어 자기효능감이 높을수록 높은 점수를 받도록 구성되었다.

권슬기(2016). 학생이 지각하는 교사-학생관계 및 부모의 학습관여가 자기효능감을 매개로 음악흥미에 미치는 영향. 서울대학교. 석사학위 논문 p.55.

이처럼 동일한 변수라고 해도 연구자마다 다양한 측정도구를 사용한다. 따라서 연구자는 여러 측정도구 중에서 자신에게 가장 적합한 것을 골라야 한다.

Q 14. 왜 측정도구를 찾아야 할까요?

A 14. 아래 제시되는 네 가지가 측정도구를 선택할 때 주의할 점입니다.

문 1) 측정도구 중에서 두 개의 측정도구가 마음에 드는데 그중에 제가 필요한 것만 골라서 사용하면 안 될까요?

답 1) 여러 측정도구를 혼합해서 사용하는 경우가 있기도 합니다. 하지만 타당도가 확보되지 않는 문제가 발생할 가능성이 매우 높으므로 안 하는 것이 좋습니다. 측정도구는 선행 연구자의 노력으로 개발된 것이므로 임의로 훼손하는 것은 좋지 않습니다.

문 2) 마음에 드는 측정도구가 있긴 한데 문항 수가 너무 많아요. 줄이면 안 되나요?

답 2) 원칙적으로 금지하는 학과(지도교수)가 있기도 하지만, 문항 수는 어느 정도 적절하게 조정해서 사용하고 있습니다. 사용 전에 미리 지도교수와 상의해야 합니다.

문 3) 제 마음에 드는 측정도구는 4점 Likert 척도를 사용하는데, 5점이나 7점으로 사용하면 안 되나요?

답 3) 문2와 마찬가지입니다. 원칙적으로 금지하는 학과(지도교수)가 있으므로 반드시 지도교수와 미리 상의해야 합니다.

문 4) 제 마음에 드는 측정도구가 없습니다. 저는 해당 분야에 전문성을 충분히 가지고 있으니 임의대로 설문 문항을 구성하면 안 될까요?

답 4) 안 됩니다. 임의대로 설문 문항을 구성하면 타당도 확보가 안 될 뿐 아니라 측정도구에 대한 근거가 약하므로 사용하지 않는 것이 좋습니다.

Q 15. 연구방법론이 무엇인가요?

A 15. 연구방법론은 크게 '질적 연구'와 '양적 연구'로 구분됩니다. 그리고 질적 연구와 양적 연구를 동시에 하는 혼합 연구가 있습니다.

논문 주제를 선정하기 전에 우선 방법론을 결정해야 한다. 연구방법론은 크게 '질적 연구'와 '양적 연구'로 구분된다. 그리고 질적 연구와 양적 연구를 동시에 하는 '혼합 연구'가 있다.

논문 주제에 접근하는 과정에서 연구자는 질적 방법론을 선택할 것인지, 양적 방법론을 선택할 것인지 고민해야 한다. 하지만 많은 경우에 지도교수가 선호하는 연구방법론을 따른다는 점을 강조하고자 한다. 연구자가 질적 연구를 하고 싶다고 하더라도 지도교수가 양적 연구방법을 선호한다면 양적 연구를 먼저 고려하여 연구주제에 접근할 것을 제안한다. 따라서 연구자는 연구방법론을 선택할 때 지도교수의 연구방법론을 사전에 살펴볼 필요가 있다.

Q 16. 인용자 처리는 어떻게 하면 되나요?

A 16. 인용자 처리를 문장 앞에 할지 문장 뒤에 할지를 기준으로 몇 가지만 이해하면 매우 쉽게 해결할 수 있습니다.

논문작성 과정에서 헷갈리는 것 중의 하나가 인용자 표기 방법이다. 이는 학교나 학과에서 배포하는 학위논문 작성규칙에 따라야 한다. 아래 내용을 적용하면 학과규칙에 맞게 작성하는 데 어려움이 없을 것이다.

인용자 처리는 인용자를 문장 앞에 사용할 것인지 문장 뒤에 사용할 것인지로 구분된다. 그리고 인용하고자 하는 저자의 숫자에 따라서 표기가 달라지며, 국내 저자인지 해외 저자인지에 따라서 달라진다.

인용자 위치	저자 수	한국 저자 예시	해외 저자 예시
문장 앞	1인 저자	홍길동(2020)	Anderson(2020)
	2인 저자	홍길동·신사임당(2020)	Anderson & Allen (2020)
	3인 이상 저자	홍길동 외(2020)	Anderson et al.(2020)
문장 뒤	1인 저자	~할 수 있다(홍길동, 2020).	~할 수 있다(Anderson, 2020).
	2인 저자	~할 수 있다(홍길동·신사임당, 2020).	~할 수 있다(Anderson & Allen, 2020).
	3인 이상 저자	~할 수 있다(홍길동 외, 2020).	~할 수 있다(Anderson et al., 2020).

문장을 시작하는 단계에서 인용하고 싶은지, 문장 맨 마지막에 사용하고 싶은지에 따라서 선행연구의 연구연도를 처리하기 위한 괄호의 위치가 달라지는 것을 확인할 수 있다.

저자의 수가 1인 단독저자, 2인 공동저자, 3인 이상 공동저자인지에 따라 표기하는 방식이 달라진다. 통상 2인까지는 저자명을 모두 표시하지만, 3인 이상이면 제1저자만 표시하고 '외', '등', 'et al.'로 처리한다.

또 인용자가 국내 연구자인지 해외 연구자인지에 따라서 2인 이상 저자면 표기하는 방식이 조금씩 다르다. 한국 저자면 '홍길동·신사임당(2020)', '홍길동, 신사임당(2020)', '홍길동과 신사임당(2020)' 등으로 표시한다. 반면에 해외 저자는 'Anderson & Allen(2020)', 'Anderson and Allen(2020)', 'Anderson, Allen(2020)' 등으로 학교 규칙에 따라 다르게 표시한다.

지금까지 제시한 내용을 바탕으로 인용자 처리 방법의 사례를 이해해보자.

사례 1) 인용자를 표기하고자 하는 위치가 어디인가?

인용자가 앞에 사용될 경우와 뒤에 사용될 경우의 차이는 연구연도의 '괄호' 위치이다.

인용자가 앞에 올 경우에는 인용자(연도), 즉 홍길동(2020)으로 작성하지만, 인용자가 뒤에 올 경우에는 (인용자, 연도), 즉 (홍길동, 2020)으로 작성한다.

인용하고자 하는 선행연구의 저자가 단독저자인지, 2인 공동저자인지, 3인 이상 공동저자인지에 따라서 표기 방법이 달라진다. 보통 3인 이상이면 제1저자만 표시하고 나머지는 '외', '등'으로 표시한다.

인용자 위치 문장 앞 or 문장 뒤	
인용자 위치가 문장 앞에 있는 경우	홍길동(2020)은 겨울이 지나면 봄이 온다고 하였다. Mark(2020)는 겨울이 지나면 봄이 온다고 하였다. 홍길동·신사임당(2017)은 석양이 아름답다고 하였다. Mark & Jason(2017)은 석양이 아름답다고 하였다. 홍길동 외(2018)는 작년 겨울은 유난히 길었다고 했다. Mark et al.(2018)은 작년 겨울은 유난히 길었다고 했다.
인용자 위치가 문장 뒤에 있는 경우	겨울이 지나면 봄이 온다(홍길동, 2020). 겨울이 지나면 봄이 온다(Mark, 2020). 석양이 아름답다(홍길동·신사임당, 2017). 석양이 아름답다(Mark & Jason, 2017). 작년 겨울은 유난히 길었다(홍길동 외, 2018). 작년 겨울은 유난히 길었다(Mark et al., 2018).

사례 2) 인용자의 국적은 어떻게 되는가?

인용자의 국적에 따라서 인용 위치, 저자의 수에 따른 표기 방법을 예로 제시하였다.

인용자 국적

한국인 | 외국인

인용자가 한국 연구자인 경우	홍길동(2020)은 겨울이 지나면 봄이 온다고 하였다. 겨울이 지나면 봄이 온다(홍길동, 2020). 홍길동·신사임당(2017)은 석양이 아름답다고 하였다. 석양이 아름답다(홍길동·신사임당, 2017). 홍길동 외(2018)는 작년 겨울은 유난히 길었다고 했다. 작년 겨울은 유난히 길었다(홍길동 외, 2018).
인용자가 해외 연구자인 경우	Mark(2020)는 겨울이 지나면 봄이 온다고 하였다. 겨울이 지나면 봄이 온다(Mark, 2020). Mark & Jason(2017)은 석양이 아름답다고 하였다. 석양이 아름답다(Mark & Jason, 2017). Mark et al.(2018)은 작년 겨울은 유난히 길었다고 했다. 작년 겨울은 유난히 길었다(Mark et al., 2018).

사례 3) 저자의 수는 몇 명인가?

인용자의 저자 수에 따라서 인용 위치, 인용자의 국적에 따른 표기 방법을 예로 제시하였다.

저자 수

1명 | 2명 | 3명 이상

인용자가 단독저자인 경우	홍길동(2020)은 겨울이 지나면 봄이 온다고 하였다. Mark(2020)는 겨울이 지나면 봄이 온다고 하였다. 겨울이 지나면 봄이 온다(홍길동, 2020). 겨울이 지나면 봄이 온다(Mark, 2020).

인용자가 2인 저자인 경우	홍길동·신사임당(2017)은 석양이 아름답다고 하였다. Mark & Jason(2017)은 석양이 아름답다고 하였다. 석양이 아름답다(홍길동·신사임당, 2017). 석양이 아름답다(Mark & Jason, 2017).
인용자가 3인 이상 저자인 경우	홍길동 외(2018)는 작년 겨울은 유난히 길었다고 했다. Mark et al.(2018)은 작년 겨울은 유난히 길었다고 했다. 작년 겨울은 유난히 길었다(홍길동 외, 2018). 작년 겨울은 유난히 길었다(Mark et al., 2018).

4) 기타

추가로 문장 앞과 뒤에 여러 인용자를 써야 하는 경우가 있다. 또 표에 여러 인용자를 써야 하는 경우가 있는데 그럴 때는 아래 표를 참고하자.

1) 문장 앞에 선행연구를 2개 인용할 경우 어떻게 하나요?	홍길동(2020)과 신사임당(2019)은 직무 스트레스가 이직 의도에 영향을 미친다고 하였다. 홍길동(2020), 신사임당(2019)은 직무 스트레스가 이직 의도에 영향을 미친다고 하였다.
2) 문장 뒤에 선행연구를 여러 명 표시할 경우 어떻게 하나요?	직무 스트레스는 이직 의도에 영향을 미친다(홍길동, 2020 ; 신사임당, 2019).
3) 표에 선행 연구자 여러 명을 표시할 경우 어떻게 하나요?	(홍길동, 2020 ; 신사임당,2019)

02 논문작성 준비 단계

3일 차 논문 주제 접근방법 이해하기

Q 17. 논문 주제를 어떻게 접근하면 좋을까요?

A 17. 네 가지 단계로 구분해서 접근해 보세요.

1단계 : 자신이 관심 있는 주제에 대한 검색

↓

2단계 : 학문적 용어 찾아내기

↓

3단계 : 찾아낸 학문적 용어를 중심으로 관련 논문 검색하기

↓

4단계 : 관심 있는 용어 중 최종 선택하기

많은 연구자는 학위논문을 작성해야 한다는 강박관념에 늘 시달리고 있다. 하지만 연구의 주제를 어떻게 잡아 나가야 할지 잘 모르고 있다. 주변 지인에게 문의하거나 학교 교수님에게 문의하더라도 관련 선행연구를 많이 읽으라는 답을 듣는 경우가 많다. 논문을 많이 읽다 보면 자신이 무슨 연구를 해야 할지 알게 된다는 것인데 아무리 읽어도 도대체 왜 논문 주제는 잡히지 않는 것일까?

논문 주제만 선정되면 논문작성은 잘할 수 있을 것 같다는 생각이 들 만큼 논문 주제를 선정하는 것이 만만치 않다. 지금부터 주제에 접근하는 절차를 4단계로 구분하여 설명하겠다.

1단계 : 자신이 관심 있는 주제 검색하기

첫 번째 1단계는 관심 사항에 대해 어떤 논문이 있는지를 검색하는 단계이다. 우리가 인터넷 검색창을 활용하여 필요한 정보를 획득하는 것과 마찬가지로 논문 주제를 선정할 때에도 가장 먼저 실행하면 좋은 것이 관심 주제에 대한 키워드를 검색하는 것이다.

예시) 직장에서 자신의 상사가 직원들에게 퍼붓는 여러 가지 폭언이나 갑질에 관해서 연구

해 보고 싶어 한다고 가정하자. 이럴 때 한국연구정보서비스(RISS)에서 다양한 검색어를 입력해 볼 수 있다. 그리고 아래와 같이 '상사 폭언' 혹은 '상사 괴롭힘' 등으로 검색을 할 수 있다.

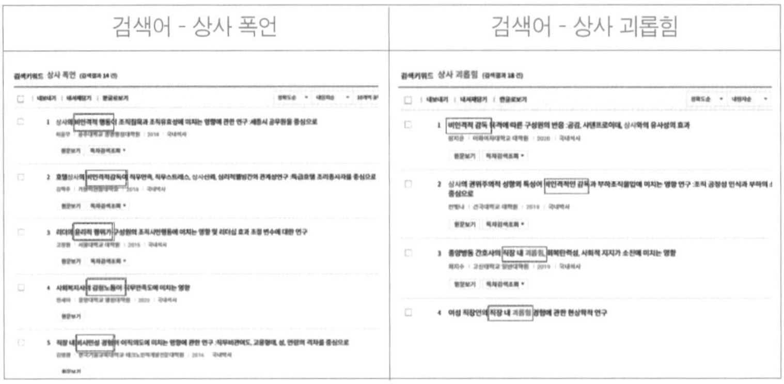

검색어 - 상사 폭언

검색키워드 상사 폭언 (검색결과 14 건)

1 상사의 비인격적 행동이 조직침묵과 조직유효성에 미치는 영향에 관한 연구 :세종시 공무원을 중심으로
2 호텔상사의 비인격적감독이 직무만족, 직무스트레스, 상사신뢰, 심리적웰빙간의 관계성연구 :특급호텔 조리종사자를 중심으로
3 리더의 윤리적 행위가 구성원의 조직시민행동에 미치는 영향 및 리더십 효과 조절 변수에 대한 연구
4 사회복지사의 감정노동이 직무만족도에 미치는 영향
5 직장 내 비시민성 경험이 이직의도에 미치는 영향에 관한 연구 :직무비관여도, 고용형태, 성, 연령의 격차를 중심으로

검색어 - 상사 괴롭힘

검색키워드 상사 괴롭힘 (검색결과 18 건)

1 비인격적 감독 지각에 따른 구성원의 반응 :공감, 샤덴프로이데, 상사와의 유사성의 효과
2 상사의 권위주의적 성향의 특성이 비인격적인 감독과 부하조직몰입에 미치는 영향 연구 :조직 공정성 인식과 부하의 [illegible] 중심으로
3 종양병동 간호사의 직장 내 괴롭힘, 회복탄력성, 사회적 지지가 소진에 미치는 영향
4 여성 직장인의 직장 내 괴롭힘 경험에 관한 현상학적 연구

2단계 : 막연하게 생각한 주제에서 학문적 용어를 찾아내기

2단계는 학술적인 용어를 찾아내는 단계이다. 자신이 관심 있는 주제를 중심으로 검색을 하다 보면 이전에는 몰랐던 학술적인 용어(변수)를 발견할 수 있다. 만약 자신이 관심 있는 주제에서 용어(변수)가 확인되지 않는다면 더욱 다양한 검색어를 입력하여 관심 주제를 검색해나가야 한다. 앞의 예시에 제시된 연구자는 자신의 관심 사항인 내용을 '상사 폭언', '상사 괴롭힘'으로 검색했다. 그 결과 '비인격적 감독', '비윤리적 행위', '감정노동', '비시민성 경험', '직장 내 괴롭힘'이라는 여러 가지 학문적인 용어를 확인할 수 있다. 즉 자신이 관심 있는 분야, 주제 등에 대해서 인터넷 검색을 하듯 다양하게 검색하다 보면 연구자가 알지 못했던 새로운 용어(단어, 변수)를 확인할 수 있다.

3단계 : 찾아낸 학문적 용어를 중심으로 관련 논문 검색하기

3단계는 새롭게 확인한 학문적 용어를 중심으로 검색하는 것이다. 이를 통해 검색한 용어가 지금까지 연구된 논문들을 확인할 수 있다. 또한 해당 용어가 자신에게 얼마나 적합한지도 판단해야 한다. 이러한 판단은 연구자 스스로 해야 하므로 3단계에서 꼼꼼하게 확인하자.

2단계에서 확인한 다섯 가지 용어를 중심으로 검색한 결과를 요약하면 이렇다.

①비인격적 감독은 101건의 논문에서 확인할 수 있고 주로 직장상사와 관련하여 논문이 쓰인 것을 알 수 있다.

②비윤리적 행위는 259건의 논문에서 확인할 수 있고 행위의 주체가 다양(선수, 소비자, 기업)한 관점에서 연구된 것을 알 수 있다. 하지만 상사의 폭행 등과 연관성이 다소 낮은 용어(변수)라 할 수 있다.

③감정노동은 2280건으로 매우 많은 논문이 쓰인 것을 확인할 수 있다. 하지만 용어를 더 구체적으로 살펴보면 상사의 괴롭힘보다는 조직에서 겪는 구성원들의 정신적인 어려움 등을 이야기하는 것임을 알 수 있다.

④비시민성 경험은 연구된 건수가 매우 적은 것을 알 수 있다. 그리고 용어를 확인하면 '정중하지 못한 행동' 등으로 해석이 되고 있으며 '조작적 정의'를 통해서 사용이 가능한 변수라는 것으로 판단할 수 있다.

⑤직장 내 괴롭힘은 직장에서 겪는 괴롭힘으로 상사, 동료 등에게서 받는 괴롭힘이 모두 포함됨을 확인할 수 있고 간호사를 대상으로 연구가 많이 이루어진 것을 확인할 수 있다. 만약 연구대상자가 간호사가 아닌 다른 분야라고 한다면 새로운 분야에서 사용되는 용어라는 점에서 차별성을 가질 수 있으리라 판단할 수 있다.

구분	연구 내용	적합 정도
변수1. 비인격적 감독	101건의 논문에서 확인할 수 있고 주로 직장상사와 관련하여 논문이 쓰인 것을 알 수 있다.	上
변수2. 비윤리적 행위	259건의 논문에서 확인할 수 있고 행위의 주체가 다양(선수, 소비자, 기업)한 관점에서 연구된 것을 알 수 있다. 하지만 상사의 폭행 등과 연관성이 다소 낮은 용어(변수)라 할 수 있다.	下
변수3. 감정노동	2280건으로 매우 많은 논문이 쓰인 것을 확인할 수 있다. 하지만 용어를 보다 구체적으로 살펴보면 상사의 괴롭힘보다는 조직에서 겪는 구성원들의 정신적인 어려움 등을 이야기하는 것임을 알 수 있다.	中
변수4. 비시민성 경험	연구된 건수가 매우 적은 것을 알 수 있다. 그리고 용어를 확인하면 '정중하지 못한 행동' 등으로 해석이 되고 있으며 '조작적 정의'를 통해서 사용이 가능한 변수라는 것으로 판단할 수 있다	上
변수5. 직장 내 괴롭힘	직장에서 겪는 괴롭힘으로 상사, 동료 등으로부터 받는 괴롭힘이 모두 포함됨을 확인할 수 있고 간호사를 대상으로 연구가 많이 이루어진 것을 확인할 수 있다. 만약 연구대상자가 간호사가 아닌 다른 분야라고 한다면 새로운 분야에서 사용되는 용어라는 점에서 차별성을 가질 수 있으리라 판단할 수 있다.	上

4단계 : 관심 있는 용어 중 최종 선택하기

4단계에서는 연구자가 사용할 용어(변수)를 최종적으로 확정하는 단계이다.

3단계에서 세 가지(비인격적 감독, 비시민성 경험, 직장 내 괴롭힘) 용어(변수)가 가장 적합하다고 판단하였다. 그렇다면 세 가지 중에 한 가지를 선택해야 하는데 정해진 기준은 없으므로 최종적으로 용어(변수) 선택을 하기 위해 네 가지를 살펴볼 수 있다.

판단 기준	비인격적 감독	비시민성 경험	직장 내 괴롭힘
1. 상사와 가장 적합한 변수는?	상사에게만 해당	상사, 동료, 부하에게도 해당	상사, 동료에게 해당
2. 석박사 논문 비중은?	국내 석사(71) 국내 박사(30)	국내 석사(2) 국내 박사(1)	국내 석사(76) 국내 박사(24)
3. 박사급 논문의 연구방법론?	양적 연구(인과관계)	양적 연구 (인과관계)	양적(인과관계) + 개발(척도, 프로그램) 연구
4. 설문 문항 구성의 용이성?	주로 Tepper(2000)가 개발한 문항을 사용	관련 연구가 적어서 확정하기가 어려움	병원 간호사를 위해 개발된 설문 문항을 주로 사용함

첫째, 연구자가 관심 있는 부분은 상사의 폭언이나 괴롭힘을 중심으로 한 연구이므로 상사와 가장 적합한 변수가 무엇인지 확인을 해 본다.

둘째, 각 용어(변수)를 중심으로 박사 논문과 석사 논문이 얼마나 연구가 되었는지 확인을 본다.

셋째, 연구자가 생각하는 방법론(질적, 양적, 혼합)과 적합하게 연구가 이루어졌는지 확인하기 위해 박사급 논문을 중심으로 주로 사용된 연구방법론이 무엇인지 확인해 본다.

넷째, 설문 문항 구성이 얼마나 쉬운지를 살펴본다. 고려하고 있는 용어(변수)를 설문 문항으로 구성할 때 어떤 것이 가장 쉬운지를 살펴봄으로써 최종 용어(변수)를 확정하는 데 도움을 얻을 수 있다.

이와 같은 과정을 통해서 4단계에서는 '상사 폭언', '상사 괴롭힘'으로 대체할 수 있는 학문적인 용어를 최종적으로 '비인격적 감독'으로 확정할 수 있다.

4일 차 논문 주제 접근하기(1)

앞서 3일 차에서 논문 주제에 접근하는 방법을 소개하였다. 많은 연구자가 가장 어려워하는 부분 중에 대표적인 부분이 논문 주제를 선정하는 것이다. 그만큼 논문 주제를 잡는 것은 만만치가 않다. 따라서 4일 차와 5일 차에는 3일 차에 소개한 내용을 바탕으로 실제 논문 주제에 접근할 수 있는 유형을 소개함으로써 연구주제에 접근하는 데 도움이 되고자 한다.

Q 18. 논문 주제에 접근할 수 있는 유형은 어떤 것이 있나요?

A 18. 논문 주제에 접근하는 유형을 일곱 가지로 구분할 수 있습니다.

필자는 논문 주제를 선정하는 방식을 일곱 가지로 구분하였다. 그리고 논문 주제에 접근할 때 공통으로 고려해야 하는 것은, 현재 전공하는 학과와 관련한 내용인가 여부와 자신의 지도교수가 주로 선호하는 방법론, 관심 연구 분야 등이 무엇인지 확인하는 것이다.

Tip 지도교수가 선호하는 내용을 확인하는 방법은 한국교육학술정보원(www.riss.kr)에서 자신의 학교와 지도교수 이름을 검색하는 것이다. 그 후 자신이 어떤 연구주제를 선정할지 아래의 유형을 보면서 고민하면 도움이 될 것이다.

아래는 필자가 300여 명의 논문컨설팅을 하면서 주제를 선정한 유형을 분석한 결과이다.

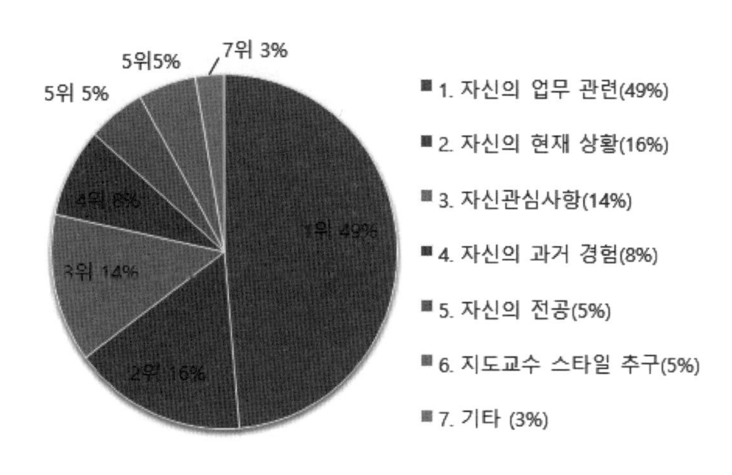

①유형 1은 자신이 업무와 관련하여 주제에 접근하는 것이다.
②유형 2는 자신의 현재 상황을 중심으로 주제에 접근하는 것이다.
③유형 3은 자신의 관심 사항을 중심으로 주제에 접근하는 것이다.
④유형 4는 자신의 과거 경험을 중심으로 주제에 접근하는 것이다.
⑤유형 5는 자신의 전공을 중심으로 주제에 접근하는 것이다.
⑥유형 6은 지도교수 스타일에 맞춰 주제에 접근하는 것이다.
⑦유형 7은 위에 여섯 가지에 해당하지 않는 방식이다.

Q 19. 유형 1 자신의 업무와 관련한 주제에 접근하는 방법은 무엇인가요?

A 19. 유형 1은 직장인이 많이 활용하는 방법입니다. 현재 자신의 회사 업무와 전공을 연계하여 주제에 접근하는 방법입니다.

유형 1은 직장인이 많이 활용하는 방법이다. 일단 주제를 정하기 전에 자신이 하는 업무가 전공 분야에 관련된 것이 어떤 것이 있는지 고민해 보자. 이를 위해서 현재 자신의 회사 업무를 살펴보고 해당 업무와 관련한 논문이 무엇인지 살펴본다면 도움이 될 것이다.

예를 들면, 경영학을 전공하는 석사과정 연구자로 무역회사에서 B2B 영업을 담당하고 있다. 그는 영업 과정에서 영업사원의 이미지에 따라서 고객이 자신을 대하는 태도가 달라진다고 생각한다. 이 경우 연구자는 RISS에서 '영업사원'과 '영업사원+태도'를 중심으로 검색할 수 있다.

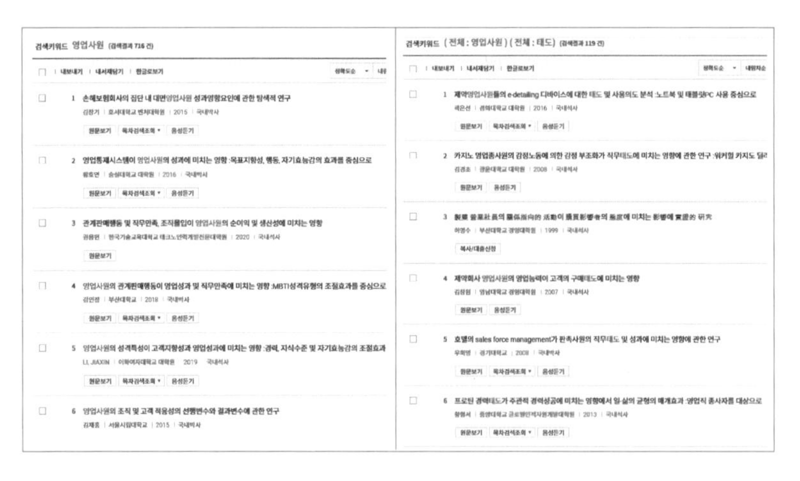

①검색을 실시한 결과, 여러 산업을 대상으로 영업사원 연구가 이루어졌으나 무역회사 영

업사원 대상으로 연구는 많지 않음을 확인할 수 있다. ②따라서 무역회사 영업사원을 대상으로 연구를 한다는 것이 연구대상의 차별성을 확보할 것으로 판단할 수 있다. ③그리고 영업사원의 특성에 따라서 영업의 성과나 고객과의 관계가 달라진다고 하는 것을 확인할 수 있다.

이처럼 자신의 업무와 관련하여 기본적인 검색이 되었다면 조금 더 구체적으로 검색을 하고 논문을 정리해 볼 수 있다. 즉 영업사원의 이미지와 전문성 중심으로 소비자의 반응에 영향을 미치는지 연구모형을 수립할 수 있을지 한번 고려하기 위해서 관련 논문을 검색한 후 자신에게 필요한 논문을 정리해 볼 수 있다.

(1)판매원의 이미지와 전문성 관련한 선행연구 정리

연구연도	학위	연구자	연구 제목
2015	박사	유은성	백화점판매원 외모에 따른 서비스품질 이미지가 고객 만족 및 재방문 의도에 미치는 영향-헤어스타일, 의복, 체험을 중심으로
2015	석사	원종민	아웃도어 매장 판매원의 등산 전문성이 고객 응대와 판매 성과에 미치는 영향
2008	석사	엽환	판매원의 영향력이 신뢰성에 따라 고객 만족에 미치는 영향에 관한 연구
2006	박사	배상중	판매원 전문성, 브랜드 이미지 및 고객화가 관계품질과 재구매 의도에 미치는 영향에 관한 연구-승용자동차 판매업을 중심으로
2004	석사	오미라	판매원의 이미지 및 기업 이미지가 상품구매에 미치는 영향에 관한 연구
2003	석사	허은아	백화점판매원의 이미지가 소비자 구매 의사결정에 미치는 영향

①판매원의 이미지와 전문성이 제품의 구매 의도, 제품에 대한 태도, 성과 등에 영향을 미치는 것을 확인할 수 있다. 그리고 이를 통해 태도를 중심으로 검색을 확대할 수 있다.

(2)소비자 태도와 관련한 선행연구 정리

연구연도	학위	연구자	연구 제목
2014	석사	김선환	사회적 기업에 대한 소비자 태도의 영향요인에 관한 연구
2012	석사	김신	소비자의 명품에 대한 태도 및 명품구매 성향에 관한 연구
2011	석사	손단민	한국 중국 소비자의 소비가치와 명품에 대한 태도에 관한 비교연구
2008	석사	김민정	소비자의 웰빙 태도 및 웰빙구매 행동 영향요인 분석
2001	석사	이순정	패밀리 레스토랑의 물리적 서비스요소가 소비자 태도에 미치는 영향 -배경음악을 중심으로

②소비자의 태도가 구매 의도 등에 영향을 미치는 것을 확인할 수 있다.

이러한 과정을 통해서 무역회사의 영업사원의 전문성과 이미지가 거래기업 담당자의 태도에 영향을 미치고, 이는 곧 구매 의도에 영향을 미칠 것이라는 연구모형을 수립할 수 있다.

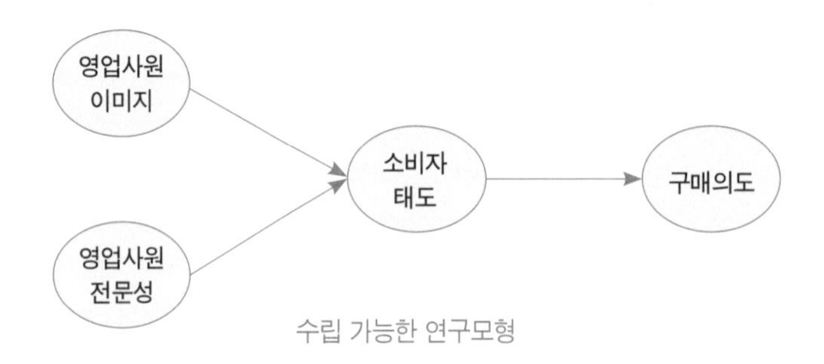

수립 가능한 연구모형

이후에 연구모형 구체화를 위한 근거 확보, 가설 수립, 연구대상자 구체화, 연구방법론 결정, 설문 구성을 위한 척도의 구성 등으로 진행할 수 있을 것이다.

Q 20. 유형 2 자신의 현재 상황을 논문 주제와 어떻게 연결할까요?

A 20. 자신의 업무와 관련한 경험으로 주제 접근이 어렵다고 할 때, 현재 자신의 상황 또는 자신의 주변, 지인 등을 연구주제로 삼을 수 있습니다.

두 번째로 많은 유형은 현재 자신의 상황(또는 자신의 주변, 지인 등)을 생각해 보고 이를 연구주제로 접근하는 것이다. 직장인이 아닐 경우, 자기 업무와 관련한 경험으로 주제에 접근하기 어렵다. 이때 유용하게 활용할 방법이라 할 것이다.

이해를 돕기 위해 예시를 들고자 한다. 행정학을 전공하는 박사과정 연구자는 전업주부이다. 남편은 종합병원 업무관리팀에서 인사팀장으로 근무한다. 남편은 항상 병원 종사자의 이직에 관해 이야기한다. 남편의 주요업무 중 하나가 이직하는 직원을 관리하고 새로운 직원을 지속해서 충원하는 것이다. 하지만 남편은 이 업무를 하는 데 어려움을 겪고 있다. 이럴 경우 연구자는 병원행정과 관련해 연구할 수 있고, 연구주제를 선정하기에 앞서 선행연구가 어떻게 이루어졌는지 살펴볼 수 있다. 즉 병원에서 이직과 관련해서 어떤 연구가 이루어졌는지도 검토해 볼 수 있다.

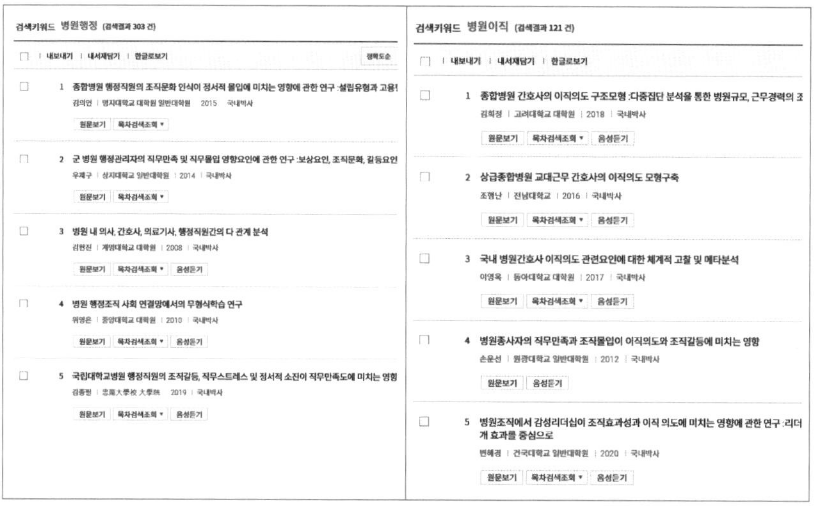

검색키워드 병원행정 (검색결과 303 건)

내보내기 | 내서재담기 | 한글로보기 | 정확도순

1 종합병원 행정직원의 조직문화 인식이 정서적 몰입에 미치는 영향에 관한 연구 :설립유형과 고용!
김의연 | 명지대학교 대학원 일반대학원 2015 국내박사
원문보기 목차검색조회 ▾

2 군 병원 행정관리자의 직무만족 및 직무몰입 영향요인에 관한 연구 :보상요인, 조직문화, 갈등요인
우재구 | 상지대학교 일반대학원 | 2014 | 국내박사
원문보기 목차검색조회 ▾

3 병원 내 의사, 간호사, 의료기사, 행정직원간의 다 관계 분석
김현진 | 계명대학교 대학원 | 2008 | 국내박사
원문보기 목차검색조회 ▾ 음성듣기

4 병원 행정조직 사회 연결망에서의 무형식학습 연구
위영은 | 중앙대학교 대학원 | 2010 | 국내박사
원문보기 목차검색조회 ▾ 음성듣기

5 국립대학교병원 행정직원의 조직갈등, 직무스트레스 및 정서적 소진이 직무만족도에 미치는 영힘
김종필 | 忠南大學校 大學院 2019 | 국내박사
원문보기 목차검색조회 ▾ 음성듣기

검색키워드 병원이직 (검색결과 121 건)

내보내기 | 내서재담기 | 한글로보기

1 종합병원 간호사의 이직의도 구조모형 :다중집단 분석을 통한 병원규모, 근무경력의 조
김희정 | 고려대학교 대학원 | 2018 | 국내박사
원문보기 목차검색조회 ▾ 음성듣기

2 상급종합병원 교대근무 간호사의 이직의도 모형구축
조형난 | 전남대학교 | 2016 | 국내박사
원문보기 목차검색조회 ▾ 음성듣기

3 국내 병원간호사 이직의도 관련요인에 대한 체계적 고찰 및 메타분석
이영옥 | 동아대학교 대학원 | 2017 | 국내박사
원문보기 목차검색조회 ▾ 음성듣기

4 병원종사자의 직무만족과 조직몰입이 이직의도와 조직갈등에 미치는 영향
손운선 | 원광대학교 일반대학원 | 2012 | 국내박사
원문보기 음성듣기

5 병원조직에서 감성리더십이 조직효과성과 이직 의도에 미치는 영향에 관한 연구 :리더 개 효과를 중심으로
변혜경 | 건국대학교 일반대학원 | 2020 | 국내박사
원문보기 목차검색조회 ▾ 음성듣기

①병원행정과 관련해서 직원들의 직무/조직몰입에 관한 연구가 이루어진 것을 확인할 수 있다. ②병원 이직과 관련한 연구는 주로 간호사를 중심으로 연구가 많이 이루어져 왔다. 그 중에서 기혼 여성 간호사의 직장과 가정 갈등으로 이직 의도를 갖는다는 연구가 있는 것도 확인할 수 있다.

따라서 연구자 자신이 비록 직접 경험한 것이 아니라도 병원에서 근무하는 종사자를 대상으로 이직을 줄일 부분을 연구하고 행정학 면에서 접근하면 차별성 있는 연구가 될 것이라고 예상할 수 있다. 좀 더 구체적으로 병원 직원에 관한 연구, 일과 생활에 관한 연구 등으로 연구주제에 접근할 수 있다.

(1) 병원 직원 관련한 선행연구 정리

연구자	연도	학교	선행연구 제목
윤성수	2016	인제대	변혁적 리더십이 병원 직원의 적응수행에 미치는 영향과 리더 신뢰, 조직 신뢰, 팔로워십의 조절 효과
김의연	2015	명지대	종합병원 행정직원의 소식분화 인식이 정서적 몰입에 미치는 영향에 관한 연구 : 설립유형과 고용형태별 비교분석
김현진	2008	계명대	병원 내 의사, 간호사, 의료기사, 행정직원 간의 다관계 분석
이성호	2016	부산 가톨릭대	병원 직원이 지각하는 서비스품질과 조직 유효성이 조직성과에 미치는 영향

최은경	2015	고신대	지방의료원 직원의 병원경영인식이 만족도에 미치는 영향 : 경상북도 3개 의료원을 중심으로
손운선	2012	원광대	병원 종사자의 직무 만족과 조직몰입이 이직 의도와 조직갈등에 미치는 영향
김춘애	2013	가천대	병원조직 구성원의 교육훈련 만족도 결정요인에 관한 연구
장재식	2011	조선대	병원역량이 경영성과에 미치는 영향 : 서비스지향성과 고객지향성의 매개효과 검증
이창호	2016	부산대	병원의 조직구조, 조직문화, 조직갈등, 직무 만족의 관계연구 : 매개 작용을 중심으로
최진희	2015	인제대	의료기관 아웃소싱업체 도급직 직원의 업무성과 영향요인과 이중몰입의 매개효과

①병원 직원과 관련하여 일-생활 균형과 관련한 연구는 거의 이루어지지 않음을 확인할 수 있으며, 이를 통해 연구대상자에 관한 연구 차별성 확보가 가능하다고 판단할 수 있다.

(2)일-생활 균형 관련한 선행연구 정리

연구자	연도	학교	선행연구 제목
정서린	2016	경북대	맞벌이 부부의 사회적 지지, 일-가족 전이 및 일-생활 균형 간의 관계 : 자기효과와 상대방효과
김현근	2015	영남대	직무 및 조직특성요인과 심리적 자본이 일-가정 균형 만족에 미치는 영향
하쾌남	2016	울산대	유아기 맞벌이 부부의 일-가족균형, 회복탄력성이 행복에 미치는 영향 : 직무만족도와 양육효능감의 매개효과
조미라	2017	서울대	일-생활 균형 관점에서 본 한국 가구의 노동시간 유형화 연구 : 기혼부부의 시간일지를 결합한 배열분석
김현옥	2015	경희대	기혼 간호사의 일-가정 균형이 성과에 미치는 영향 : 감정고갈 매개효과를 중심으로
김주희	2012	서울대	맞벌이 부부의 시간 배분을 통해 본 일-생활 유형 연구
전병진	2011	성균관대	노인의 생활시간 사용과 작업균형에 영향을 미치는 요인에 대한 연구
이윤묵	2014	한성대	2011년 행정안전부에서 스마트워크 시범 광역 자치단체로 지정된 경기도 본청 직속 기관과 사업소를 포함하는 현직 공무원을 대상
김미정	2016	동의대	기업구성원의 일-생활의 균형이 사회적 지지, 정서적 몰입, 직무 만족 및 이직 의도에 미치는 영향 : 환대산업을 중심으로

②맞벌이 부부, 간호사를 대상으로 일-생활 균형에 대한 연구가 주로 이루어져 왔고 일-생활균형은 조직 만족, 직무 만족, 조직성과 등과 연결이 된다는 것을 알 수 있다.

이러한 과정을 통해서 병원 자체적으로 가정 친화적 정책과 분위기를 강화한다면 일-생활 균형이 이루어질 것이고, 이는 곧 직원들의 조직몰입에 영향을 줄 것이라는 주제에 접근할 수 있다. 그리고 병원에서 근무하는 모든 종사자를 대상으로 연구모형을 수립할 수 있다.

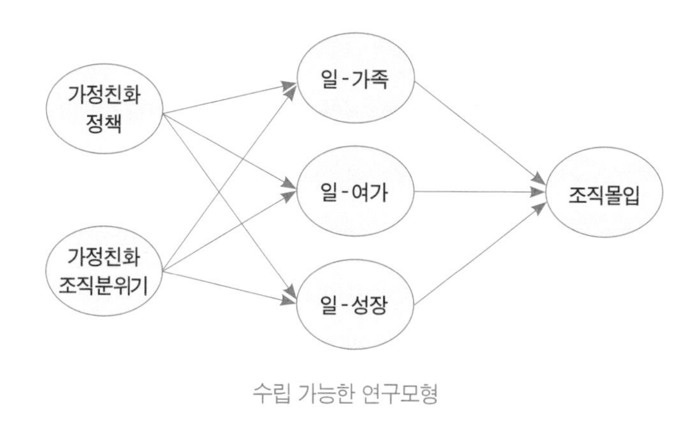

수립 가능한 연구모형

이후에 연구모형 구체화를 위한 근거 확보, 가설 수립, 연구대상자 구체화, 연구방법론 결정, 설문 구성을 위한 척도의 구성 등으로 진행이 가능할 것이다.

Q 21. 유형 3 자신의 관심 사항으로 주제 접근을 어떻게 할까요?

A 21. 직장인 중에서 자기 업무와 전공과의 관련성이 낮거나 주변 상황을 통해서도 주제 접근이 쉽지 않다면 고민해 볼 만한 방법입니다.

세 번째로 많은 유형은 자신의 관심 사항을 중심으로 전공과 연계해서 생각해보고 이를 연구주제로 삼는 것이다. 직장인 중에서 자기 업무와 전공과의 관련성이 낮거나 주변 상황을 통해서도 주제 접근이 쉽지 않다면 고민해 볼 만한 방법이다.

예시를 들자면, 사회복지학을 전공하는 박사과정 연구자의 직업은 공인중개사이다. 공인중개사라는 직업을 가지고 있으면서도 평소 주말에 사회 봉사활동을 시작하면서 사회복지학에 관심을 두게 되었고 사회복지학과로 진학하게 되었다. 그는 난민 청소년과 다문화 청소년들이 한국 사회에 정착할 수 있도록 봉사활동을 하고 있다. 그리고 평소에도 그들과 직접 만나면서 관계를 지속해 오고 있다. 따라서 그는 난민 청소년과 다문화 청소년을 대상으로 사회복지학적 면에서 도움을 줄 수 있는 질적 연구를 고려해 볼 수 있다. 이 경우 연구자는 RISS에서

'다문화 청소년'과 '난민 청소년'을 중심으로 검색을 할 수 있다. 그 결과 ①다문화 청소년 관련한 연구는 주로 학교생활 적응과 관련한 연구가 주를 이루는 것을 확인할 수 있다. ②반면 난민 청소년 관련한 연구는 거의 이루어져 있지 않음을 확인할 수 있다.

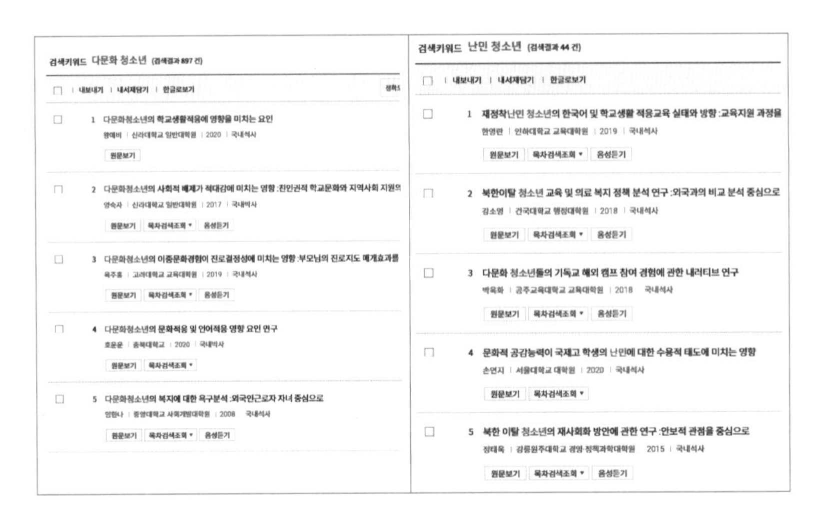

따라서 이런 경우에는 연구자가 지속해서 수행하는 봉사활동과 해당 대상자를 위해서 사회복지학 면에서 무엇을 할지 고민함으로써 구체적인 연구주제에 접근할 수 있다.

1)난민 관련한 선행연구 정리

연구자	연도	구분	선행연구 제목
김아람	2017	국내 박사	한국의 난민 발생과 농촌 정착사업(1945~1960년대)
고기복	2002	국내 박사	국제법상 이민의 법적 지위와 보호에 관한 연구
김민수	2017	국내 박사	한나 아렌트의 인권의 정치 : '권리를 가질 권리'를 중심으로
양정아	2017	국내 박사	쫓겨난 자들의 저항과 함께 사는 삶의 장소의 생성 한나 아렌트의 행위론
이다혜	2015	국내 박사	시민권과 이주:이주노동자 보호를 위한 시민권의 모색
박혜숙	2014	국내 박사	이주 배경 학습자 대상 한국어교육 연구 : 독일 사례와의 비교를 바탕으로
박미정	2015	국내 박사	사회통합을 위한 이주 배경 청소년 정책에 관한 연구 - 사회적 지지가 사회적응력에 미치는 영향을 중심으로
김기호	2014	국내 박사	이주 배경 청소년의 부적응 경험에 대한 질적 연구 -현상학 방법의 행동과학적 변환을 통한 접근
김현경	2016	국내 박사	난민으로서의 새터민의 외상(trauma)회복 경험에 대한 현상학 연구

①난민 아동의 실태와 교육방법, 정책적 제안, 난민에 대한 협약, 인권의 관점, 난민의 배경에 관한 연구가 이루어져 왔으나 난민 청소년의 이주 경험이나 청소년이 겪는 체류 불안, 현실적 어려움에 대한 사회복지학적 제안에 관한 연구가 매우 미흡하다는 것을 확인할 수 있다.

②따라서 이러한 경우에는 양적 연구도 가능하겠지만 연구자가 질적 연구에 대한 관심이 있으므로 난민 청소년의 성장발달과정에서 이주경험이나 현실적 불안과 미래의 사회구성원으로서의 주체적 삶을 위한 질적 연구로 접근이 가능할 것이다. 그리고 청소년들의 경험을 통해 사회복지학적 시사점을 도출하기 위해 현상학적 방법론으로 접근이 가능할 것이다.

수립 가능한 연구문제

1) 난민 청소년으로서 한국 사회에 적응하기 어려웠던 경험은 무엇이 있었는가?

2) 난민 청소년으로 한국 사회에 적응하기 위해 한국 사회에 바라는 것은 무엇인가?

이후에 연구의 틀(연구의 순서)을 구성하고 연구의 대상을 구체화, 인터뷰 내용 구체화 등으로 진행할 수 있다.

5일 차 논문 주제 접근하기(2)

Q 22. 유형 4 자신의 과거 경험으로 어떻게 주제 접근을 해야 할까요?

A 22. 비록 현재 하고 있지 않더라도 과거에 자신의 경험이 현재의 전공과 유사하다면 접근이 가능한 방법입니다.

네 번째로 많은 유형은 과거의 자신 경험을 바탕으로 주제에 접근하는 것이다. 비록 현재 하고 있지 않더라도 과거에 자신의 경험이 현재의 전공과 유사하다면 접근이 가능한 방법이라 할 수 있다.

이해를 돕기 위해 예시를 제시하고자 한다. 전공이 인사관리인 연구자가 있다. 현재 직업이 자영업이지만 과거 10년간 소규모 신문사에서 인사관리를 담당했다. 현재 직업이 전공과 무관하고 전공과 관련한 업무를 그만둔 지 상당히 오래되었다. 하지만 그의 꿈은 인터넷 신문사를 창업하는 것이며, 과거에 경험한 애로사항을 중심으로 주제에 접근하고자 한다.

이 경우 연구자는 RISS에서 '인터넷 신문사'와 '언론종사자'를 중심으로 검색할 것이다. 그리고 관련 키워드 검색을 통해 어떤 연구가 이루어졌는지도 검토해 볼 수 있을 것이다.

① 인터넷 신문사를 중심으로 한 연구에서는 기사 내용에 대한 연구가 많이 이루어진 것을 확인할 수 있다.

② 언론 관련 종사자를 대상으로 한 연구에서는 인식에 대한 연구가 많이 이루어진 것을 확인할 수 있다.

실제 국내 인터넷 신문사는 주요 일간지와 달리 규모가 영세하고 직원에 대한 복리후생 수준이 낮은 편이라는 것을 연구자는 경험상 잘 알고 있다. 그렇지만 우수한 인재를 영입하기 위해서 노력하지만 입사한 직원은 입사 전에 자신이 생각한 수준(근무환경, 복리후생, 급여체계 등)에 미치지 못한다고 생각한다.

따라서 이런 경우에는 연구자의 과거 경험을 바탕으로 현재 전공(인사관리)과 관련해 어떤 연구를 할 수 있을지 고민한 뒤 연구주제를 선정한다면 차별성 있는 연구가 될 것이다. 조금 더 구체적으로 신문사/기자/기사/언론과 관련한 연구, 일과 생활에 대한 연구를 통해서 연구주제에 접근할 수 있다. 그리고 '심리적 계약'이라는 키워드를 검색한 후 고찰할 수 있다.

(1)신문사/기자/기사/ 언론 등에 관한 선행연구 정리

연구자	연도	구분	선행연구 제목
박정인	2019	박사	신문 사설에 나타난 보육정책 담론분석
이학재	2016	박사	정부 정책 이슈 및 언론사에 따른 SNS 사용자 성향 분석 연구
권신오	2017	박사	취재기자와 데스크의 보도자료 게이트키핑에 영향을 주는 요인에 관한 연구 : 광주광역시 언론사를 중심으로
박생규	2015	박사	언론인 직무특성 요인분석을 통한 건강 이력 시스템 연구 : 수도권 일간지 취재기자를 대상으로
송지혜	2012	박사	국내 과학 기자와 일반 기자의 위험 보도 경향 비교연구 : 동일본대지진과 원전사고 보도를 중심으로
김영기	2014	박사	디지털 언론환경에서 기자 노동의 특성 연구 노동 숙련화와 직업 만족도를 중심으로
구혜정	2018	박사	인터넷뉴스 미디어의 언론 자율규제에 관한 인식 연구

①언론, 신문사 종사자들의 근무환경, 조건, 성과, 고객 지향성과 관련한 연구는 미흡함을 확인할 수 있다.

(2)심리적 계약에 관련한 선행연구 정리

연구자	연도	구분	선행연구 제목
백남식	2016	박사	심리적 계약위반이 공무원의 직업 소명과 부패인식에 미치는 영향 : 조직몰입과 노조 몰입의 조절 효과를 중심으로
정선미	2018	박사	팀장의 진정성 리더십과 팀 신뢰가 심리적 계약에 미치는 영향
김봉주	2018	박사	카지노 직원이 지각한 심리적 계약위반이 반생산적 과업 행동에 미치는 영향
이성민	2017	박사	의료종사자의 심리적 계약위반이 이직 의도에 미치는 영향 : 조직몰입의 매개효과와 낙관주의, 조직 동일시, 상사 지원의 조절효과를 중심으로
이홍수	2015	박사	심리적 계약위반이 조직 유효성에 미치는 영향에 관한 연구 : 위반감정의 매개효과와 감정조절의 조절효과를 중심으로
유천상	2018	박사	근로자의 심리적 계약위반, 조직 신뢰, 직무 태도 및 정서의 구조적 관계 검증
이하나	2016	박사	구성원들의 심리적 계약위반 인식이 조직 유효성에 미치는 영향

②심리적 계약은 조직 유효성(조직몰입, 직무 만족, 이직 의도), 조직에 대한 신뢰, 개인에 대한 열정 등에 부정적인 영향을 미치는 것을 알 수 있다. 하지만 언론, 기자, 신문사 등을 대상

으로 한 연구는 아직 거의 이루어지지 않음을 확인할 수 있다.

이러한 과정을 통해 인터넷 신문사의 종사자를 대상으로 심리적 계약위반이 조직에 대한 신뢰와 성과에 영향을 미칠 것이라는 주제에 접근할 수 있다. 그리고 다음과 같이 연구모형을 수립할 수 있다.

수립 가능한 연구모형

심리적 계약 위반 → 조직 신뢰
조직 신뢰 → 개인성과
조직 신뢰 → 고객 지향성
심리적 계약 위반 → 개인성과
심리적 계약 위반 → 고객 지향성

이후에 연구가설 수립, 연구대상자 구체화, 연구방법론 결정, 설문 구성을 위한 척도의 구성 등으로 진행할 수 있다.

Q 23. 유형5 자신의 전공에 맞는 주제를 어떻게 찾을까요?

A 23. 실무 경험이 없는 연구자들에게 적용할 수 있는 유형입니다.

유형 5는 자신의 전공에 맞는 주제를 선정하는 방법이다. 모든 유형의 가장 기본은 자신의 전공과 부합해야 한다. 하지만 실무 경험이 없는 연구자들은 앞서 소개한 네 가지 유형으로 주제에 접근하기가 쉽지 않다. 따라서 앞으로 소개할 방식으로 주제에 접근할 수 있을 것이다.

이해를 돕기 위해 예시를 제시하고자 한다. 석사과정 연구자로 전공은 임상 영양이다. 연구자는 대학 학부 졸업 후 대학원에 진학하였으며 실무 경험은 없다. 연구자의 학과 학생은 풀타임 학생으로 구성되어 있다. 주로 식품첨가물, HMR(가정 간편식: Home Meal Replacement)을 중심으로 학위논문을 준비한다. 그래서 연구자는 식품첨가물과 HMR을 중심으로 논문을 검토하면서 주제에 접근하는 방식을 선택할 수 있다.

이 경우 연구자는 RISS에서 '식품첨가물'과 'HMR'을 검색할 것이다. 그 결과 HMR의 소비현황, 소비 태도, 선택, 구매 의도와 제품 선호도 등에 대한 연구가 많이 이루어졌지만, HMR과 식품첨가물을 동시에 한 연구는 거의 이루어지지 않았음을 확인할 수 있다.

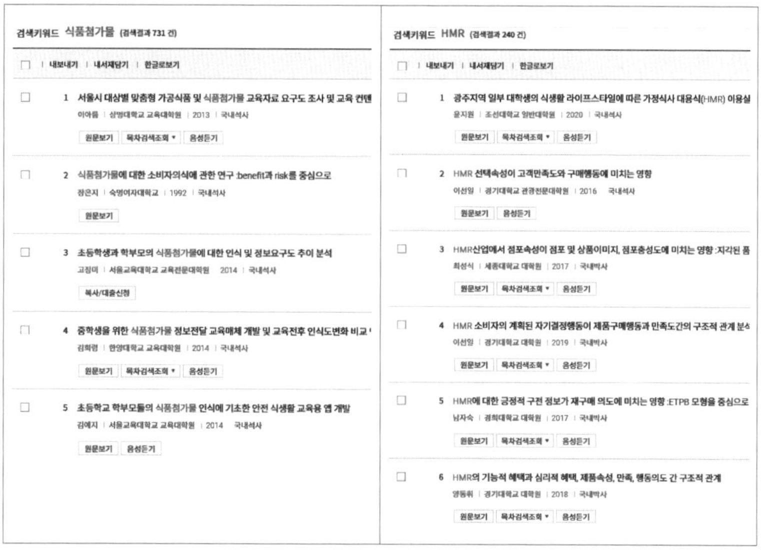

검색키워드 식품첨가물 (검색결과 731 건)

| 내보내기 | 내서재담기 | 한글로보기

1 서울시 대상별 맞춤형 가공식품 및 식품첨가물 교육자료 요구도 조사 및 교육 컨텐
이아름 | 상명대학교 교육대학원 | 2013 | 국내석사
원문보기 목차검색조회 ▾ 음성듣기

2 식품첨가물에 대한 소비자의식에 관한 연구 :benefit과 risk를 중심으로
장은지 | 숙명여자대학교 | 1992 | 국내석사
원문보기

3 초등학생과 학부모의 식품첨가물에 대한 인식 및 정보요구도 추이 분석
고정미 | 서울교육대학교 교육전문대학원 2014 | 국내석사
복사/대출신청

4 중학생을 위한 식품첨가물 정보전달 교육매체 개발 및 교육전후 인식도변화 비교
김희령 | 한양대학교 교육대학원 | 2014 | 국내석사
원문보기 목차검색조회 ▾ 음성듣기

5 초등학교 학부모들의 식품첨가물 인식에 기초한 안전 식생활 교육용 앱 개발
김예지 | 서울교육대학교 교육대학원 | 2014 국내석사
원문보기 음성듣기

검색키워드 HMR (검색결과 240 건)

| 내보내기 | 내서재담기 | 한글로보기

1 광주지역 일부 대학생의 식생활 라이프스타일에 따른 가정식사 대용식(HMR) 이용실
윤지원 | 조선대학교 일반대학원 | 2020 | 국내석사
원문보기 목차검색조회 ▾ 음성듣기

2 HMR 선택속성이 고객만족도와 구매행동에 미치는 영향
이선일 | 경기대학교 관광전문대학원 | 2016 국내석사
원문보기 음성듣기

3 HMR산업에서 점포속성이 점포 및 상품이미지, 점포충성도에 미치는 영향 :지각된 품
최성식 | 세종대학교 대학원 | 2017 | 국내박사
원문보기 목차검색조회 ▾ 음성듣기

4 HMR 소비자의 계획된 자기결정행동이 제품구매행동과 만족도간의 구조적 관계 분
이선일 | 경기대학교 대학원 | 2019 | 국내박사
원문보기 목차검색조회 ▾ 음성듣기

5 HMR에 대한 긍정적 구전 정보가 재구매 의도에 미치는 영향 :ETPB 모형을 중심으로
남자숙 | 경희대학교 대학원 | 2017 | 국내박사
원문보기 목차검색조회 ▾ 음성듣기

6 HMR의 기능적 혜택과 심리적 혜택, 제품속성, 만족, 행동의도 간 구조적 관계
양동휘 | 경기대학교 대학원 | 2018 | 국내박사
원문보기 목차검색조회 ▾ 음성듣기

따라서 이 경우에는 HMR과 식품첨가물을 동시에 살펴볼 수 있는 연구로 접근할 수 있다. 그리고 지금까지 HMR과 식품첨가물에 대한 연구 대상이 누구인지 확인함으로써 연구의 차별성을 확보할 수 있다.

(1)초등학생 대상 관련 선행연구 정리

연도	학위	연구자	연구 제목
2014	석사	김예지	초등학교 학부모들의 식품첨가물 인식에 기초한 안전 식생활 교육용 앱 개발
2010	석사	최정은	광주광역시 초등학생의 가공식품에 함유된 식품첨가물에 대한 인식조사
2011	석사	김지혜	실험활동을 활용한 식품첨가물 영양교육의 가공식품 구매 태도 및 행동에 대한 효과 : 서울시 일부 초등학교를 대상으로
2014	석사	고정미	초등학생과 학부모의 식품첨가물에 대한 정보요구도 추이 분석
2011	석사	고문희	초등학생의 인공식용색소에 대한 인식 조사 및 정보 전달을 위한 교육 매체 개발
2014	석사	황보미	식품첨가물의 올바른 이해를 위한 어린이용 스마트 교육매체 개발

①초등학생을 중심으로 한 연구에 식품첨가물의 인식, 교육, 구매 행동과 관련한 논문이 주로 있음을 확인할 수 있다.

(2)중고등학생 대상 관련 선행연구 정리

연도	학위	연구자	연구 제목
2013	석사	조은정	서울 일부지역 중학생들의 가공식품 구매행동 및 식품첨가물에 대한 인식 : 서울 일부지역 남, 여 중학생 대상
2010	석사	정경화	서울지역 중학생들의 식품첨가물에 대한 지식수준이 가공식품 구매에 미치는 영향
2016	석사	김지영	서울강남지역 여고생의 영양지식수준에 따른 식품첨가물 인식 및 식행동
2007	석사	홍승희	식사 실태 및 가공식품 안전성에 대한 인식 조사 : 광주지역 중학생
2009	석사	김선지	부산 고등학생들의 가공식품 이용실태와 영양표시 이해 및 인식
2012	석사	송효진	청소년의 가공식품 구매행동 및 식품첨가물 교육에 대한 인식

②중고등학생을 대상으로 한 연구에서는 식품첨가물에 대한 인식, 구매에 미치는 영향, 실태, 교육, 구매행동에 대한 내용이 연구된 것을 확인할 수 있다.

(3)대학생 대상 관련 선행연구 정리

연도	학위	연구자	연구 제목
2012	석사	정강수	대학생의 식품영양표시제 인식과 이용실태
2010	석사	이윤수	서울지역 대학생의 식품첨가물에 대한 인식 및 지식이 식생활에 미치는 영향
2019	석사	성수정	대학생이 간식으로 섭취한 가공식품 실태 : 간식 가공식품 • 영양소 • 식품첨가물 섭취량
2015	석사	신은경	대학생들의 가공식품을 통한 당류 섭취량과 관련 요인
2009	석사	서미화	전북지역 일반소비자와 식품학 관련 전공자의 식품안전에 대한 인식 및 구매행동

③대학생을 중심으로 한 연구에서는 첨가물이나 HMR 등에 대한 인식과 이용실태가 주를 이룸을 확인할 수 있다. 식품첨가물에 대한 인식에 따른 식행동과 HMR과 관련한 구매 행동에

관한 연구는 이루어지지 않았음을 확인할 수 있다.

(4)성인 대상 관련 선행연구 정리

연도	학위	연구자	연구 제목
2000	석사	윤혜진	가공식품의 구매행동 및 식품첨가물에 대한 인지도 연구
2003	석사	이정화	여수지역 학교급식 조리종사원들의 식품영양표시에 대한 인지도 조사
2015	석사	한진영	대구지역 주부들의 식품위해요인 및 식품안전에 대한 인식도
2010	석사	임순영	초등학교 교사들의 식품첨가물에 대한 인식 및 지식과 식생활지도 실태
2014	석사	윤여임	식품안전의 10대 위해요인에 대한 소비자지식과 위험인식 및 위험수용도
2010	석사	박아연	부산·경남지역 학교 영양(교)사의 식품첨가물에 대한 인식과 가공식품 이용실태

④성인을 중심으로 한 연구도 대학생의 연구와 마찬가지로 첨가물이나 HMR 등에 대한 인식과 이용실태가 주를 이뤘다. 식품첨가물에 대한 인식에 따른 식행동과 HMR과 관련한 구매행동에 대한 연구는 이루어지지 않았음을 확인할 수 있다.

이러한 과정을 대학생이나 성인을 대상으로 식품첨가물과 HMR의 인식, 지식 그리고 구매행동을 더 구체적으로 연구한다면 기존 선행연구와 차별성을 가질 수 있을 것이다. 그리고 설문 대상을 접근하기에는 대학생이 더 용이하다고 판단하여 대학생으로 한정할 수 있다. 더불어 식품첨가물에 대한 인식이 HMR 관련하여 구매 행동과 일치하거나 방향이 다를 경우, 왜 그런지 조사하여 대학생들의 현재 상황을 분석하고 이를 해결하기 위한 방향을 설정함으로써 연구 차별성을 확보할 수 있다.

수립 가능한 연구 방향성

연구대상 : 서울지역 대학생

자료 수집방법 : 설문조사

설문 내용 : 식품첨가물에 대한 지식, 식품첨가물 인식, 즉석가공식품 이용실태 조사

분석방법 : 빈도분석, 기술통계분석, 차이분석, 교차분석

Q 24. 유형 6 지도교수가 추구하는 논문 주제에 어떻게 접근하나요?

A 24. 지도교수가 특정한 분야에 관심 있는 경우입니다. 지도하는 학생들에게 한 가지씩 연구하게 함으로써 연구 범위와 대상을 확대해 나갈 때 적용할 수 있습니다.

유형 6은 지도교수가 추구하는 스타일로 주제를 선정하는 방법이다. 모든 유형은 자신의 전공과 더불어 자신의 지도교수가 원하는 주제에 부합해야 한다. 아무리 전공 분야에 대한 경험이 풍부하다 하더라도 지도교수가 원하는 방향과 맞지 않으면 주제를 선정하는 데 어려움이 따른다. 따라서 주제를 선정할 때 자신의 전공과 부합해야 하지만, 지도교수가 원하는 방향을 잘 확인하는 것이 기본이라는 점을 명심해야 한다.

지도교수 중에서도 관련 분야에 대한 키워드를 제공하고 연구자가 해당 분야를 연구하여 연구주제를 구체화하라고 요구하는 경우가 있다. 이는 지도교수가 특정한 분야에 관심 있는 경우이며 지도하는 학생들에게 한 가지씩 연구하게 함으로써 연구 범위와 대상을 확대해 나가는 유형이다.

예시를 들자면, 박사과정의 연구자 전공은 식품영양학이며 직업은 영양사이다. 지도교수의 학생들은 건강신념모델, 건강 행동을 중심으로 계속 연구해 왔다. 연구자도 마찬가지로 해당 키워드를 중심으로 연구하고자 한다. 비록 연구자에게 관심 분야가 따로 있지만, 연구자는 지도교수가 원하는 방향으로 논문을 진행해야 한다는 점을 잘 알고 있다.

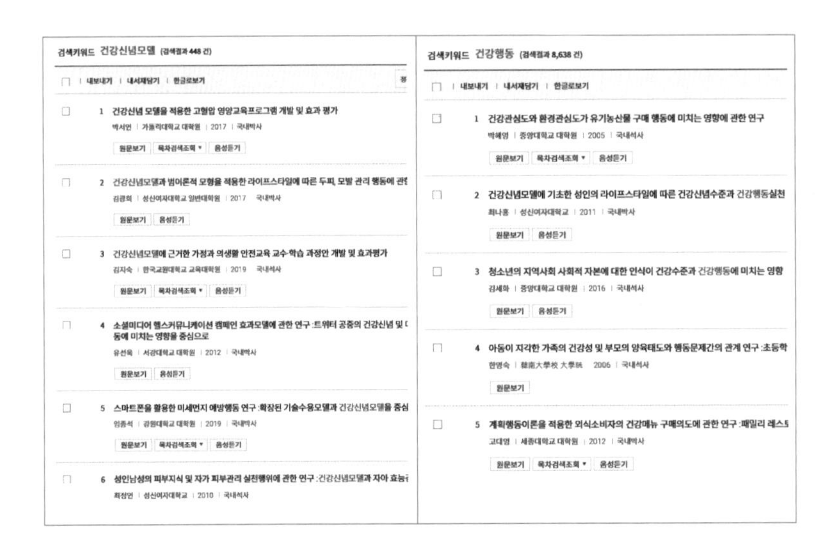

따라서 연구자는 지도교수가 관심 있는 '건강신념모델'과 '건강행동'을 중심으로 어떤 연구가 이루어졌는지 먼저 살펴봐야 한다. 관련 키워드를 중심으로 살펴보면 건강신념모델, 건강행동과 관련하여 다양한 대상(청소년, 성인)으로 연구가 이루어진 것을 알 수 있다. 일부 연구에서는 건강신념모델과 계획된 행동이론을 접목한 연구도 이루어진 것을 확인할 수 있다.

①지도교수의 학생들 대부분이 여성을 대상으로 연구했다면, 연구자는 연구대상을 남성으로 하여 차별성을 드러낼 수 있다고 판단하였다.

②따라서 중년남성을 대상으로 건강신념모델과 건강행동을 중심으로 연구대상을 정할 수 있다고 생각하였다.

③연구자는 40대 남성이며 40대 이상 중년남성의 대부분은 한 가정의 가장으로 사회 활동이 많은 편임을 잘 알고 있다.

④그들은 사회 활동을 하는 과정에서 잦은 음주와 흡연으로 성인병 발병률이 높은 상황이다.

⑤이러한 성인병은 만성질환으로 이어지므로 중년 이후에 만성질환 관리는 매우 중요하다.

⑥따라서 40대 이상의 중년남성이 만성질환에 대한 건강신념이 어떤지 살펴보고, 만성질환을 방지하거나 관리하기 위한 건강행동을 살펴보는 것을 연구 방향으로 정할 수 있다.

⑦그리고 연구자가 평소 관심 있었던 '상황이론'이 적용 가능한지 살펴보고, 상황이론을 중심으로 40대 이상의 중년남성을 대상으로 건강신념모델과 건강행동을 어떻게 관련 지을지 연구 방향을 잡기로 한다.

1)건강행동과 관련한 선행연구 정리

연도	학위	연구자	연구 제목
2017	석사	황순용	초등학교 학생의 자기효능감이 건강증진행위에 미치는 영향: 자아탄력성의 매개효과
2016	박사	이지희	전문무용수의 건강행동과 섭식행동 결정요인 분석
2015	박사	박송근	운동의도와 행동의 관계_운동습관, 자기효능감, 부모지지의 조건부 과정 분석
2015	석사	김혜진	영유아 어머니의 아동건강증진행위 영향요인
2013	석사	이효주	노인의 건강지각과 건강증진행동 간의 관련성
2003	박사	배승호	운동행동변화요인이 변화단계 및 지각된 건강상태에 미치는 효과

①행동 의도가 행동으로 영향을 준다는 것을 확인할 수 있다.

2) 상황이론 관련 선행연구 정리

연도	학위	연구자	연구 제목
2017	석사	윤혜진	가공식품의 구매행동 및 식품첨가물에 대한 인지도 연구
2013	석사	이정화	여수지역 학교급식 조리종사원들의 식품영양표시에 대한 인지도 조사
2012	석사	한진영	대구지역 주부들의 식품위해요인 및 식품안전에 대한 인식도
2011	석사	임순영	초등학교 교사들의 식품첨가물에 대한 인식 및 지식과 식생활지도 실태
2008	석사	윤여임	식품안전의 10대 위해요인에 대한 소비자지식과 위험인식 및 위험수용도

②상황이론이 다양한 분야에서 적용된 것을 확인할 수 있고, 상황이론이 건강 관련한 연구가 이루어진 것도 확인할 수 있다. 그리고 상황이론이 확장되어 커뮤니케이션 행동뿐 아니라 실제 행동으로 이어지는 연구가 이루어짐을 확인할 수 있다.

3) 건강신념모델과 상황이론 관련 선행연구 정리

연도	학위	연구자	연구 제목
2017	석사	박나림	상황적 동기화와 태도·규범이 희귀난치병 어린이 기부 관련 커뮤니케이션 행위와 행위의도에 미치는 영향 : 문제해결 상황이론과 계획행동이론 적용을 중심으로
2015	학술지	정재선	비만에 대한 인식이 비만 대처에 미치는 영향 연구 : 커뮤니케이션 행동의 매개
2011	석사	유선욱	소셜미디어 헬스커뮤니케이션 캠페인 효과모델에 관한 연구 : 트위터 공중의 건강신념 및 미디어관련 인식이 커뮤니케이션 행동과 건강행동에 미치는 영향을 중심으로

③건강신념모델과 상황이론이 결합한 사례는 없으나 건강신념모델이 다른 이론이 합쳐져 연구된 사례가 있는 것을 확인하였다.

④상황이론이 확장되어 커뮤니케이션 행동뿐 아니라 실제 행동으로 이어지는 연구가 이루어짐을 확인하였다.

이러한 과정을 통해 지도교수가 원하는 주제(키워드, 이론, 모델 등)를 선정할 수 있다.

수립 가능한 연구 모형

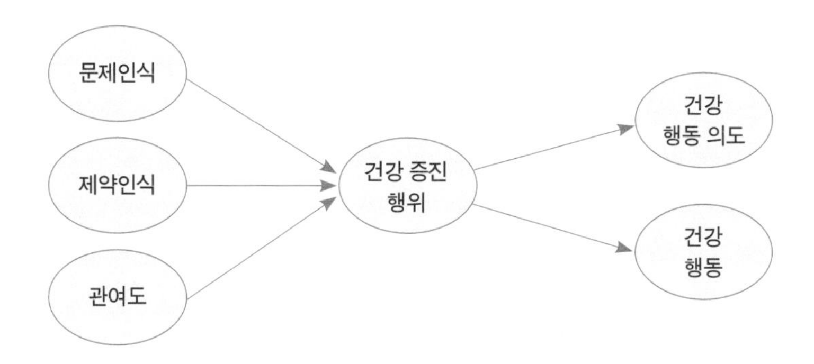

6일 차 탄탄한 연구모형 설계 방법 숙지하기

지금까지 연구주제에 접근하는 방법을 네 가지 단계로 구분하여 소개하였다. 그리고 연구주제를 선정하는 방법을 예시를 들어 소개를 했다. 다음 단계는 확인한 용어(변수)를 중심으로 연구모형을 구성하는 단계이다. 연구모형에 대한 기본 개념은 문 5와 문 6에서 설명했다.

이제 탄탄한 연구모형을 설계할 수 있는 세 가지 방법을 알아보자.

첫째, 변수와 변수와의 관계를 선행연구에서 근거를 찾아서 연구모형을 완성하는 방법

둘째, 특정 모델을 적용해서 연구모형을 완성하는 방법

셋째, 유추를 통해서 연구모형을 완성하는 방법

제시한 세 가지 방법을 각각의 예시를 통해 살펴보자.

Q 25. 변수와 변수와의 관계를 통한 연구모형의 설계는 어떻게 하면 되나요?

A 25. 기존 선행연구자 중에서 해당 변수와 변수 간의 관계를 연구한 연구자를 찾아서 그 근거를 제시하면 됩니다.

첫 번째 방법은 인과관계 연구에서 가장 널리 사용되는 방법이다. 변수와 변수 간 관계를 확정할 때에는 기존 선행연구자 중에서 해당 변수와 변수 간 관계를 연구한 연구자를 찾아서 그 근거를 제시한다.

고등학생을 대상으로 이성교제에 대한 태도가 갈등해결 전략과 학교생활 적응에 영향을 미치는 관계를 연구모형으로 구성한 예시다.

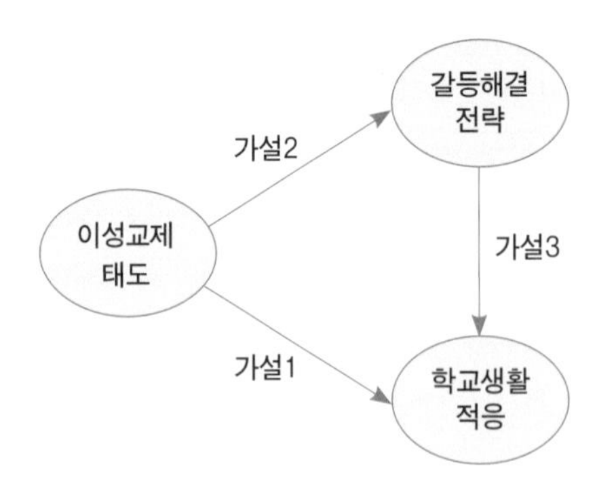

연구자가 위와 같이 모형을 설계했다면 구성한 연구모형이 이론상 문제가 없는지 확인하기 위해서 선행연구자들의 연구를 검토하면서 변수와의 관계를 확인하는 과정을 거친다. 이를 통해서 연구모형에 문제가 없는지 검토할 수 있다. 설계한 연구모형이 이론상 문제가 없는지 확인하기 위해서 변수와 변수와의 관계가 명확하게 연구가 되었는지 살펴보자.

번호	연구자	연구 대상	독립변수	매개변수	종속변수
1	오정화(2015)	중·고등학생	이성교제 태도		정신건강
					학교적응
2	박용호(2006)	고등학생	이성교제		학교생활 적응
					자아존중감
3	박선민(2015)	소년원	감사성향		학교생활 적응
			갈등해결 전략		
4	이은주(2009)		가족 기능	갈등해결 전략	학교생활 적응
5	강진희(2011)	대학생	이성교제 유형, 경험		갈등해결 전략
					이성관계 만족도
6	안은희(2010)	대학생	심리적 독립	갈등해결 전략	학교생활 적응

가설 1 이성교제 태도가 학교생활 적응에 영향을 미칠 것이라는 근거는 1번, 2번 선행연구에서 이성교제 태도가 학교적응으로 연구된 것을 알 수 있으며 이를 근거로 연구모형을 수립할 수 있다.

가설 2 이성교제 태도와 갈등해결 전략에 영향을 미칠 것이라는 근거는 5번의 선행연구를 근거로 연구모형을 수립할 수 있다.

가설 3 갈등해결 전략이 학교생활 적응에 영향을 미칠 것이라는 근거는 3번, 4번, 6번 선행연구를 근거로 연구모형을 수립할 수 있다.

이처럼 선행연구를 통해서 변수와 변수 간에 근거가 있는지 확인하면 이론상 문제가 없는 연구모형이 설계되었다고 할 수 있다.

Q 26. 어떻게 특정 모델을 적용해서 연구모형을 완성할 수 있나요?
A 26. 연구 설계를 특정 모델을 중심으로 설계할 때 사용됩니다.

연구모형을 구체화하는 두 번째 방법은 연구모형을 활용할 때 특정 모델을 활용하는 방법이다. 이를 설명하기 위해서 '기술수용모델'을 예로 든다. 구글(Google) 검색창에 '기술수용모델'을 입력하고 이미지를 선택하면 다음 그림처럼 수많은 연구모형을 확인할 수 있다. 그렇다면 '기술수용모델'이 무엇이기에 이렇게 많은 연구자가 연구모형으로 활용할까? "기술수용모델은 주로 새로운 기술이 도래했을 때 기업이나 개인 등이 해당 기술을 수용할 것인지 연구를 하는 데 가장 널리 사용되는 이론이다(김정석, 2016)." - 김성영(2018) 인천대학교 박사학위 논문 중에서

예시 1)특정 모델을 적용해서 연구모형을 완성하는 방법(예시 – 기술수용모델)

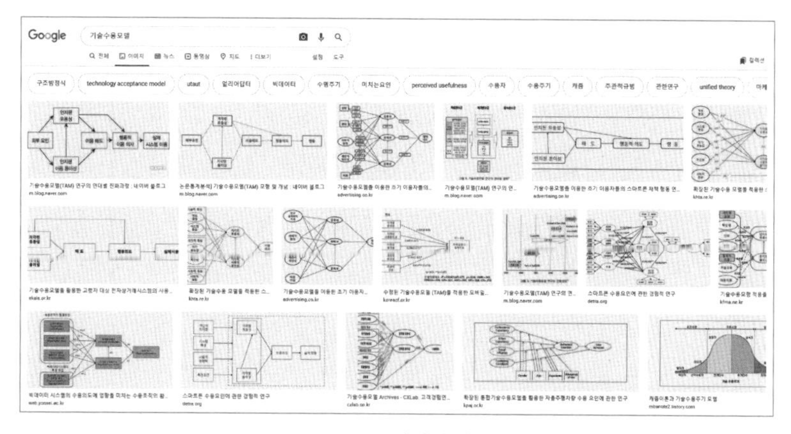

- 사진 출처 : https://www.google.com/search

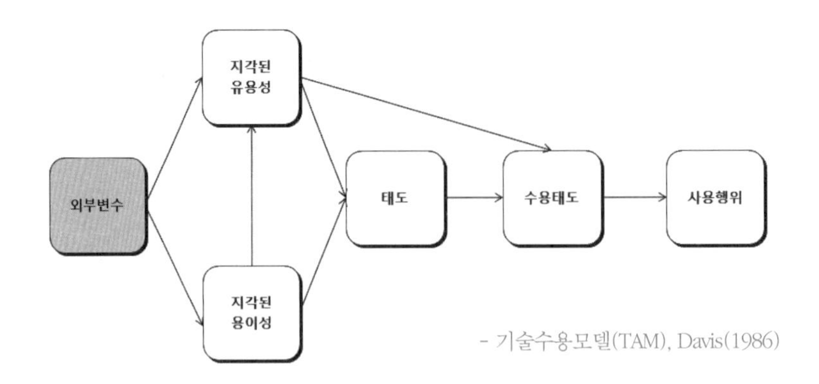

- 기술수용모델(TAM), Davis(1986)

그리고 실제 많은 연구에서 기술수용모델을 사용하여 적용된 경우를 살펴보자. 다음 연구모형에서 별색으로 칠해진 부분은 기술수용모델의 원 모형에서 제시된 변수이고 나머지 변수는 연구자의 연구 목적에 따라 사용한 외부변수이다.

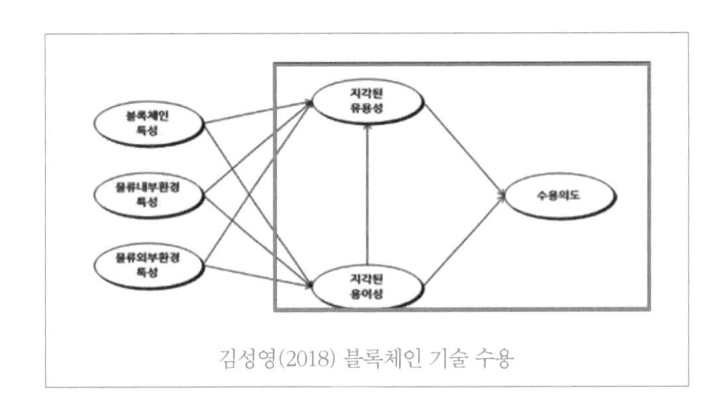

김성영(2018) 블록체인 기술 수용

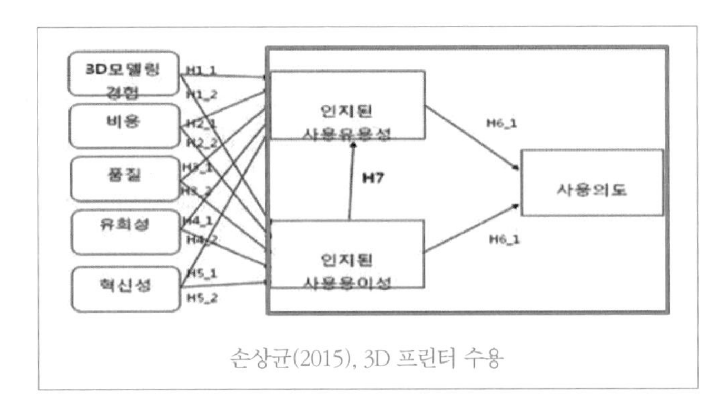

손상균(2015), 3D 프린터 수용

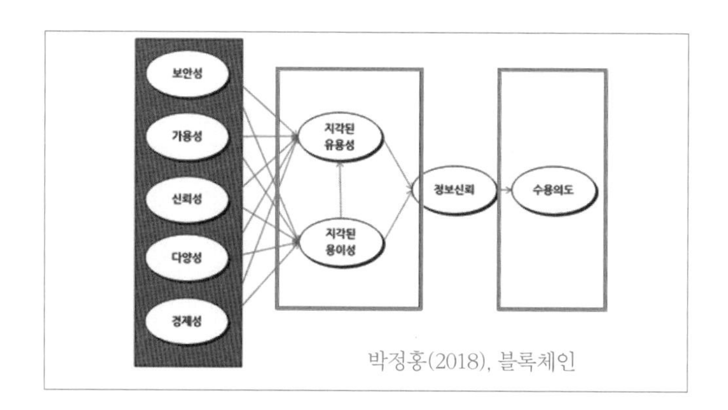

박정홍(2018), 블록체인

이처럼 특정 모델을 활용하여 연구할 때는 연구자가 선택한 모델 내에서 적절하게 변수를 추가함으로써 연구모형을 설계할 수 있다.

Q 27. 유추를 통한 연구모형의 설계는 어떻게 하면 되나요?

A 27. 변수 간의 관계에 대해 직접 연구되진 않았으나 충분히 유추할 수 있는 경우에 사용합니다.

세 번째 방법은 유추를 통해서 연구모형을 설정하는 것이다. 인과관계의 많은 연구가 기존 선행연구자가 연구한 내용을 근거로 진행하다 보니 너무 뻔한 연구모형이라는 지적을 받는다. 따라서 연구자들은 항상 기존 연구와 차별성 있게 연구하고 싶어 한다. 그렇지만 연구자가 임의로 모형을 만들면 이론적 근거가 없다는 문제에 봉착하게 된다. 따라서 이럴 경우에 사용하는 것이 유추를 통해 연구모형을 설계하는 것이다.

오른쪽 예시 논문(전빛나, 2019 건국대학교 박사학위 논문)의 'H1-3 상사의 자기방어적 양가성과 비인격적 감독'은 유추에 의해서 모형이 구축된 경우이다.

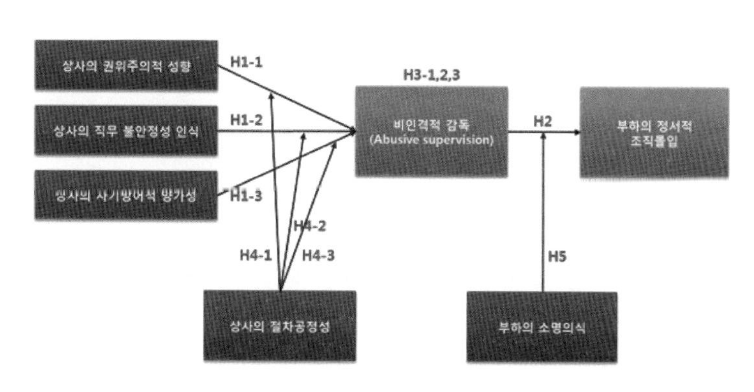

본문에서는 다음과 같이 유추하는 것으로 가설을 수립하였다.

사람들은 대인관계에서 상호 관계를 원만하게 이끌어 나가고 해치지 않기 위해 내면화된 표현규칙에 따라 스스로 정서를 조절하고 정서표현을 억제해 나가기도 한다. 하지만 지나치게 자신의 욕구를 억제한다면 이는 정서의 기능에 역행하여 심리적, 관계적, 생리적으로 어려움을 겪게 될 것이다(Frijda, 1986). 최해연(2008)은 자기방어적 양가성은 신체화, 강박증, 대인민감성, 우울, 불안, 적대감, 공포, 편집증, 정신증, 전반적인 심각도와 정적인 관계가 있다고 하였다. (중략) 지금까지 정서표현 양가성은의 세부요인인 자기방어적 양가성은 심리적 안녕감과 관련하여 많은 연구가 이루어져 왔고 조직에서 상사의 비인격적 감독과의 관계로 연구가 이루어지지 않았다. 하지만 사람들은 자신을 제대로 표현하지 못하게 되고 이는 곧 상대방과의 친밀감과 지지를 이끌어내지 못함으로써 공감과 지지를 받지 못해 불안을 겪는다(Emmons & Colby, 1995). 따라서 조직에서 상사가 자기방어 양가성이 높을 때, 이로 인해 불안, 적대감을 많이 느끼게 될 것이다. Tepper et al.(2006)은 상사가 분노나 적대감을 쉽게 가지는 성향일수록 자신의 조직으로부터 더 큰 부당한 당할 두려움으로 인해 자신보다 힘이 약한 다른 상대, 즉 부하직원에게 분노를 표출한다고 하였다. 이러한 측면에서 상사의 자기방어 양가성이 강할수록 상사의 비인격적 감독은 증가할 것이라는 것을 유추할 수 있을 것이며 아래 가설 1-3을 설정할 수 있을 것이다.

①사람들은 자신 감정을 표현하지 못하고 공감과 지지를 얻지 못하면 불안을 겪는다.
②조직에서 상사도 자신의 감정을 제대로 표현하지 못하면 불안감과 적대감이 커진다.
③적대감이 높아지면 자신보다 약한 상대에게 분노를 표출한다.
④이러한 관계를 볼 때 상사가 제대로 표현하지 못하면 부하직원들에게 분노를 표출할 것이다.
⑤이는 곧 상사가 자기방어 양가성이 강하면 상사의 비인격적 감독 행위가 증가하리라는 것을 유추할 수 있다.

이처럼 유추해서 연구모형을 구축할 때에도 유사한 연구가 있어야 하며 이를 기반으로 모형을 수립해야만 한다. 즉 변수와 변수 간에 동일하게 연구한 것은 없지만 유사하게 연구한 근거를 찾아서 반드시 제시해야 한다는 것을 꼭 기억해야 한다.

7일 차 논문 주제 선정사례 살펴보기(1)

Q 28. 자신의 업무와 관련한 주제를 선정한 사례가 있을까요?

A 28. 상담학 박사학위를 준비했던 남성의 사례를 소개합니다.

첫 번째 자신의 업무와 관련한 주제를 선정한 상담학 박사학위를 준비했던 남성 사례이다.

사례 1) 연구자 현황 요약
과정 : 상담학 박사학위 준비
성별 : 남성
연령대 : 40대 후반
직업 : 가족문제 상담소 센터장
주요 내용 : 주요 업무는 부부를 대상으로 부부 상담을 주로 하고 있으며, 상담을 받으러 오는 주 고객은 중년의 남성이 많은 편이라고 한다. 상담의 내용은 다양하지만, 그중에서도 중년남성들이 가족 내에서 외로움을 겪는 것을 힘들어 하는 상담이 많은 편이다. 사회 활동이 왕성한데도 가정에서는 점차 소외되는 것을 해결하기 위해 상담을 받으러 오는 경우가 많다고 한다. 상담받는 중년남성은 사회적으로 성공한 사람이 많다고 한다. 하지만 이들은 가족을 부양하기 위해 많은 에너지를 쏟다 보니 점차 가족과 동화하지 못하여 소외감을 느끼다고 한다. 그래서 사례1의 연구자는 중년남성을 대상으로 연구하는 것이 좋겠다고 생각하게 되었고, 어떻게 하면 중년남성이 가정에서 소외감을 느끼지 않을지 연구하는 쪽으로 진행하기로 하였다.

1단계 : 자신이 관심 있는 주제 검색하기

1번 사례 연구자는 상담학을 전공하고 있고, 업무도 상담과 관련한 업무를 하고 있기 때문에 자신의 업무를 중심으로 연구주제를 선정하는 것이 가장 적합하다고 판단하였다. 그리고 첫 컨설팅 수업 시간에 연구자의 현재 상황을 들은 후에 연구의 방향성을 중년남성이 가정에서 소외감을 느끼지 않기 위한 연구를 하는 것으로 접근하기로 하였다.

박사학위 논문과 학술지 논문을 중심으로 '중년남성'과 관련한 연구 중에서도 양적 연구 중에서도 인과관계에 관한 연구를 중심으로 정리하도록 하였다.

Tip 관심 있는 주제에 대해서 논문을 정독하여 리뷰하는 것이 물론 필요하고 매우 중요하다. 그렇지만 연구주제를 빠르게 잡아나가기 위해서는 연구의 핵심 내용을 우선 파악해야 한다. 아무리 열심히 정독한다고 해도 해당 논문의 내용을 이해하고 기억하는 것은 매우 어렵다. 따라서 논문 제목을 통해서 각 논문이 어떤 내용으로 구성되어 있는지 확인할 수 있다.

사례 1) 중년남성 관련 실제 정리 내용

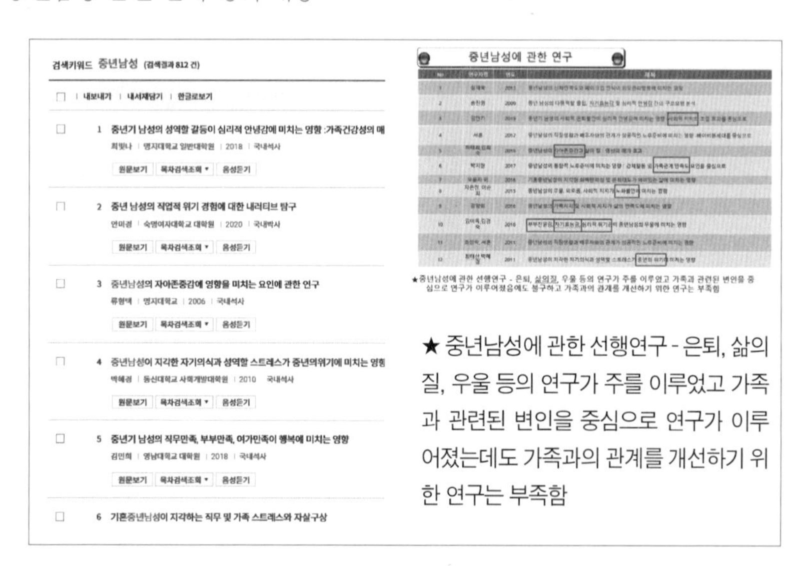

Tip 인과관계 연구를 제목만으로 확인하는 방법 - 논문 제목에 〈~에 미치는 영향에 관한 연구〉, 〈~영향요인에 관한 연구〉, 〈~대한 구조모형 분석〉, 〈~매개효과〉, 〈~조절효과를 중심으로〉와 같은 경우가 인과관계 연구에 해당한다.

사례 1의 연구자는 중년남성과 관련하여 진행된 연구가 주로 직장생활과 은퇴 생활과 같은 사회 문제와 연계되어 연구가 이루어졌다고 정리했다. 연구자가 연구하고자 하는 가족과의 관계를 중심으로 한 중년남성 연구는 미흡하다고 하였다. 일부 가족과의 관계를 중심으로 살펴본 연구는 배우자와의 관계는 이루어졌지만, 가족 전체와의 관계를 중심으로 한 연구는 거의 없음을 확인하였다.

중년남성을 중심으로 살펴본 결과, 의미 있는 용어(변인)가 몇 가지(사회적 지지, 자아존중감, 가족관계 만족도, 노화 불안, 가족 지지, 부부친밀감, 자기효능감, 심리적 위기감, 중년기 위기 등) 확인됨을 알 수 있다.

2단계 : 막연하게 생각했던 주제에서 학문적 용어를 찾아내기

1단계에서 사례 1의 연구자는 자신이 관심 있는 키워드와 관련한 선행연구 검색하고 정리하여 기존 연구 방향성을 대략 확인할 수 있었다. 그다음 더 구체적으로 접근하기 위해서 〈중년남성+가족〉이라는 키워드로 검색을 더 해보았다.

사례 1) 중년남성 검색 및 실제 정리한 내용

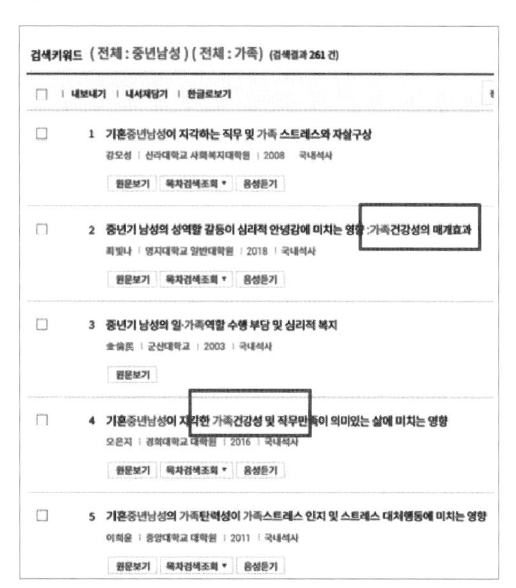

그 결과 연구자는 〈가족건강성〉이라고 하는 새로운 학술 용어(변인)를 확인할 수 있었다. 따라서 추가로 〈가족건강성〉을 중심으로 선행연구를 정리하기 시작하였다.

번호	연구자	연도	가족건강성 관련 선행연구 제목
1	김은하	2017	가족의 건강성이 유아의 친사회적 행동에 미치는 영향 : 자기조절력과 의사소통능력의 매개효과
2	박미희	2014	다문화가족 여성의 가족관계 스트레스가 가족건강성에 미치는 영향 : 사회적 지지의 매개효과를 중심으로
3	이현미	2014	청소년의 가족건강성, 자기효능감, 사회적 지지, 학교적응 간의 관계분석
4	김미정	2017	대학생의 가족건강성, 사회적 지지, 희망 및 행복 간의 구조적 관계분석
5	장성화	2010	대안학교 학생들이 인식하는 가족건강성, 사회적 지지, 자기효능감 및 학교적응의 인과적 구조분석
6	김유진	2017	중년기의 노화 불안, 가족건강성, 대인관계가 중년기 위기감에 미치는 영향

사례 1의 연구자는 가족건강성과 관련한 연구를 제목을 통해 살펴보면 연구대상자가 주로 유아, 청소년, 대학생, 노인 등과 관련하여 주로 연구가 이루어짐을 확인할 수 있었다. 그리고 〈가족건강성〉이 주로 독립변수로 많이 사용되는 것을 통해 독립변인으로 채택하는 것이 적합할 것이라는 생각을 가지게 되었다.

또 〈가족건강성〉과 관련하여 사용된 연구에서 추가로 여러 가지 변인(의사소통능력, 사회적 지지, 자기효능감, 중년기 위기감)을 확인할 수 있었다.

3단계 : 찾아낸 학문적 용어를 중심으로 관련 논문 검색하기

2단계에서 사례 1의 연구자는 학문적 용어 중에서 〈가족건강성〉을 확인하였다. 그리고 〈가족건강성〉을 중심으로 연구모형 구축을 위해서 필요한 추가적인 용어를 살펴보고자 2단계에서 가족건강성의 연구에서 제시된 여러 가지 새로운 용어(변인)를 정리했다.

그리고 여러 가지 변인 중(의사소통능력, 사회적 지지, 자기효능감, 중년기 위기감)에서 사회적 지지는 친구 지지, 부모 지지, 그리고 교사 지지 등이 해당하는 경우가 많으므로 연구의 목적에 부합하지 않는다고 판단하여 제외하였다.

따라서 세 가지(의사소통능력, 자기효능감, 중년기 위기감)를 중심으로 선행연구를 살펴보았으며 그 결과는 다음 그림과 같다.

사례 1) 실제 정리한 내용

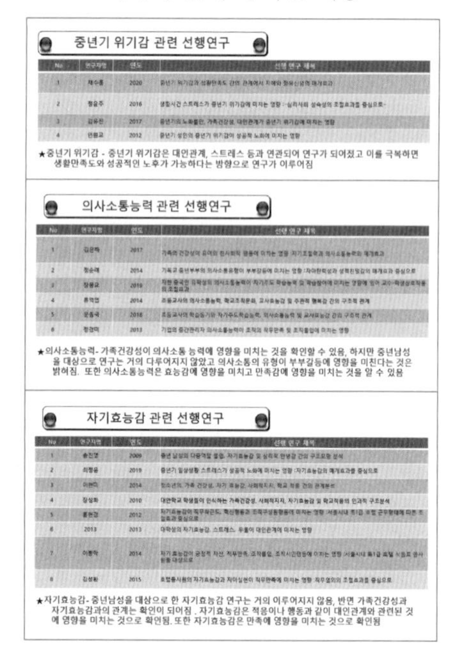
중년기 위기감 관련 선행연구

★중년기 위기감 - 중년기 위기감은 대인관계, 스트레스 등과 연관되어 연구가 되어졌고 이를 극복하면 생활만족도와 성공적인 노후가 가능하다는 방향으로 연구가 이루어짐

의사소통능력 관련 선행연구

★의사소통능력- 가족건강성이 의사소통 능력에 영향을 미치는 것을 확인할 수 있음, 하지만 중년남성을 대상으로 연구는 거의 다루어지지 않았고 의사소통의 유형이 부부갈등에 영향을 미친다는 것은 밝혀짐. 또한 의사소통능력은 효능감에 영향을 미치고 만족감에 영향을 미치는 것을 알 수 있음

자기효능감 관련 선행연구

★자기효능감- 중년남성을 대상으로 한 자기효능감 연구는 거의 이루어지지 않음, 반면 가족건강성과 자기효능감과의 관계는 확인이 되어짐 . 자기효능감은 적응이나 행동과 같이 대인관계와 관련된 것에 영향을 미치는 것으로 확인됨. 또한 자기효능감은 만족에 영향을 미치는 것으로 확인됨

먼저 중년기 위기감과 관련한 연구고찰을 통해서 중년기 위기감은 대인관계, 스트레스 등과 연관되어 있는 것을 확인할 수 있다. 그리고 중년기 위기감을 극복하면 생활만족도와 성공적인 노후가 가능하다는 방향으로 연구가 이루어진 것을 확인할 수 있다.

두 번째, 의사소통 능력과 관련한 선행연구 정리를 통해서 가족건강성이 의사소통 능력에 영향을 미친다고 하는 연구가 이루어진 것을 확인할 수 있다. 하지만 중년남성을 대상으로 의사소통 능력과 관련한 연구는 거의 다루어지지 않았음을 알 수 있다. 또 의사소통의 유형이 부부갈등에 영향을 미친다는 연구가 이루어졌으며, 의사소통 능력은 효능감과 만족감에 영향을 미치는 것을 알 수 있다.

세 번째, 자기효능감과 관련한 선행연구 정리를 통해서 중년남성을 대상으로 한 자기효능감 연구는 거의 이루어지지 않은 것을 확인할 수 있다. 반면 가족건강성과 자기효능감과의 관계는 연구가 이루어진 것을 알 수 있다. 자기효능감은 적응이나 행동과 같이 대인관계와 관련된 것에 영향을 미치는 것을 알 수 있다. 더불어 자기효능감은 만족에 영향을 미치는 것으로 확인된다.

4단계 : 관심 있는 용어 중 최종 선택하기

3단계에서 사례1의 연구자는 학문 용어를 중심으로 연구내용을 검토해 보았다. 그리고 최종 네 가지(가족건강성, 중년기 위기감, 자기효능감, 의사소통)를 중심으로 아래와 같이 연구모형을 구성했다.

〈연구자는 관련 용어를 중심으로 선행연구를 살펴보는 과정〉

①가족건강성을 중심으로 살펴보고, 가족건강성이 독립변수로 사용되는 것이 가장 적합하다고 판단하였다.

②중년기 위기감을 종속변수로 둔 이유는 연구자의 최종 연구 목적이 중년남성이 가족 내에서 소외감을 겪지 않는 연구이므로 중년기 위기감이 종속변수로 가장 적합하다고 생각하였다.

③매개변수는 의사소통 능력과 자기효능감으로 구성하였다. 이는 결국 중년남성의 가족건강성이 좋아지면 중년기 위기감이 줄어들 수 있는데, 의사소통과 자기효능감을 통해서 가능하다는 것으로 구성할 수 있다고 판단하였다.

사례 1) 최종 선택을 통해서 구성한 연구모형

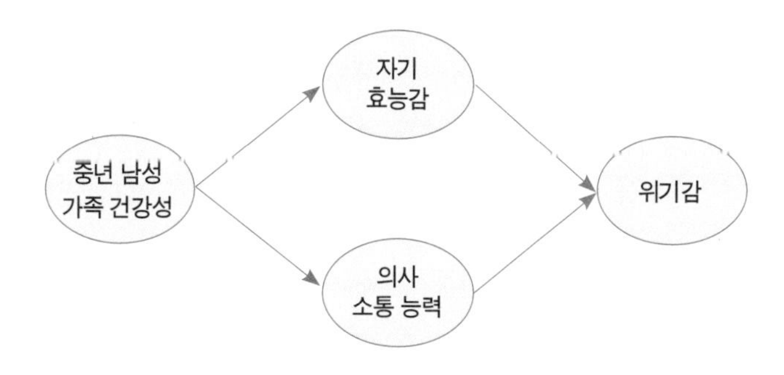

5단계 : 연구모형 구체화하기

마지막 단계는 연구모형을 구체화하는 단계이다. 연구모형을 구축하는 방법을 앞서 소개한 바와 같이 사례 1의 연구자는 두 가지(변수와 변수 간 근거 확인, 유추하기) 방법을 통해서 연구모형을 구체화하였다.

사례 1의 연구자는 4단계에서 구성한 연구모형이 이론상 문제가 없는지 확인하기 위해서 선행연구를 통해서 변수와 변수와의 관계를 살펴보았다.

사례 1) 모형확정을 위한 근거 확보 실제 내용

From	To	연구자	학위/박사	논문제목
가족건강성	중년기 위기감	김유진 (2017)	동아대박사	중년기의 노화불안, 가족건강성, 대인관계가 중년기 위기감에 미치는 영향
		박현정 (2016)	전남대박사	사회복지 업무 종사자의 일-가정 갈등이 직무만족도에 미치는 영향: 가족건강성의 매개효과를 중심으로
가족건강성	의사소통능력	김은하 (2017)	서울한영대 박사	가족의 건강성이 유아의 친사회적 행동에 미치는 영향 :자기조절력과 의사소통능력의 매개효과
가족건강성	자기효능감	이현미 (2014)	한세대박사	청소년의 가족 건강성, 자기 효능감, 사회적지지, 학교 적응 간의 관계분석
의사소통능력	중년기 위기감	김은하 (2017)	서울한영대 박사	기독교 중년부부의 의사소통유형이 부부갈등에 미치는 영향 :자아탄력성과 성적친밀감의 매개효과 중심으로
		정경미 (2013)	대구대박사	기업의 중간관리자 의사소통능력이 조직의 직무만족 및 조직몰입에 미치는 영향
자기효능감	중년기 위기감	이종학 (2014)	경희대박사	자기 효능감이 긍정적 자산, 직무만족, 조직몰입, 조직시민행동에 미치는 영향 :서울시내 특1급 호텔 식음료 종사원을 대상으로
		김성환 (2015)	호남대박사	호텔종사원의 자기효능감과 자아실현이 직무만족에 미치는 영향 :직무열의의 조절효과를 중심으로

①가족건강성 → 중년기 위기감 : 김유진(2017)의 연구에서 가족건강성이 중년기 위기감에 직접 영향을 미치는 것을 확인할 수 있다. 박현정(2016)의 연구에서는 가족건강성이 직접 중년기 위기감에 영향을 미치는 연구가 아니라 직무만족도에 영향을 미치는 연구이다. 하지만 중년기 위기감은 정서적 위기감이나 가족이나 결혼 등에 대한 만족감을 의미한다. 따라서 가족건강성이 좋아지면 직무만족도가 좋아지겠지만 가족 간의 만족도는 증가한다고 예상할 수 있으므로 유추를 통해서 근거 확보가 가능하다고 판단하였다. 따라서 이 관계에서는 변수와 변수 간의 관계와 유추를 통해 연구모형을 확정했다고 할 수 있다.

②가족건강성 → 의사소통 능력 : 김은하(2017)의 연구에서 가족건강성과 의사소통능력과의 관계 연구가 이루어진 것을 확인할 수 있다.

③가족건강성 → 자기효능감 : 이현미(2014)의 연구를 통해서 가족건강성과 자기효능감과의 관계 연구를 확인할 수 있다.

④의사소통능력 → 중년기 위기감 : 김은하(2017)의 연구에서 의사소통 유형이 부부갈등에 영향을 미친다고 하였다. 정경미(2013)의 연구에서 의사소통능력이 직무 만족과 조직몰입에 영향을 미친다고 하였다. 비록 의사소통 능력이 중년기 위기감에 직접 영향을 미친다는 근거 연구는 없지만, 중년기 위기감의 세부적 의미(정서적 위기감, 상실감, 생의 불만족도, 결혼 불만족도 등)를 살펴보면 부부갈등과 만족을 의미한다고 유추할 수 있다.

⑤자기효능감 → 중년기 위기감 : 이종학(2014)과 김성환(2015)의 연구를 통해서 자기효능감이 만족, 행동 등에 영향을 미치는 것을 확인할 수 있다. 따라서 유추를 통해서 모형 구축이 가능하다고 할 것이다.

이처럼 변수와 변수 간의 관계가 명확하지는 않지만, 충분히 유추가 가능한데도 지금까지 연구가 이루어지지 않은 것을 새롭게 밝힌다면 학문적 관점에서 시사하는 바가 클 것이다.

이러한 과정을 통해서 최종 연구모형을 다음과 같이 구성하였다.

사례 1) 실제 확정한 연구모형

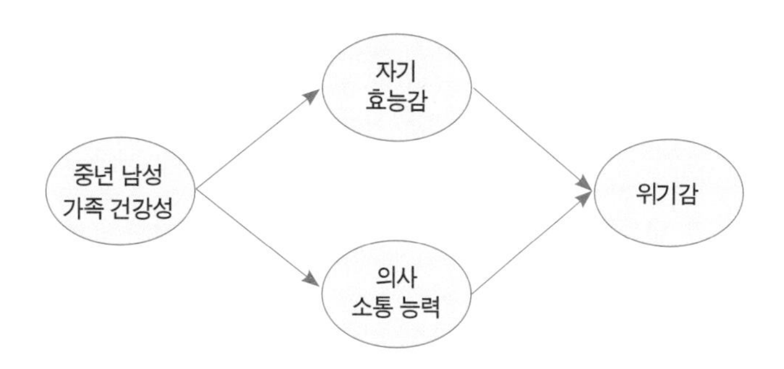

Q 29. 자신의 현재 상황을 논문 주제와 연결한 사례가 있을까요?

A 29. 상담학 박사학위를 준비했던 40대 중반의 남성 사례를 소개합니다.

두 번째 자신의 현재 상황을 논문 주제와 연결한 사례는 상담학 박사학위를 준비했던 40대 중반의 남성 사례이다. 사례와 관련한 내용은 다음과 같다.

사례 2) 연구자 현황 요약

과정 : 상담학 박사학위 준비

성별 : 남성

연령대 : 40대 중반

직업 : 직업군인

주요 내용 : 연구자는 장교 출신으로 군 생활을 전방에서 했다. 향후 전역할 경우 사회 복귀를 위한 준비에 관심이 많았다. 비록 희망하는 전역 시기는 10년이 더 남았지만, 사회 진출에 대해 두려움과 기대감이 항상 든다고 하였다. 두려운 점은 자기 주변에 전역을 앞둔 군인들이 사회 복귀 준비를 제대로 하지 못하여 본인도 그렇게 될 것 같은 두려움이 있다고 했다. 하루하루 국가를 위해 최선을 다해 충성하고 있지만, 막상 전역할 시점에 사회 복귀를 위한 준비를 한다면 너무나도 늦을 것 같다고 생각했다. 더불어 10년 후에 전역한다면 현재 시점에서는 전역 후 어떻게 생활해야 할지 막막하고 답답한 심정이 든다. 반면 전역에 대한 기대감은 새로운 일을 할 수 있는 기대감이 있다. 실제 자기 주변에 전역을 앞둔 수많은 장기복무 군인들을 살펴보면 전역 후에 무슨 일을 해야 할지 정하지 못한 상황에서 무작정 직업 보도교육에 들어간다고 한다. 직업 보도교육에서 막연하게 새로운 진로를 결정할 수 있을 거라고 기대하는 것을 보고 자기 일처럼 느껴져 긴장감이 든다고 했다. 그리고 전역을 준비하는 정도 역시 개개인의 특성에 따라서 다른 것 같다고 한다. 연구자 역시 전역 후의 삶을 위해사회 활동을 강화하고 있지만, 어떻게 해야 은퇴 준비를 잘할 수 있을지 잘 모르는 상황이라고 한다. 그래서 사례 2의 연구자는 자신과 같은 전역 예정자들을 대상으로 연구하는 것이 낫다고 판단하였다. 어떻게 하면 전역 예정자들이 전역 준비를 잘할 수 있을지 중점적으로 확인해 나가기로 했다.

1단계 : 자신이 관심 있는 주제 검색하기

2번 사례자는 장기복무 군인이다. 사회로 복귀할 시점, 즉 전역 시점은 10년 후이다. 당장 1~2년 후에 전역하는 것은 아니지만 항상 전역 후의 삶에 관심을 많이 가지고 있다. 왜냐하면 직업군인의 은퇴 시기는 일반 사회인과 비교해서 상당히 빠른 편이고, 장기복무 군인들이 실질적으로 전역하게 되는 시기에도 자녀는 학교에 다녀 경제적 독립을 하지 않은 상태이므로 경제 활동이 요구되는 시점이기 때문이다. 따라서 자신의 관심 사항과 관련하여 검색하기 시작했다. 검색어로 〈직업군인〉, 〈전역예정군인〉을 사용하였다.

사례 2) 직업군인, 전역예정군인, 제대군인 등으로 검색

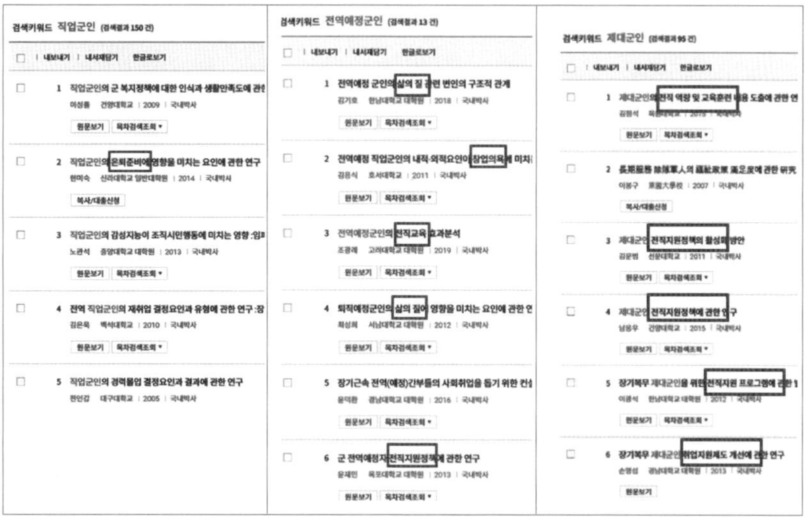

검색키워드 직업군인 (검색결과 150 건)

내보내기 | 내서재담기 | 한글로보기

1 직업군인의 군 복지정책에 대한 인식과 생활만족도에 관한
이성룡 건양대학교 | 2009 | 국내박사
원문보기 | 목차검색조회

2 직업군인의 은퇴준비에 영향을 미치는 요인에 관한 연구
현미숙 신라대학교 일반대학원 | 2014 | 국내박사
복사/대출신청

3 직업군인의 감성지능이 조직시민행동에 미치는 영향 :임
노관석 중앙대학교 대학원 | 2013 | 국내박사
원문보기 | 목차검색조회

4 전역 직업군인의 재취업 결정요인과 유형에 관한 연구 :장
김은욱 백석대학교 | 2010 | 국내박사
원문보기 | 목차검색조회

5 직업군인의 경력몰입 결정요인과 결과에 관한 연구
전인갑 대구대학교 | 2005 | 국내박사

검색키워드 전역예정군인 (검색결과 13 건)

내보내기 | 내서재담기 | 한글로보기

1 전역예정 군인의 삶의 질 관련 변인의 구조적 관계
김기호 한남대학교 대학원 | 2018 | 국내박사
원문보기 | 목차검색조회

2 전역예정 직업군인의 내적·외적요인이 창업의욕에 미치
김용식 호서대학교 | 2011 | 국내박사
원문보기 | 목차검색조회

3 전역예정군인의 전직교육 효과분석
조광래 고려대학교 대학원 | 2019 | 국내박사
원문보기 | 목차검색조회

4 퇴직예정군인의 삶의 질에 영향을 미치는 요인에 관한 연
최성희 서남대학교 대학원 | 2012 | 국내박사
원문보기 | 목차검색조회

5 장기근속 전역(예정)간부들의 사회취업을 돕기 위한 컨설
윤석환 경남대학교 대학원 | 2016 | 국내박사
원문보기 | 목차검색조회

6 군 전역예정자 전직지원정책에 관한 연구
윤재민 목포대학교 대학원 | 2013 | 국내박사
원문보기 | 목차검색조회

검색키워드 제대군인 (검색결과 95 건)

내보내기 | 내서재담기 | 한글로보기

1 제대군인의 전직 역량 및 교육훈련 내용 도출에 관한 연
김정석 | 2015 | 국내박사
원문보기 | 목차검색조회

2 長期服務 除隊軍人의 [illegible] 滿足度에 관한 硏究
이봉구 [illegible] | 2007 | 국내박사
복사/대출신청

3 제대군인 전직지원정책의 활성화 방안
김문범 선문대학교 | 2011 | 국내박사
원문보기 | 목차검색조회

4 제대군인 전직지원정책에 관한 연구
남용우 건양대학교 | 2015 | 국내박사
원문보기 | 목차검색조회

5 장기복무 제대군인을 위한 전직지원 프로그램에 관한 1
이광석 한남대학교 대학원 | 2012 | 국내박사
원문보기 | 목차검색조회

6 장기복무 제대군인 취업지원제도 개선에 관한 연구
손영섭 경남대학교 대학원 | 2013 | 국내박사
원문보기

첫 번째 단계로 사례 2 연구자의 관심 대상에 대해 지금까지 관련 연구가 어떻게 이루어졌는지 살펴본 결과는 다음과 같다.

①직업군인과 관련하여 현재 시점에서 생활만족도, 조직시민행동, 경력몰입을 강화하기 위한 연구가 많으며, 그중에서 〈은퇴 준비〉에 관한 박사급 논문이 있음을 확인할 수 있다.

②전역을 예정하고 있는 군인을 대상으로 한 연구는 전직 지원교육, 전직 지원정책, 창업 의욕 등과 같이 현재 시점에서 해결해야 하는 전역 준비를 잘하기 위한 내용이 많음을 알 수 있다. 〈삶의 질〉에 대한 연구도 일부 이루어졌음을 알 수 있다.

③제대군인과 관련한 연구에서는 제대할 군인들이 사회에 진출하는 데 도움받을 수 있는 전직 지원제도를 어떻게 강화할지에 대한 연구가 주를 이룸을 알 수 있다.

2단계 : 막연하게 생각했던 주제에서 학문 용어 찾아내기

1단계에서 군인(직업, 전역예정, 제대)과 관련하여 이루어진 연구를 확인하였다. 1단계에서 확인한 학문 용어 중에서 〈은퇴 준비〉와 〈삶의 질〉을 중심으로 선행연구를 더 살펴보았다.

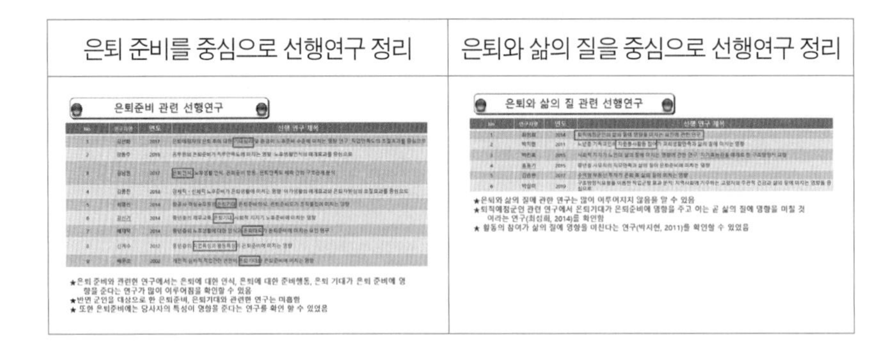

은퇴 준비를 중심으로 선행연구 정리	은퇴와 삶의 질을 중심으로 선행연구 정리

은퇴준비 관련 선행연구

No	연구자명	연도	선행 연구 제목
1	[illegible]	2017	[illegible]
2	[illegible]	2019	[illegible]
3	[illegible]	2017	[illegible]
4	[illegible]	2018	[illegible]
5	[illegible]	2014	[illegible]
6	[illegible]	2014	[illegible]
7	[illegible]	2014	[illegible]
8	[illegible]	2012	[illegible]
9	[illegible]	2002	[illegible]

★은퇴 준비와 관련한 연구에서는 은퇴에 대한 인식, 은퇴에 대한 준비행동, 은퇴 기대가 은퇴 준비에 영향을 준다는 연구가 많이 이루어짐을 확인할 수 있음
★반면 군인을 대상으로 한 은퇴준비, 은퇴기대와 관련한 연구는 미흡함
★ 또한 은퇴준비에는 당사자의 특성이 영향을 준다는 연구를 확인 할 수 있었음

은퇴와 삶의 질 관련 선행연구

No	연구자명	연도	선행 연구 제목
1	[illegible]	2014	[illegible]
2	[illegible]	2011	[illegible]
3	[illegible]	2015	[illegible]
4	[illegible]	2015	[illegible]
5	[illegible]	2017	[illegible]
6	[illegible]	2019	[illegible]

★은퇴와 삶의 질에 관한 연구는 많이 이루어지지 않음을 알 수 있음
★퇴직예정군인 관련 연구에서 은퇴기대가 은퇴준비에 영향을 주고 이는 곧 삶의 질에 영향을 미칠 것이라는 연구(최신희, 2014)를 확인함
★ 활동의 참여가 삶의 질에 영향을 미친다는 연구(박시현, 2011)를 확인할 수 있었음

먼저 은퇴 준비를 중심으로 선행연구를 살펴본 결과, 은퇴 준비의 앞 단계는 은퇴에 대한 기대가 은퇴 준비에 영향을 준다는 것을 이해할 수 있다. 즉 사례 2 연구자의 경우에는 향후 10년 후에 은퇴를 위해 어떤 준비를 해야 하는지에 대한 관심을 가지고 시작했다. 따라서 추가로 〈은퇴 기대〉를 확인할 수 있었다. 또 은퇴 준비에 영향을 미치는 것이 연구대상자의 개인 특성과 활동의 특성 정도에 따라서 은퇴에 대한 준비가 달라진다는 연구를 확인할 수 있었다. 이를 통해 〈개인특성〉이라는 학문 용어를 추가로 확인할 수 있었다.

다음으로 은퇴와 삶의 질을 중심으로 한 연구에서는 퇴직 예정 군인을 대상으로 한 연구에서 〈은퇴 기대〉가 〈은퇴 준비〉와 〈삶의 질〉에 영향을 미친다는 연구를 확인할 수 있었다.

3단계 : 찾아낸 학문 용어를 중심으로 관련 논문 검색하기

2단계에서 찾아낸 학문 용어는 〈은퇴 기대〉, 〈은퇴 준비〉, 〈삶의 질〉, 〈개인특성〉 네 가지이다. 3단계에서는 2단계에서 확인하지 않은 용어 중에서 〈개인특성〉에 대해 추가로 살펴본 후 연구모형을 어떻게 구성할 수 있을지 접근해 보았다.

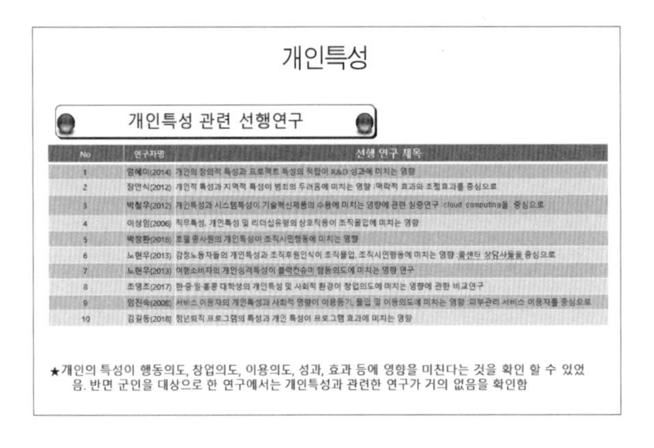

개인특성

개인특성 관련 선행연구

No	연구자명	선행 연구 제목
1	염혜미(2014)	개인의 창의적 특성과 프로젝트 특성의 적합이 R&D 성과에 미치는 영향
2	장안식(2012)	개인적 특성과 지역적 특성이 범죄의 두려움에 미치는 영향 :맥락적 효과와 조절효과를 중심으로
3	박철우(2012)	개인특성과 시스템특성이 기술혁신제품의 수용에 미치는 영향에 관한 실증연구 :cloud computing을 중심으로
4	이상임(2006)	직무특성, 개인특성 및 리더십유형의 상호작용이 조직몰입에 미치는 영향
5	박창환(2016)	호텔 종사원의 개인특성이 조직시민행동에 미치는 영향
6	노현우(2013)	감정노동자들의 개인특성과 조직후원인식이 조직몰입, 조직시민행동에 미치는 영향 :콜센터 상담사들을 중심으로
7	노현우(2013)	여행소비자의 개인성격특성이 블랙컨슈머 행동의도에 미치는 영향 연구
8	조영조(2017)	한·중·일·홍콩 대학생의 개인특성 및 사회적 환경이 창업의도에 미치는 영향에 관한 비교연구
9	임진숙(2008)	서비스 이용자의 개인특성과 사회적 영향이 이용동기, 몰입 및 이용의도에 미치는 영향 :피부관리 서비스 이용자를 중심으로
10	김길동(2018)	청년퇴직 프로그램의 특성과 개인 특성이 프로그램 효과에 미치는 영향

★개인의 특성이 행동의도, 창업의도, 이용의도, 성과, 효과 등에 영향을 미친다는 것을 확인 할 수 있었음. 반면 군인을 대상으로 한 연구에서는 개인특성과 관련한 연구가 거의 없음을 확인함

개인특성과 관련하여 다양한 분야에서 연구가 이루어진 것을 확인할 수 있다. 그리고 개인특성은 특정한 행동에 대한 의도, 창업에 대한 의도, 성과, 효과 등에 영향을 미치는 변인이라는 것을 확인할 수 있다.

사례 2의 연구자는 최초 연구주제를

고민하는 단계에서 전역을 준비하는 사람들의 상황이 개인별로 다르다는 것을 지적했고, 어떻게 하면 자신을 포함하여 많은 장기복무 군인이 은퇴 준비를 제대로 할 수 있을까 고민하였다. 그리하여 개인의 특성을 변수로 사용하는 것이 좋겠다고 생각하게 되었다.

즉 3단계에서 개인특성을 구체적으로 살펴봄으로써 연구모형에 활용이 가능할 것이라고 확신하게 되었다.

4단계 : 관심 있는 용어 중 최종 선택하기

3단계까지 사례 2 연구자는 자신의 연구에 사용할 학문 용어들을 살펴보았다. 이를 바탕으로 아래와 같은 연구모형을 구성하고 구성하게 된 의견을 다음과 같이 제시했다.

사례 2) 최종 선택을 통해서 구성한 연구모형

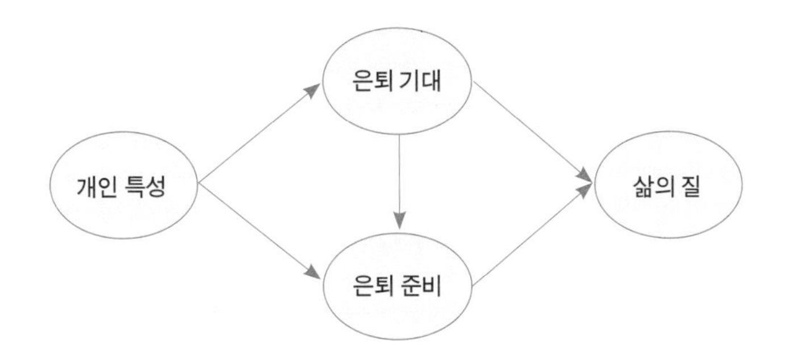

①선행연구를 통해서 개인특성이 행동 의도, 행동 등에 영향을 미치는 것을 확인했기 때문에 독립변수로 사용하는 것이 가능하다고 판단했다. 연구자가 주제를 선정하는 과정에서도 은퇴 준비를 하는 것은 개인마다 다 다르므로 이를 확인하는 것도 의미 있다고 판단하였다.

②매개변수는 2중 매개로 설정하였다. 은퇴 기대가 전역 준비로 가는 경로를 설정하였으며 이는 선행연구를 통해서 은퇴 준비에는 은퇴 기대가 영향을 미친다는 것을 참고하여 구조를 설계하게 되었다.

③매개변수로는 은퇴 기대와 은퇴 준비를 정했고, 종속변수는 최종적으로 삶의 질로 구성했다. 결국 전역하기 전에 전역을 어떻게 생각하는지, 전역을 어떻게 준비하는지에 따라서 삶의 질이 달라질 수 있다는 것을 실증 분석하는 데 적합하다고 판단했다.

5단계 : 연구모형 구체화하기

마지막 단계는 연구모형을 구체화하는 단계이다. 사례 2의 연구자는 두 가지(변수와 변수 간 근거 확인, 유추하기) 방법으로 연구모형을 구체화하였다.

사례 2) 모형 확정을 위한 근거 확보 실제 내용

From	To	연구자	논문제목	독립변수	매개변수	종속변수
개인특성	은퇴 기대	정유선(2018)	대학생들의 개인특성이 창업교육, 지식, 자기효능감에 의해 창업의지에 미치는 영향	개인특성	창업관리지식, 창업교육, 자기효능감	창업의지
		허균석(2013)	경제적 은퇴준비 특성과 은퇴생활수준	노후의식, 금융리터러시, 은퇴준비수준, 은퇴정보		은퇴기대
개인특성	은퇴 준비	신계수(2011)	중년층의 직업특성과 활동특성이 은퇴준비에 미치는 영향	직업특성, 활동특성		은퇴준비
		박창환(2016)	호텔 종사원의 개인특성이 조직시민행동에 미치는 영향	개인특성	상사부하상호작용, 조직지원인식	조직시민행동
개인특성	삶의 질	남복현(2017)	노인의 개인적 특성이 노년기 삶의 질에 미치는 영향 :회복탄력성과 사회활동참여를 매개효과로	노인 개인적 특성	회복탄력성, 사회활동참여	삶의 질
은퇴 기대	은퇴 준비	홍혜전(2009)	전문무용수의 은퇴 기대와 재 사회화의 관계	은퇴기대	사회적위기감, 은퇴준비	재사회화
		배문조(2005)	개인적 심리적 직업관련 변인이 은퇴기대와 은퇴준비에 미치는 영향	개인적, 심리적특성	은퇴기대	은퇴준비
은퇴 기대	삶의 질	장미란(2014)	국가대표선수의 은퇴 기대와 심리적 위기감 및 재 사회화의 관계	은퇴기대	심리적 위기감	재사회화
		최성희(2012)	퇴직예정군인의 삶의 질에 영향을 미치는 요인에 관한 연구	은퇴기대, 퇴직스트레스, 자아존중감	퇴직준비교육, 퇴직준비도	삶의 질
은퇴 준비	삶의 질	전효수(2012)	은퇴준비가 은퇴 후 삶의 질에 미치는 요인 연구	은퇴준비		삶의 질
		박선희(2010)	은퇴 준비가 삶의 질에 미치는 영향 요인에 관한 연구 :베이비 붐 세대를 중심으로	사회참여	은퇴준비	삶의 질

①개인특성 → 은퇴 기대 : 정유선(2018)의 연구를 통해서 개인특성이 창업 의지에 영향을 미치므로 전역에 대한 기대도 영향을 미친다는 것을 예상할 수 있다. 허규석(2013)의 연구에서 제시된 은퇴를 위한 개인 수준이 은퇴 기대에 영향을 미친다는 것을 확인할 수 있다. 따라서 개인특성과 은퇴 기대와의 관계를 연구모형으로 수립할 수 있다고 판단했다.

②개인특성 → 은퇴 준비 : 신계수(2011)는 중년층을 대상으로 개인특성 중에서 직업특성과 활동특성이 은퇴 준비에 영향을 미친다는 것을 연구했다. 박창환(2016)이 호텔종사원을 대상으로 개인특성이 조직시민행동, 즉 전역을 위한 준비 행동에 영향을 미친다는 것을 예상할 수 있다. 이를 통해서 개인특성과 은퇴 준비와의 관계를 확인할 수 있다.

③개인특성 → 삶의 질 : 남복현(2017)의 연구를 통해서 노인의 개인특성이 삶의 질에 영향을 미친다는 연구를 확인할 수 있다. 변수와 관계를 구성하는 연구모형 수립이 가능함을 확인할 수 있다.

④은퇴 기대 → 전역 준비 : 홍혜전(2009)와 배문조(2005)의 연구를 통해서 은퇴 기대가 은퇴 준비에 영향을 미친다는 것을 확인할 수 있었다.

⑤은퇴 기대 → 삶의 질 : 최성희(2012)가 퇴직 예정군인을 대상으로 은퇴에 대한 기대가 삶의 질에 영향을 미칠 것이라는 가설 수립을 통해서 연구하였다. 장미란(2014) 국가대표 운동선수들을 대상으로 한 연구에서 은퇴에 대한 기대가 재사회화에 대한 영향을 살펴본 것을 통해서 전역 기대와 삶의 질에 대한 연구모형이 수립할 수 있다고 판단할 수 있다.

⑥은퇴 준비 → 삶의 질 : 마지막으로 은퇴 준비와 삶의 질에 대한 관계의 근거는 전효수(2012)와 박선희(2010)를 제시하였다. 그들의 연구에서 은퇴 준비가 삶의 질에 영향을 미친다고 하였으므로 연구모형 수립이 가능하다고 판단하였다.

이러한 과정을 통하여 다음과 같이 실제 연구모형을 구성하였다.

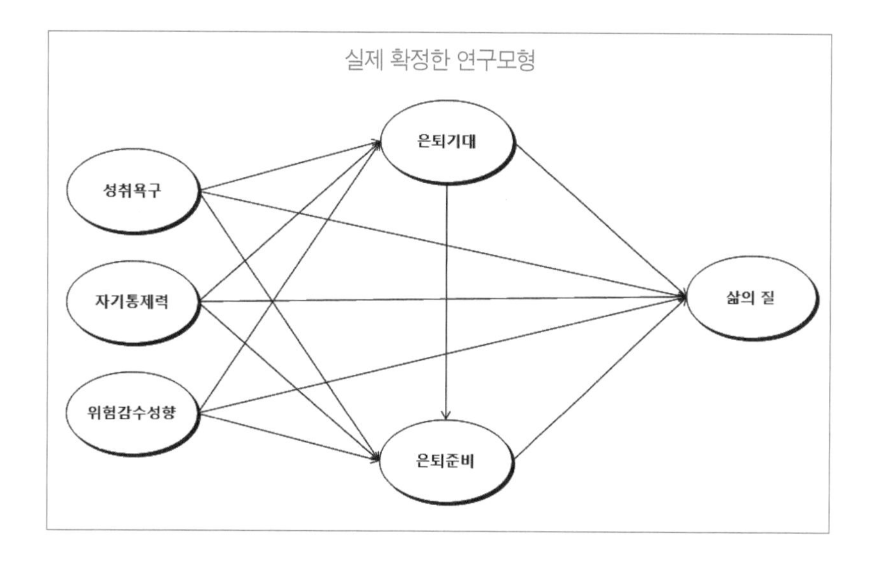

8일 차 논문 주제 선정사례 살펴보기(2)

Q 30. 자신의 관심 사항을 가지고 주제를 선정한 사례가 있을까요?

A 30. 사회복지학과 석사학위를 준비한 30대 여성의 사례입니다.

자신의 관심 사항을 중심으로 주제를 선정할 경우, 사례 연구자와 관련한 내용은 아래 표에 정리하였다.

사례 3) 연구자 현황 요약

과정 : 사회복지학 석사학위

성별 : 여성

연령대 : 30대

직업 : 결혼 이후 전업주부

주요 내용 : 연구자는 어려서부터 교회에 다니면서 봉사활동에 관심이 많은 편이었다. 결혼 후에도 꾸준히 다양한 사회 봉사활동을 하고 있다. 최근에는 노인요양시설을 방문하여 요양원에 계신 분들을 목욕시키거나 간단한 돌봄 같은 봉사활동을 하고 있다. 요양보호시설에서 생활하시는 분들이 행복하게 살 수 있는 환경이 되어야 하지만, 그들 중에서는 요양보호시설에서 제공하는 프로그램을 거부하고 참석하지 않는 분도 종종 볼 수 있다. 그리고 그런 분은 주변 분들과 잘 어울리지 못한다. 요양원에서 제공하는 프로그램은 종이접기, 그림 그리기, 노래 부르기 등이 있는데 참석하지 않는다고 한다. 한 번은 봉사활동을 하던 중에 주변인과 어울리지 않고 프로그램에도 참여하지 않는 할아버지에게 말동무가 되고 싶어서 이런저런 이야기를 했다. 그러나 아무 말씀도 없었다. 그때 연구자가 할아버지에게 찬송가를 불러주니 할아버지가 찬송가를 따라 불렀다고 한다. 사례 3의 연구자는 평소 자신이 관심 있던 사회봉사활동 과정 중에서 요양원을 중심으로 연구하기로 하였다.

1단계 : 자신이 관심 있는 주제 검색하기

3번 사례자는 전업주부이지만 사회봉사활동에 관심이 많아 자신의 관심 사항을 중심으로 연구를 진행하고자 하였다. 향후 한국 사회에서 고령 인구가 점차 증가할 것이므로 노인을 위한 요양시설의 중요성이 더욱 커지리라 생각하고 요양보호시설을 중심으로 연구하고 싶어 했다. 그리고 요양보호시설에서 제공하고 있는 프로그램의 중요성에 관해 연구해 보고자 했다.

요양시설에서 생활하는 분 중에는 종교를 가지고 있는 경우가 많이 있지만, 그들을 위한 종교 관련 프로그램이 일반요양원에서는 잘 제공되지 않는 것이 아쉬웠다고 했다. 그리고 봉사활동 과정에서 일부 노인분들은 특정 종교에서 운영하는 요양시설에 입소하고 싶지만, 대기자가 많아서 포기하기도 했다고 한다. 그래서 요양시설에서 제공하는 프로그램을 검색해 보기로 하고, 종교 관련 프로그램을 도입하는 것이 어떠할지 연구해 보고자 하였다.

노인요양시설을 중심으로 한 연구를 살펴본 결과, 요양시설 이용자들을 위한 프로그램 개발에 관한 연구를 많이 확인할 수 있었다. 프로그램에 대한 인식을 연구도 있음을 확인할 수 있었다.

사례 3) 요양시설 프로그램 관련 연구	사례 3) 요양시설+종교 관련 검색
 검색키워드 노인요양 프로그램 (검색결과 1,916 건) 내보내기 | 내서재담기 | 한글로보기 정확도 1 치매노인을 위한 사회인지론 기반 영양교육프로그램 개발 및 효과 :장기요양시설 요양보호사 현은영 | 단국대학교 대학원 | 2020 | 국내석사 원문보기 목차검색조회 ▾ 음성듣기 2 노인요양시설 실외환경을 주제로 한 참여디자인 프로그램 개발과 적용 -서울시립 중랑노인전 강지은 | 서울시립대학교 | 2015 | 국내석사 원문보기 목차검색조회 ▾ 음성듣기 3 음악치료 프로그램이 장기요양시설 노인의 인지기능, 우울, 불안 및 생활만족도에 미치는 효고 강진숙 | 대구한의대학교 대학원 | 2017 | 국내박사 원문보기 목차검색조회 ▾ 음성듣기 4 장기요양기관 입소노인의 기능회복을 위한 음악프로그램 조사 엄미경 | 이화여자대학교 교육대학원 | 2015 국내석사 원문보기 목차검색조회 ▾ 음성듣기 5 노인요양시설 실무자를 위한 섬망관리 교육프로그램 개발 및 효과 정은혜 | 고려대학교 대학원 | 2020 | 국내박사 원문보기 목차검색조회 ▾ 음성듣기	 검색키워드 (전체 : 노인요양 프로그램) (전체 : 종교) (검색결과 79 건) 내보내기 | 내서재담기 | 한글로보기 1 노인요양시설 요양보호사의 노후준비 연구 정순희 | 제주대학교 대학원 | 2015 | 국내석사 원문보기 음성듣기 2 노인요양시설 종사자의 노인인권침해 인지에 관한 연구 류귀분 | 울산대학교 | 2014 | 국내석사 원문보기 목차검색조회 ▾ 음성듣기 3 노인요양병원 여성근로자들의 사회적 지원, 일-가정 갈등이 조직유 윤창섭 | 대구한의대학교 대학원 | 2015 | 국내박사 원문보기 목차검색조회 ▾ 음성듣기 4 노인요양시설 간호사의 죽음과 임종간호에 대한 태도 김향 | 서울대학교 대학원 | 2013 | 국내석사 원문보기 음성듣기 5 노인요양병원 간호사의 죽음 인식, 영적 안녕과 임종간호 스트레스 양진희 | 삼육대학교 보건복지대학원 | 2016 국내석사 원문보기 목차검색조회 ▾ 음성듣기

요양시설에서 종교와 관련한 프로그램이 있는지 확인해 본 결과, 종교와 관련한 연구조차 거의 이루어지지 않은 것을 확인할 수 있었다.

3번 사례 연구자는 요양시설에서 제공하는 프로그램의 종류를 살펴보고 종교와 관련한 프로그램이 도입되었으면 어떠할지 살펴봤다. 이를 위해 1단계에서 요양시설에서 제공하는 프로그램을 중심으로 한 연구를 확인하였다. 요양시설에서의 종교 관련 연구를 살펴보았다.

그 결과 종교와 관련한 연구는 거의 찾을 수 없었다. 대부분의 연구에서는 특정 한 가지의 프로그램을 중심으로 연구가 이루어짐을 확인할 수 있었다.

2단계 : 막연하게 생각했던 주제에서 학문 용어를 찾아내기

2단계에서는 3번 사례 연구자가 더욱 구체적으로 자신의 연구 방향성을 확정하기 위해서 요양보호시설에서 제공하는 프로그램과 관련한 연구를 검색해서 정리해 보았다.

연도	학위	연구자	연구 제목
2015	박사	양원모	노인요양시설의 재활 및 치료프로그램과 병원치료간의 상관관계 분석
2003	석사	송양헌	치매전문요양 시설의 프로그램 개선방안에 관한 연구
2014	석사	강지은	노인요양시설 실외환경을 주제로 한 참여디자인 프로그램 개발과 적용
2014	석사	김문선	장기요양기관 입소자의 정서적 안정을 위한 제공프로그램의 보호자 만족도 및 요구도 조사
2010	석사	김종원	구조화된 운동 프로그램이 요양시설 노인의 삶의 질과 우울에 미치는 영향
2011	석사	김옥기	미술치료그램 참여가 요양시설 노인의 우울과 행복감에 미치는 영향
2012	석사	김정석	주제중심 통합적 놀이치료 프로그램이 요양시설 노인의 우울과 자살생각 감소에 미치는 영향
2012	석사	장혜숙	주제중심 통합적 놀이치료 프로그램이 요양시설 노인의 생활만족도와 자아통합감 증진에 미치는 효과

그 결과 많은 연구는 특정한 프로그램을 중심으로 연구가 이루어진 것을 확인할 수 있었다. 또 요양시설의 특정 프로그램이 만족도 연구, 삶의 질, 우울, 행복감, 생활만족도 등을 중심으로 연구된 것을 확인할 수 있었다.

반면, 요양시설에서 제공되는 여러 프로그램을 중심으로 연구한 선행연구는 거의 없는 것을 확인할 수 있었다. 따라서 3번 사례 연구자는 요양시설에서 제공하는 여러 프로그램을 살펴보고 각 프로그램을 중심으로 노인들의 만족도나 삶의 질에 미치는 영향을 살펴보는 것이 가능할 것으로 판단하였다.

3단계 : 찾아낸 학문 용어를 중심으로 관련 논문 검색하기

3단계에서는 2단계에서 확인한 여러 가지 용어 중에서 요양시설을 중심으로 〈우울〉과 〈삶의 질〉을 중심으로 한 연구를 살펴보기로 했다.

연도	학위	연구자	연구 제목
2013	박사	김정식	주제중심 통합적 놀이치료 프로그램이 요양시설 노인의 우울과 자살생각 감소에 미치는 효과
2011	석사	김옥기	미술치료 프로그램 참여가 요양시설 노인의 우울과 행복감에 미치는 영향
2010	석사	김종원	구조화된 운동 프로그램이 요양시설 노인의 삶의 질과 우울에 미치는 영향

2015	석사	안정희	음악치료프로그램이 요양시설 치매노인의 인지기능, 우울감, 자기표현에 미치는 영향
2015	석사	옥은미	요양병원 입원노인의 삶의 질 영향 요인
2014	석사	임영순	산림치유 프로그램이 요양시설 노인의 자아존중감 및 우울감과 생활만족도에 미치는 영향
2016	석사	심은진	콜라주 집단미술치료 프로그램이 시설거주노인의 우울에 미치는 효과
2016	석사	기태욱	집단미술치료가 요양병원에 입원한 노인의 우울과 자아존중감에 미치는 영향

우울과 삶의 질을 중심으로 선행연구를 살펴본 결과 대부분 한 가지 프로그램을 중심으로 연구가 이루어진 것을 알 수 있었다.

4단계 : 관심 있는 용어 중 최종 선택하기

3단계에서 사례3의 연구자는 우울과 삶의 질을 중심으로 선행연구를 살펴보았다. 그리고 대부분의 연구가 한 가지 프로그램을 중심으로 이루어진 것을 알 수 있었다. 하지만 연구자는 요양시설에서 봉사활동을 하면서 프로그램에 전혀 참여하지 않은 노인을 발견하였다. 그러한 노인들은 주변과 잘 어울리지 못하는 것을 알 수 있었다. 따라서 요양시설에서 제공하는 프로그램 한 가지를 선택해서 연구하기보다 제공되는 프로그램을 종류별로 모아 연구하는 것이 좋겠다고 판단하였다.

사례 3) 최종 선택을 통해서 구성한 연구모형

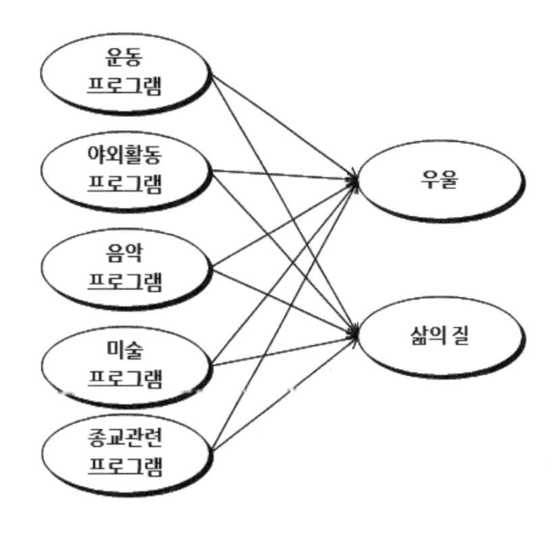

①선행연구를 통해서 요양시설에서 제공하는 프로그램이 우울과 삶의 질에 미칠 것이라는 연구를 통해 연구모형 수립이 가능하다고 판단하였다.

②요양원에서 제공하고 있는 프로그램 조사를 통해서 주로 제공되는 프로그램이 운동관련 프로그램(배드민턴, 스포츠교실, 체육대회), 야외활동 프로그램(공공시설견학, 봄꽃놀이, 여름캠프, 가을 나들이, 시장 나들이), 음악프로그램(두레놀이, 그룹사운드, 노래 배우기), 미술 프로그램(한지공예, 지점토 교실)임을 확인하고 독립변수로 설정하였다.

③독립변수 중에서 종교를 제외한 나머지는 선행연구에서 다루어진 것이므로 변수로 사용해도 문제가 없음을 확인하였다.

④추가로 3번 사례 연구자는 종교 관련 프로그램을 추가하였다. 종교 관련 프로그램이 우울과 삶의 질에 미치는 영향을 살펴보고 싶어 했다.

5단계 : 연구모형 구체화하기

최종 확정한 연구모형은 두 가지이다.

①연구자는 현재 요양시설에서 제공하는 다양한 프로그램에 대해 만족하는지를 확인해 보고자 하였다. 그리고 향후 제공되면 좋을 프로그램 요구수준을 조사하여 향후 개선 방향성을 제시하고자 하였다.

②더불어 4단계에서 설계한 연구모형을 통해서 여러 가지 프로그램 중에서 어떤 프로그램이 우울과 삶의 질에 영향을 미치는지 인과관계를 연구하고자 하였다. 4단계에서 요양시설에서 제공하는 프로그램이 우울이나 삶의 질에 영향을 미친다는 연구가 있으므로 연구모형에 대한 근거는 문제없다고 판단할 수 있었다.

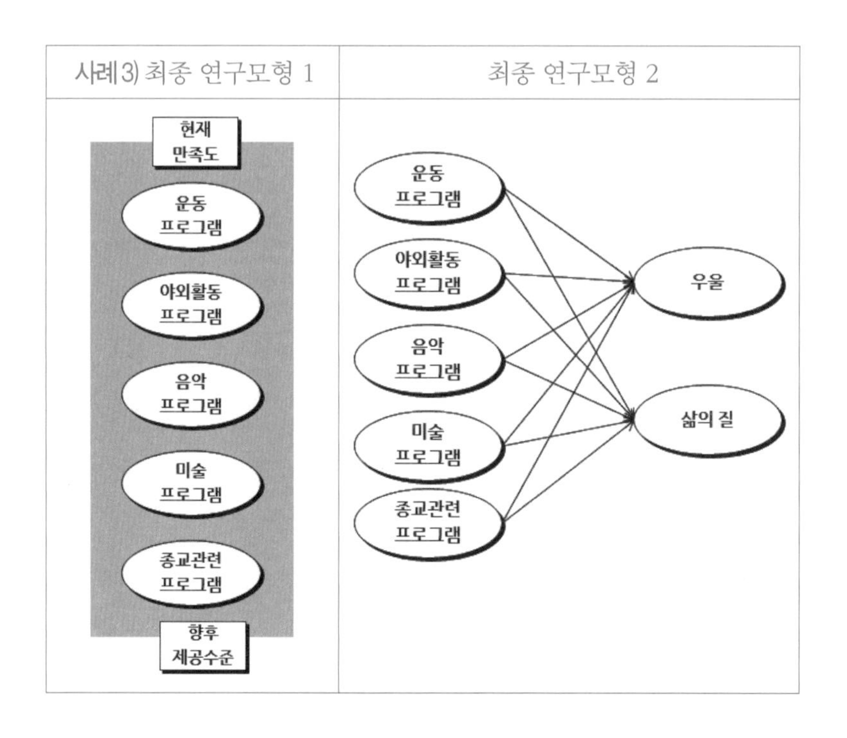

Q 31. 자신의 과거 경험을 최대한 활용하여 주제를 선정한 사례가 있을까요?

A 31. 농업경영학 분야에서 박사학위를 준비한 40대 초반의 남성 사례를 소개합니다.

네 번째 사례는 농업경영학 분야에서 박사학위를 준비한 40대 초반의 남성 사례로 과거의 업무 경험과 관련하여 주제를 선정한 경우이다.

사례 4) 연구자 현황 요약
과정 : 농업경영 박사학위
성별 : 남성
연령대 : 40대 초반
직업 : 현재 연구원, 과거 새마을교육 관련 기관 강사
주요 내용 : 연구자는 현재 기술보증 분야의 연구소에 재직 중이다. 현재의 직장으로 이직하기 전에는 새마을교육을 하는 관련 기관에서 강사로 일했다. 농업경영학을 전공하고 있지만, 현재 업무와 전공 분야와는 차이가 있어 연구주제를 연결하기가 쉽지 않았다. 자신의 현재 상황과 연결하는 것도 적합하지 않았으며 관심 사항을 중심으로 끌어내는 것도 적합하지 않았다. 따라서 과거 자신의 경험을 중심으로 전공 분야의 학위논문 주제를 도출해 보기로 했다.
현재 대부분의 국민은 새마을운동을 과거에 경제부흥을 위해 실시한 국민운동 정도로 생각하고 있다. 그리고 새마을운동을 경험한 세대는 60대 이후의 세대로 생각한다. 즉 한국 사회에서 새마을운동이나 새마을교육에 대한 일반인의 인식은 매우 낮은 편이다. 그렇지만 후진국에서는 한국의 새마을운동을 배우기 위해서 여전히 관련 교육이 활발하게 실시되고 있다. 농민을 대상으로도 새마을 교육기관에서 관련 교육을 여전히 실시하고 있다. 연구자는 자신이 새마을교육 관련 기관에서 강사로 재직하고 있을 때, 새마을교육이 전 세계의 모범 사례로써 해외 전파교육이 활발하게 이루어지고 있는데도 한국 사회에서는 관심이 낮은 것이 안타까웠다. 낮은 관심으로 인하여 국가 차원의 지원이 부족한 탓에 교육의 질을 향상하는 데 한계를 느꼈다. 따라서 전 세계적으로 모범 국가발전을 위한 원동력이 되기 위한 사례로 새마을운동을 발전시키기 위해서는 개선 방향에 관한 연구가 절실하다고 생각하였다. 4번 사례 연구자는 자신이 몸담았던 조직에서 경험하면서 느낀 부분을 중심으로 문제점을 도출하고 개선방안을 제시하는 연구를 하기로 하였다.

1단계 : 자신이 관심 있는 주제 검색하기

4번 사례 연구자는 연구를 위해서 관심 사항인 〈새마을운동〉, 〈새마을 교육〉과 관련하여 박사학위를 중심으로 검색해 보기로 하였다. 먼저 새마을운동으로 검색한 결과 많은 연구가 과거에 실시한 새마을운동을 재평가하거나 새마을운동 자체에 대하여 학문적으로 접근하여 연구한 것을 확인할 수 있었다.

사례 4) 새마을교육 관련 연구

검색키워드 새마을운동 (검색결과 115 건)

□ | 내보내기 | 내서재담기 | 한글로보기

□ 1 국가안보와 사회경제적 관점에서 본 새마을운동 태동과정에 관한 연구
정주진 | 가천대학교 대학원 | 2014 | 국내박사
원문보기 목차검색조회 ▾ 음성듣기

□ 2 1970년대 새마을운동에 관한 신문 사설 분석 :-프레임 분석 방법을 중심으로-
채영택 | 영남대학교 대학원 | 2011 | 국내박사
원문보기 목차검색조회 ▾ 음성듣기

□ 3 地域社會開發運動의 制度的 保障을 위한 法制化 硏究 :새마을運動의 事例를
이종출 | 大邱大學校 大學院 1998 | 국내박사
원문보기

□ 4 새마을운동 정신의 시대 변화성과 가치 진화 연구
전원흠 | 한양대학교 대학원 | 2018 | 국내박사
원문보기 목차검색조회 ▾ 음성듣기

□ 5 70년대 새마을운동에서 마을공동체의 역동성 비교연구
이현정 | 고려대학교 대학원 | 2013 | 국내박사
원문보기 목차검색조회 ▾ 음성듣기

검색키워드 새마을교육 (검색결과 77 건)

□ | 내보내기 | 내서재담기 | 한글로보기

□ 1 지역사회 발전을 위한 평생교육정책 과정 추이(推移) 분석 :새마을교육과 평생
이병호 | 崇實大學校 | 2010 | 국내박사
원문보기 목차검색조회 ▾ 음성듣기

□ 2 경험학습 관점에서 분석한 1970년대 새마을 교육 특성에 관한 연구
유호웅 | 영남대학교 대학원 | 2018 | 국내박사
원문보기 목차검색조회 ▾ 음성듣기

□ 3 Adult nonformal education and development in national context :A Sociol
사회교육과 국가발전 : 한국의 새마을 교육에 대한 교육사회학적 해석
Kapuku, Mudipanu | 서울대학교 대학원 | 1987 | 국내박사
복사/대출신청

□ 4 새마을型 社會敎育의 效果와 그 關係變因 分析
최상호 | 서울대학교 | 1986 | 국내박사
복사/대출신청

□ 5 새마을型 社會敎育의 效果와 그 關聯要因分析
최상호 | 서울大學校 大學院 1986 국내박사
복사/대출신청

새마을교육과 관련한 연구가 근래 연구된 경우가 많지 않았고, 연구 내용도 과거에 실시한 새마을교육을 고찰하는 방향으로 이루어져 온 것을 확인할 수 있었다. 반면 현재 상황을 정확하게 측정하고 미래 방향성을 제시하기 위한 연구는 거의 이루어지지 않았음을 확인할 수 있었다.

2단계 : 막연하게 생각했던 주제에서 학문 용어를 찾아내기

4번 사례 연구자는 학문 용어를 별도로 찾아내는 과정은 거치지 않았다. 왜냐하면 새마을교육과 관련한 연구들은 대부분 과거 내용을 다루어 미래 지향적 내용이 거의 없기 때문이다.

하지만 기존 연구와의 차별성을 확보하기 위해 〈새마을운동〉, 〈새마을교육〉과 관련한 선행 연구 고찰을 아래와 같은 형태로 간략하게 진행하였다. 이러한 과정을 통해 연구의 차별성을 확보하고 연구의 가치를 확보할 수 있는 연구 방향성을 가지기로 하였다.

새마을운동에 대해 선행연구를 조금 더 구체적으로 살펴본 결과, 많은 연구가 문헌고찰 연구나 심층 인터뷰로 이루어진 것을 확인할 수 있었다. 일부 인식에 대한 연구의 경우에도 직접 새마을운동과 관련 있는 사람이라기보다 유아교사 등을 통해서 새마을 정신에 대해 설명하고, 그 필요성에 인식을 연구한 것으로 확인되었다.

1. 새마을운동 관련 선행연구 요약

연도	연구자	연구 제목
2010	채영택	1970년대 새마을운동에 관한 신문 사설 분석
2013	최외출	새마을운동에 대한 연구 경향과 새마을학 정립을 위한 연구함
2015	권성민 김보민 최수경	유아 교사를 대상으로 글로벌 새마을정신 실천에 관한 인식연구를 함. 유아교육에 중요한 정신은 협동과 배려라고 하였으며 74.5%가 교육현장에서 글로벌 새마을정신의 실천과 교육이 필요하다는 것을 밝힘
2017	이정락	대통령연설문을 통하여 새마을운동과 관심도를 비교하고 새마을운동 성공 요인과 관련하여 9가지 맥락을 제시함
2017	김지인	글로벌 새마을정신은 오늘날 세계화 시대에 부합하는 시대정신으로 지역을 넘어 세계범위에서 활동 참여를 증가시키는 데 기여하고 시민사회 활동에 참여를 높이는데 기여함을 제시하였음
2017	김영미	새마을운동은 폐기될 수도 청산할 수도 없는 우리의 중요한 현대사이므로 찬양과 선전이 아니라 심층적으로 연구되어야 할 주제라고 강조함

새마을교육과 관련한 연구는 새마을운동에 비해 더 적었으며 교관을 중심으로 한 연구, 과거 경험자와의 심층 인터뷰를 통한 연구, 새마을교육 프로그램 개발 연구 등이 이루어진 것을 확인할 수 있었다.

2. 새마을교육 관련 선행연구 요약

연도	연구자	연구 제목
2010	정갑진	새마을교육을 바탕으로 한 국제개발 협력방안을 모색하기 위해 새마을교육을 중심으로 교육 프로그램을 개발하는 연구함
2010	김명한	새마을교육이 새마을운동 성과에 미친 영향 연구를 함
2012	최상호	새마을교육 교관의 역할에 대한 연구를 함. 희생 봉사심 강한 교관들의 확보는 새마을교육 성공의 핵심 과제라고 강조함

2012	김정호	새마을 지도자 교육사업 성과연구를 실시하였고 새마을지도자 교육실적이 새마을사업 현황에 영향을 미침을 강조함
2017	이호웅	경험학습 관점에서 1970년대 새마을 교육의 특성을 분석하였음. 새마을교육은 다양한 교육 활동을 통하여 연수생들의 정서를 개방시킴으로써 교육에 대한 거부감을 없애고 적극적으로 교육내용을 흡수하고 몰입할 수 있도록 하였다고 주장함

이러한 과정을 통해서 4번 사례 연구자는 기존 연구에서의 연구 방향성이 주로 문헌고찰이나 새마을운동, 새마을교육을 경험한 사람들을 대상으로 제한적으로 이루어져 왔음을 확인할 수 있었다.

3단계 : 찾아낸 학문 용어를 중심으로 관련 논문 검색하기

4번 사례 연구자는 2단계에서 관련 연구고찰을 실시하였다. 그리고 연구 내용이 전반적으로 국한되었음을 확인할 수 있었다. 반면 국제적으로 새마을교육에 대한 수요가 증가하고 있으나 이를 제대로 대응하지 못하는 점을 해결하기 위해서 새마을교육 전반에 대한 개선방안을 위한 연구가 필요하다고 판단하였다.

따라서 세부적으로 연구방법을 확인하기 위해 〈~발전방안〉, 〈~발전 방향성〉에 관한 연구에서 연구 방법이 어떻게 진행되었는지 확인해 보기로 하였다. 그리고 자신의 연구에서 방향성을 수립하는 데 참고하고자 하였다.

연도	학위	연구자	연구 제목	연구 방법
2016	박사	안병오	SWOT 분석을 통한 대한복싱협회 현황진단과 발전방안연구	문헌연구, 관련자 설문조사, SWOT 분석, 전문가 심층 면접
2012	박사	박건영	지방정부의 주민참여예산제도 발전방안 연구 : AHP기법을 활용한 우선순위 측정을 중심으로	문헌연구, 발전방안 필요요소 도출, AHP(우선순위) 도출
2007	박사	김양수	지방공무원 교육훈련 발전방안에 관한 연구 :전라남도 지방공무원교육원 운영을 중심으로	수요조사, 계획수립, 프로그램설계, 교육 실시, 분석 및 평가
2016	박사	이철범	델파이(Delphi)와 IPA 분석을 통한 군 위기관리체계 구축에 관한 연구	1~3차 델파이 조사, IPA(중요-수행도) 분석
2019	박사	최문규	IPA 기반 한국철도산업 해외 진출 단계별 개선방안	문헌연구, IPA(중요-수행도) 분석

발전방안을 모색하기 위한 선행연구를 살펴본 결과, 대부분의 연구가 문헌조사를 기반으로

하여 전문가를 통한 인터뷰와 설문조사를 실시하여 발전방안을 제시하고 있는 것을 확인할 수 있었다. 따라서 4번 사례 연구자도 새마을교육에 대하여 종합적으로 발전 방향성을 수립하기 위해서 세부적으로 연구 방향성을 확정하기로 하였다.

4단계 : 관심 있는 용어 중 최종 선택하기

3단계에서 선행연구에서 발전방안을 제시하면서 어떠한 방식으로 연구를 진행했는지 살펴보았다. 그 결과 다음과 같은 공통점을 확인할 수 있었다.

첫째, 연구하고자 하는 분야에 대한 문헌고찰을 실시하여 각 연구에서 요구되는 발전방안을 도출하였다.

둘째, 선행연구에서 제시되지 않은 추가 항목을 확인하기 위해서 전문가의 의견을 접수하여 추가 내용을 확인하였다.

셋째, 선행연구와 전문가에 의해서 도출된 문항 가운데 선별하는 과정을 거쳤다.

넷째, 선별된 문항에 대하여 최종 결과를 제시하기 위해서 설문지를 새롭게 구성하고 설문조사를 실시하였다.

다섯째, 최종 결과에 대해서 발전 방향을 제시하면서 전문가와의 인터뷰로 의견을 적극적으로 반영하였다.

5단계 : 연구모형 구체화하기

4단계에서 4번 사례 연구자와 유사한 연구에서 시행된 연구방법을 정리해 보았다. 이를 기반으로 연구자는 다음과 같이 연구절차를 구체화했다.

전체는 5단계로 구성하였으며 1단계는 문헌 조사, 2~4단계는 설문조사, 5단계는 심층 인터뷰로 구성하였다. 2단계와 4단계에서 설문조사의 대상은 새마을 교육기관의 종사자를 포함하여 새마을 교육기관에서 교육받은 경험이 있는 연구생을 모두 포함하였다. 즉 교육생과 피교육생 모두에게서 의견을 수렴하여 종합 발전방안을 수립하고자 하였다.

또 마지막 단계에서 분석 결과를 바탕으로 학문적, 실무적 부분에서 방안을 제시하기 위해 전문가를 인터뷰하기로 하였다.

단계	내용	내용	비고
1단계	문헌조사	새마을교육 관련 선행연구에서 새마을 운동 교육을 개선하기 위해서 어떤 부분이 필요한지 도출	예시) 교육 시설 환경 개선, 감동을 주는 성공사례 보완 등
2단계	1차 설문조사 (개방형)	새마을 교육기관 강사 + 교육생 대상으로 새마을 교육 개선하는 데 필요한 항목 도출	질문) 새마을교육을 향상하기 위해서 교육 시설, 교육내용, 교육 요원 등 개선해야 할 부분이 무엇인가?
3단계	2차 설문조사 (폐쇄형)	1단계와 2단계의 내용 취합하여 설문지 구성	질문) 각 질문 사항이 새마을 교육 전반을 발전시키기 위해서 얼마나 중요하다고 생각하십니까?
4단계	3차 설문조사	3단계 결과에서 문항을 제거하고 남은 문항에 대해 최종 설문지 구성	질문) 다음 문항의 현재 수준과 요구되는 수준을 각각 표시해 주세요.
5단계	전문가 인터뷰	4단계 분석 결과를 바탕으로 발전 방향 구체화를 위한 전문가 심층 인터뷰 시행	질문) 새마을교육을 개선하기 위한 방안은 무엇인가?

9일 차 논문 주제 선정사례 살펴보기(3)

Q 32. 자신의 전공에 맞는 주제를 선정한 사례가 있을까요?

A 32. 코칭심리학 석사학위를 준비했던 20대 중반의 남성 사례를 소개합니다.

다섯 번째 사례는 코칭심리학 석사학위를 준비했던 20대 중반의 남성 사례이다. 자신의 전공을 중심으로 주제를 선정한 경우로 사례 연구자와 관련한 내용은 아래 표로 정리하였다.

사례5) 연구자 현황 요약

과정 : 코칭심리학 석사학위

성별 : 남성

연령대 : 20대 중반

직업 : 학생

주요 내용 : 연구자는 학부에서 체육교육을 전공하고 향후 코칭 분야로 진로를 정하기 위해 코칭심리학 석사과정을 선택하였다. 학위논문을 작성하고 싶지만 현장 경험이 없는 상황에서 주제 선정에 어려움을 겪고 있었다. 지인들 가운데에서도 자신의 전공과 관련된 사

람이 거의 없어서 주제를 도출하기에 한계가 있었다. 반면 지도교수는 연구자가 어떤 주제를 선택하더라도 크게 관여하지 않으며, 연구자 스스로 결정하면 된다고 했다. 연구자는 체육교육을 전공하고 향후 지도자가 되고 싶어서 코칭 관련 학문을 배우고 싶었다. 주변에서도 코칭학이 향후 체육지도자가 되는 데 필요한 학문일 것이라고 추천했다. 하지만 자신이 생각한 코칭과 조금 다른 것을 대학원 진학 후에 알게 되었다. 학과의 학위논문이 주로 코칭리더십과 관련된 것을 보고 약간 실망감을 느꼈다. 연구자는 코칭심리학을 대학원에서 배우면서도 코칭에 대한 명확한 개념이 학문적으로 정립되지 않았다고 느꼈다. 그리고 코칭과 컨설팅에 대한 개념을 명확하게 구분하기 어려웠다. 이처럼 전공 개념에 대한 궁금증을 해결하는 것이 향후 자신의 진로를 명확하게 하는 데 중요하다고 생각했다. 이에 연구자는 자신의 전공을 연구주제로 삼기로 했다.

1단계 : 자신이 관심 있는 주제 검색하기

5번 사례 연구자는 〈코칭〉을 검색하여 연구 동향을 살펴보았다. 그 결과 주로 "코칭리더십"과 "코칭프로그램"에 대한 연구가 많이 이루어진 것을 확인할 수 있었다. 코칭프로그램도 다양한 코칭(진로코칭, 동료코칭, 리조트코칭, 그룹코칭, 커리어코칭, 감정코칭 등)의 유형으로 연구된 것을 확인할 수 있었다.

사례 5) 코칭 관련 연구

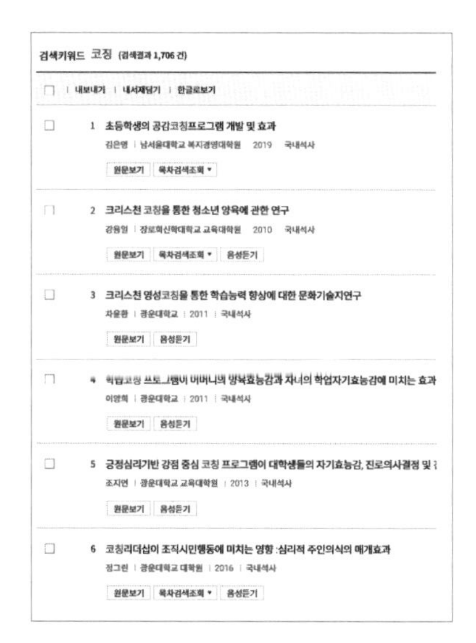

검색키워드 코칭 (검색결과 1,706 건)

| 내보내기 | 내서재담기 | 한글로보기

1 초등학생의 공감코칭프로그램 개발 및 효과
김은영 | 남서울대학교 복지경영대학원 2019 국내석사
원문보기 목차검색조회 ▾

2 크리스천 코칭을 통한 청소년 양육에 관한 연구
강용일 | 장로회신학대학교 교육대학원 2010 국내석사
원문보기 목차검색조회 ▾ 음성듣기

3 크리스천 영성코칭을 통한 학습능력 향상에 대한 문화기술지연구
차윤환 | 광운대학교 | 2011 | 국내석사
원문보기 음성듣기

4 학업코칭 프로그램이 어머니의 양육효능감과 자녀의 학업자기효능감에 미치는 효과
이영혁 | 광운대학교 | 2011 | 국내석사
원문보기 음성듣기

5 긍정심리기반 강점 중심 코칭 프로그램이 대학생들의 자기효능감, 진로의사결정 및
조지연 | 광운대학교 교육대학원 | 2013 | 국내석사
원문보기 음성듣기

6 코칭리더십이 조직시민행동에 미치는 영향 :심리적 주인의식의 매개효과
정그린 | 광운대학교 대학원 | 2016 | 국내석사
원문보기 목차검색조회 ▾ 음성듣기

검색키워드 코칭 유형 (검색결과 435 건)

| 내보내기 | 내서재담기 | 한글로보기

1 레슬링 코칭유형 특성 및 선수들의 집단응집력과 만족도에 관한 연구
서동영 | 목포대학교 교육대학원 | 2008 | 국내석사
원문보기 목차검색조회 ▾ 음성듣기

2 유도선수의 지도자 코칭 행동 유형이 훈련몰입 및 자아실현에 미치는 영향
이종선 | 용인대학교 | 2012 | 국내석사
복사/대출신청

3 여자농구선수의 운동 상해 시 심리적 반응에 따른 코칭 유형과 운동 몰입의 관계
곽주영 | 용인대학교 교육대학원 | 2018 | 국내석사
원문보기 목차검색조회 ▾ 음성듣기

4 중학생의 학교스포츠클럽 참여가 학교생활적응에 미치는 영향 :체육교사 코칭유
박지혜 | 제주대학교 대학원 | 2019 | 국내석사
원문보기 목차검색조회 ▾ 음성듣기

5 임상간호사의 코칭유형에 따른 감성지능과 조직몰입
마진경 | 아주대학교 | 2015 | 국내석사
원문보기

코칭 유형과 관련한 연구 검색을 통해 여러 유형을 살펴보았다. 코칭 유형과 관련한 연구에서 제시한 코칭 유형을 확인해 본 결과 아래 표와 같이 통일된 유형을 확인하기가 어려웠다.

No	연구자	제목	코칭 유형
1	서동영 (2008)	레슬링 코칭 유형 특성 및 선수들의 집단응집력과 만족도에 관한 연구	훈련행동, 민주행동, 사회지원행동, 권위적 행동, 보상행동
2	곽주영 (2018)	여자농구선수의 운동 상해 시 심리적 반응에 따른 코칭 유형과 운동 몰입의 관계	강압지도, 배려지도, 무관심지도, 훈련지도
3	박지혜 (2019)	중학생의 학교스포츠클럽 참여가 학교생활적응에 미치는 영향 : 체육교사 코칭 유형의 매개효과 검증	자율성 지지, 통제적
4	마진경 (2015)	임상간호사의 코칭 유형에 따른 감성지능과 조직 몰입	지시형, 사교형, 우호형, 분석형
5	김단 (2013)	초등학생 태권도 지도자의 코칭 유형과 수련생 학습유형의 관계	융통지향형, 엄격지향형, 재미지향성, 온화지향형

2단계 : 막연하게 생각했던 주제에서 학문 용어 찾아내기

1단계에서 5번 사례 연구자는 코칭과 관련한 연구가 코칭리더십과 코칭 유형별로 프로그램 개발 연구가 주된 것임을 확인하였다. 그리고 코칭 유형을 명확하게 확인하기 어려웠다. 따라서 (사)한국코치협회(http://www.kcoach.or.kr)에서 제시하는 코칭 유형을 확인해 보았다.

사례 5) (사)한국코치협회에서 구분한 코칭 유형

코칭분야와 활용

전문코칭

전문코칭이란 역량을 갖춘 전문 코치가 계약에 의거하여 제공하는 일련의 코칭스킬과 프로세스를 포함하는 코칭서비스이다.
이 과정은 특별한 경우를 제외하고는 유료로 이루어 진다.
전문코칭에는 코칭이슈와 영역에 따라, 그리고 코칭비용을 지불하는 주체에 따라 아래와 같이 분류된다.

1. 코칭영역에 따른 분류

- 비즈니스코칭(Business Coaching)
회사운영, 리더십, 퍼포먼스향상, 수익률개선 등 비즈니스 이슈에 주요 초점을 맞추는 코칭
- 라이프코칭 (Life Coaching)
삶에 있어서 일어나는 여러 가지 이슈들, 예를 들면 삶의 균형, 만족감향상, 인간관계개선, 인생의 의미와 목적의 발견 등에 초점을 맞추는 코칭
- 커리어코칭 (Career Coaching)
성격, 경력, 재능 그리고 처해있는 환경들을 고려하여 자신의 직업관에 맞는 진로를 설정하고 목표를 이룰 수 있는 방법을 찾도록 돕는 코칭

그 외에도 더 세부적인 영역으로 구체화되어 다양한 코칭이 존재합니다.
CEO코칭, 가족코칭, 다문화코칭 등 코칭의 분야는 무궁무진하며 코칭이 발전해감에 따라 보다 세분화될 수 있습니다.

2. 코칭비용 지불주체에 따른 분류

- 기업코칭(Corporate Coaching)
코칭비용을 회사가 지불하는 경우를 기업코칭이다.
기업코칭을 제공하는 코치에는 내부코치(INTERNAL COACH)와 외부코치(EXTERNAL COACH)가 있다.
  - 내부코치(Internal Coach): 해당 기업 내부에 소속되어 있는 코치
  - 외부코치(External Coach): 해당 기업 외부의 별도의 기관에 소속되거나 독립적으로 활동하는 전문코치
- 개인코칭(Personal Coaching)
코칭을 받는 개인이 코칭비용을 지불하는 경우를 개인코칭이라고 한다.

(사)한국코치협회에서 구분한 코칭 유형은 코칭의 영역과 코칭 비용 지불 주체에 따라 구분했다. 먼저 코칭 영역에 따른 분류는 '비즈니스코칭(Business Coaching)', '라이프코칭(Life Coaching)', '커리어코칭(Career Coaching)'임을 확인할 수 있었다. 코칭 비용 지불 주체에 따라서는 '기업코칭(Corporate Coaching)'과 '개인코칭(Personal Coaching)'으로 구분했다.

3단계 : 찾아낸 학문 용어를 중심으로 관련 논문 검색하기

5번 사례 연구자는 자신의 전공 분야인 코칭심리학에서 다루는 코칭 부분에 대한 선행연구를 살펴보고 코칭 유형을 확인해 보았다. 특히 코칭 유형에 대한 선행연구에서는 통일된 유형이 없음을 확인할 수 있었다. 따라서 새로운 기준을 적용하기 위해 코칭 유형을 (사)한국코치협회에서 제시한 영역에 따라 세 가지(비즈니스, 라이프, 커리어)로 삼고자 했으며 관련 연구를 살펴보았다. 그리고 세 가지 코칭(비즈니스, 라이프, 커리어)에 대해 진행된 연구를 확인해 보았다.

그 결과 비즈니스코칭을 중심으로 진행된 학위논문은 검색되지 않았고, 학술지 연구와 단행본 위주로 일부 확인되었다. 라이프코칭은 세 가지 코칭 유형 중에서 가장 많이 연구되었음을 알 수 있었다. 커리어코칭도 학위와 학술지에서 일부 다루어진 것을 알 수 있었다.

No	연구자	제목	코칭 유형
1	박찬수, 조연성(2013)	비즈니스 코칭(Executive Coaching) 연구 : 글로벌 코칭 성과에 영향을 미치는 요소 중심으로	비즈니스코칭
2	정재완(2014) 매일경제신문사 매경출판, 단행본	(實戰) 비즈니스 코칭 매뉴얼 : 억대 연봉의 프로 비즈니스 코치가 되는 길잡이	
3	김구주(2007) 학위	효과적인 라이프코칭 연구 : 사회적 지지를 중심으로	라이프코칭
4	권병희(2016) 학위	라이프코칭에서의 NLP자원전략 활용 사례연구 : 개입과 관조, 지각적 입장을 중심으로	
5	남현숙(2011) 학위	라이프 코칭 프로그램이 주부들의 행복 및 삶의 질에 미치는 효과	
6	임은수(2012) 학위	커리어코칭프로그램이 대학생의 진로결정수준과 진로준비행동에 미치는 영향	커리어코칭
7	김미경(2013) 학위	대학생들의 커리어코칭프로그램이 진로준비행동에 미치는 영향	
8	김지연(2017) 학술지	커리어코칭프로그램이 특성화고 학생의 직업가치관과 구직효능감에 미치는 효과	

이런 과정을 통해 5번 사례 연구자는 코칭 유형이 명확하게 구분되지 않는 현재 상황을 확인했다. 그리고 코칭에 대한 인식에 대해서는 어떤 연구가 진행되었는지 확인해 보기로 했다.

〈코칭 인식〉과 관련한 연구를 중심으로 내용을 확인한 결과, 코칭 인식과 관련한 대부분의 선행연구는 지도자의 코칭 스타일에 대한 인식을 연구한 것이었다. 반면에 코칭의 기본 개념에 대한 인식을 연구한 사례는 확인하지 못했다. 그렇지만 코칭 전공자를 포함하여 일반인조차 코칭에 대한 인식이 낮은 점을 감안하면 코칭에 대한 개념적 접근 연구가 아쉽다는 것을 확인할 수 있었다.

No	연구자	제목	코칭 유형
1	유아름(2016)	학습코칭사의 전문성 인식이 직무스트레스와 소진에 미치는 영향	코칭강사에 대한 인식 연구
2	이동현(2014)	동기 부여에 영향을 주는 코칭역량에 대한 리더와 구성원의 인식차이 연구 : A기업을 중심으로	지도자의 코칭스타일 인식연구
3	아성유(2011)	축구선수가 인식한 선호 및 비선호 코칭행동	코칭행동에 대한 인식연구
4	이홍규(2014)	축구지도자의 코칭행동 유형에 대한 선수의 인식	지도자의 코칭스타일 인식 연구
5	김태연(2003)	골프 지도자의 코칭행동에 대한 선호·인식도와 선수 만족의 관계	지도자의 코칭 스타일 인식연구
6	김홍미(2008)	일 간호조직의 코칭에 대한 인식	코칭 자체에 대한 인식

반면 김홍미(2008)의 연구에서 간호사를 대상으로 코칭에 대한 인식(코칭에 대해 들어본 적 있는지, 코칭을 알게 된 경로, 코칭 프로그램 도입의 필요성, 참여 의도, 코칭에 대한 지식 정도)을 측정하였다는 점에서 5번 사례 연구자의 연구 방향과 부합되는 선행연구로 확인되었다.

4단계 : 관심 있는 용어 중 최종 선택하기

5번 사례 연구자는 코칭심리학을 전공하면서, 사람들이 다른 이의 도움을 받아 목표를 설정하고 달성할 때 코칭을 활용한다고 배웠다. 그리고 코칭은 기존의 상담과 치료와 다른 개념이라고 배웠다. 또 코칭은 소비자들의 다양한 욕구를 충족해 줄 수 있는 좋은 자원이며, 상담이나 치료보다 공개 확산이 가능하고 정신건강 예방 차원에서도 매우 유리하다고 배웠다.

그렇지만 한국 코칭산업 동향(2014)에서 밝혀진 내용에서는 전문코치들이 겪는 활동상의 문제 중 첫 번째가 고객 확보(33%), 두 번째가 사회 인식 부족(19%)이다. 5번 사례 연구자는 연구 주제를 확인하기 위해 1단계에서 3단계에서 확인해 본 결과 이러한 문제점을 해결하기 위한 연구는 거의 이루어지지 않았음을 확인할 수 있었다.

따라서 5번 사례 연구자는 아래의 연구를 진행하는 것이 의미 있다고 판단하였다.

1)코칭 개념 구체화하기

2)일반인을 대상으로 코칭 인식 조사하기

3)코칭 유형별 인식과 이용 의도를 살펴봄으로써 향후 코칭 활성화 방안을 제시하기

5단계 : 연구모형 구체화하기

5번 사례 연구자는 코칭 개념 구체화, 코칭 인식 실태조사, 코칭 유형별 시장성을 확인하기 위해서 4단계에 걸쳐 연구를 진행하기로 했다.

①1단계에서는 전문가를 대상으로 코칭 개념을 조사하여 개념화한다.

②2단계에서는 일반인을 대상으로 코칭에 대한 인식(코칭에 대해 들어본 적 있는지, 코칭을 알게 된 경로, 코칭 프로그램 도입의 필요성, 참여 의도, 코칭에 대한 지식 정도 등)을 측정하여 현재 상황을 제시한다.

③3단계에서는 종사자를 대상으로 코칭에 대한 인식(고객 확보, 사회 인식, 잠재력, 애로사항 등)을 측정하여 현재 상황을 제시한다.

④4단계에서는 일반인과 종사자를 대상으로 코칭의 유형 세 가지(비즈니스, 라이프, 커리어)에 대한 현재 인식, 이용 의도 등)를 측정하여 향후 발전 방향성을 제시한다.

이처럼 5번 사례 연구자는 자신의 전공에 대한 기본 내용을 연구주제로 선정하였고, 이를 개념화하고 사회적 인식조사를 통해서 발전 방안을 제시하는 연구를 진행하기로 했다.

Q 33. 지도교수님이 추구하는 논문 주제를 선정한 사례가 있을까요?

A 33. 경영학 박사학위를 준비했던 50대 남성 사례를 소개합니다.

여섯 번째 사례는 경영학 박사학위를 준비했던 남성 사례이다. 자신의 업무를 중심으로 주제를 선정한 경우로 사례 연구자와 관련한 내용은 다음과 같다.

사례 6) 연구자 현황 요약
과정 : 경영학 박사학위
성별 : 남성
연령대 : 50대 남성
직업 : 사업가
주요 내용 : 연구자는 장기복무 군인으로 5년 전 전역하고 현재는 중소기업을 경영하고 있다. 연구자는 중소기업 경영 과정에서 겪은 경험을 바탕으로 연구하고 싶어 했다. 그리고 대기업과 협력업체 간의 상생협력에 많은 관심이 있었다. 그렇지만 지도교수의 의견은 조금 달랐다. 지도교수는 창업에 대한 관심이 매우 높아 연구자에게도 창업을 중심으로 학위논문을 작성하기를 요구했다. 지도교수의 지도를 받고 학위를 받은 사람들 대부분도 창업을 중심으로 연구를 시행하였다. 연구자는 자신의 관심 분야를 중심으로 연구를 시행하기 위해 여러 차례 지도교수와 면담하고 주제를 확정하고자 했으나, 창업과 관련한 내용으로 연구가 이루어질 것을 번번이 요청받았다. 지도교수는 연구자가 직업군인 출신이므로 군인을 대상으로 한 창업을 연구하라고 요구했다. 이에 연구자는 지도교수가 원하는 방향으로 연구주제를 잡기로 하였다.

1단계 : 자신이 관심 있는 주제 검색하기

먼저 연구자는 군인을 대상으로 창업 관련한 연구주제를 구체화하기 위해 제대군인과 관련한 선행연구를 살펴보기로 했다.

먼저 〈제대군인〉으로 검색한 결과 95건의 박사학위 논문을 확인할 수 있었다.

사례 6) 제대군인 관련 연구

〈전역군인〉으로 검색한 결과 67건의 박사학위 논문을 확인할 수 있었다. 〈제대군인〉, 〈전역군인〉과 관련한 연구는 대부분 취업과 관련한 연구가 주를 이루고 있음을 확인할 수 있었다. 또 취업을 강화하기 위해 전직 지원 프로그램 강화 연구가 많이 이루어져 있었다.

사례 6) 전역군인 관련 연구

〈직업군인〉에 대한 연구를 검색한 결과 150건의 박사학위 논문이 검색되었다. 대부분 직무만족, 조직유효성, 생활만족도 등과 관련한 연구가 이루어져 왔음을 확인할 수 있었다.

검색키워드 제대군인 (검색결과 95 건)

| 내보내기 | 내서재담기 | 한글로보기

1 제대군인 전직지원정책에 관한 연구
남용우 | 건양대학교 | 2015 | 국내박사
원문보기 목차검색조회 ▾ 음성듣기

2 長期服務 除隊軍人의 福祉政策 滿足度에 관한 硏究 :空軍의 轉役 幹部를
이봉구 | 東國大學校 | 2007 | 국내박사
복사/대출신청

3 제대군인의 전직 역량 및 교육훈련 내용 도출에 관한 연구 :제대군인 재취업 추
김점석 | 목원대학교 | 2015 | 국내박사
원문보기 목차검색조회 ▾ 음성듣기

4 제대군인 전직지원정책의 활성화 방안
김문범 | 선문대학교 | 2011 | 국내박사
원문보기 목차검색조회 ▾ 음성듣기

5 장기복무 제대군인을 위한 전직지원 프로그램에 관한 발전방안 연구
이광석 | 한남대학교 대학원 | 2012 | 국내박사
원문보기 목차검색조회 ▾ 음성듣기

검색키워드 전역군인 (검색결과 67 건)

| 내보내기 | 내서재담기 | 한글로보기

1 전역 직업군인의 재취업 결정요인과 유형에 관한 연구 :장기복무 전역직업군인을 중
김은묵 | 백석대학교 | 2010 | 국내박사
원문보기 목차검색조회 ▾ 음성듣기

2 전역예정 군인의 삶의 질 관련 변인의 구조적 관계
김기호 | 한남대학교 대학원 | 2018 | 국내박사
원문보기 목차검색조회 ▾ 음성듣기

3 長期服務 除隊軍人의 福祉政策 滿足度에 관한 硏究 :空軍의 轉役 幹部를 中心으
이봉구 | 東國大學校 | 2007 | 국내박사
복사/대출신청

4 전역예정 직업군인의 내적·외적요인이 창업의욕에 미치는 영향 :창업지원프로그램
김용식 | 호서대학교 | 2011 | 국내박사
원문보기 목차검색조회 ▾ 음성듣기

5 전역예정군인의 전직교육 효과분석
조광래 | 고려대학교 대학원 | 2019 | 국내박사
원문보기 목차검색조회 ▾ 음성듣기

6 군인의 법적 지위

검색키워드 직업군인 (검색결과 150 건)

| 내보내기 | 내서재담기 | 한글로보기

1 직업군인의 은퇴준비에 영향을 미치는 요인에 관한 연구
현미숙 | 신라대학교 일반대학원 | 2014 | 국내박사
복사/대출신청

2 직업군인의 감성지능이 조직시민행동에 미치는 영향 :임파워먼트와
노관석 | 중앙대학교 대학원 | 2013 | 국내박사
원문보기 목차검색조회 ▾ 음성듣기

3 직업군인의 군 복지정책에 대한 인식과 생활만족도에 관한 연구
이성률 | 건양대학교 | 2009 | 국내박사
원문보기 목차검색조회 ▾ 음성듣기

4 전역 직업군인의 재취업 결정요인과 유형에 관한 연구 :장기복무 전역
김은묵 | 백석대학교 | 2010 | 국내박사
원문보기 목차검색조회 ▾ 음성듣기

5 직업군인의 경력몰입 결정요인과 결과에 관한 연구
천인감 | 대구대학교 | 2005 | 국내박사
원문보기 목차검색조회 ▾ 음성듣기

2단계 : 막연하게 생각했던 주제에서 학문 용어 찾아내기

1단계에서 〈제대군인〉, 〈전역군인〉, 〈직업군인〉을 검색하여 연구 동향을 확인한 결과, 군인이라도 현재 상태에 따라 연구 방향이 약간 다르다는 것을 확인할 수 있었다. 즉 제대를 이미 했거나 제대를 앞둔 군인을 대상으로 한 연구는, 취업을 강화하기 위한 연구가 주를 이루었다. 반면 현재 군인을 중심으로 한 연구에서는 현재 직업에 대한 만족도, 몰입 등을 향상하기 위한 연구가 많이 이루어짐을 알 수 있었다.

6번 사례 연구자는 1단계에서 관심 있는 대상에 대한 연구 동향을 살펴보았다. 하지만 지도교수가 요청한 창업 관련한 주제 연구를 확인하는 데에는 한계가 있었다. 따라서 2단계에서는 군인과 창업 관련한 연구를 살펴보고 연구의 방향성을 구체화해 보고자 했다.

아래 표는 실제 6번 사례 연구자가 검색하여 정리한 내용이다.

연구자	학교 구분	연도	제목	연구 방법론	독립 변수	매개 변수	조절 변수	종속 변수
김용식	호서대 박사	2011	전역예정 직업군인의 내적·외적 요인이 창업의욕에 미치는 영향 : 창업지원프로그램의 매개효과를 중심으로	구조방정식	내적 요인(성취욕구, 자기유능감), 외적 요인(사회적네트워크, 사회적 인식)	창업 프로그램		창업 의욕

정수성	국민대 박사	2019	군 복무 경험 특성이 창업 의도에 미치는 영향에 관한 연구	회귀분석	개인특성(근무기간, 지역, 계급, 연금, 병과)			자기 효능감, 창업 의도
이재희, 하규수, 김홍	한국벤처 창업학회	2007	제대군인의 재취업 및 창업 활성화 방안에 대한 연구	문헌 고찰				
이용재	한국군 사회복 지학	2010	우리나라 제대군인 보훈복지정책의 실태 및 활성화 방안 : 전직 지원교육 및 취·창업을 중심으로	문헌 고찰				

박사학위에서 군인과 창업 키워드로 진행한 연구는 두 편 정도로 확인되고, 학술지가 두 편 정도 확인되었다. 창업 대상이 전역예정인 군인을 중심으로 한 연구도 있었지만, 군 복무를 한 경험이 있는 사람을 대상으로 한 연구도 있었다. 그렇지만 인과관계 연구는 두 편 정도이고, 나머지 두 편은 문헌고찰을 중심으로 한 연구로 확인되었다.

3단계 : 찾아낸 학문 용어를 중심으로 관련 논문 검색하기

6번 사례 연구자는 2단계에서 군인의 창업과 관련한 선행연구가 거의 이루어지지 않음을 확인하였다. 자신이 군인의 창업과 관련한 연구를 한다면 연구대상에 대한 차별성을 확실히 가지고 있을 것이라는 생각하게 되었다. 따라서 3단계에서는 다른 분야에서 창업과 관련한 연구가 어떻게 이루어졌는지 정리해 보았다. 아래 내용은 실제 사례 연구자가 정리한 내용이다.

연구자	연도	연구대상	연구방법론	독립변수	매개변수	조절변수	종속변수
정병옥	2018	IT 창업기업	회귀분석	사업화 혁신역량, 기술혁신역량	기술성과	연구개발 투자	경영성과
장하영	2018	직장인	SPSS PROCESS-macro모형14번	창업동기	창업가 정신	희망	창업기대 성과
오상훈	2007	청장년 및 시니어	구조방정식	객관적 창업한경, 주관적 환경인식, 사업 실패부담감	기업가 정신	연령집단	창업 의지
황미야	2008	여성 창업가	회귀분석	심리적 특성, 창업전략특성		창업지원제도	경영성과, 사회적 성과
박해근	2018	창업 초기기업	회귀분석	기술사업화역량		창업자 능력	경영성과

RISS에서 창업 키워드로 박사학위 861건이 검색되었다(호서대 84, 중앙대 48, 숭실대 43, 건국대 40, 경기대 37, 서울대 27, 고려대 24, 한양대 24). 그리고 2018년에 104편, 2019년에 123편이 진행되었다. 또 다양한 연구대상을 중심으로 창업과 관련한 연구가 이루어졌음을 확인할 수 있었다. 연구 내용은 창업한 기업이나 개인을 중심으로 이루어졌으며, 성과를 향상하기 위한 연구가 많이 이루어짐을 알 수 있었다.

이어서 창업교육과 관련하여 진행된 연구를 살펴보고 정리해 보았다. 창업교육에 대한 연구는 주로 창업을 예정하는 사람을 대상으로 이루어졌으며, 대학생을 중심으로 많은 연구가 이루어진 것을 알 수 있었다. 그리고 종속변수는 창업 의지, 행동 등으로 연구가 이루어졌다.

연구자	연도	연구대상	연구방법론	독립변수	매개변수	조절변수	종속변수
서성열	2018	청년 창업가	구조방정식	창업가 역량 (기술적, 창의적)	창업 의지	창업교육	창업 행동
박남규	2015	창업교육을 접한 예비창업자 및 기창업자	회귀 분석	창업지원정책 (교육, 자금, 마케팅)	창업가 정신	사업실패부담감, 자기효능감	창업 의지
김향	2019	중국기술기업 중심	구조 방정식	제도적 환경, 위계적 문화, 변혁적 리더십	사내기업 가정신	기술지향성	조직혁신(기술혁신, 관리혁신)
노현철	2018	정부(중소기업청)의 창업 지원정책 선정자	회귀 분석	개인특성 (자기효능감, 자율성, 위험 감수성)		정부지원정책 (자금, 기술, 경영, 인프라)	창업 의지

4단계 : 관심 있는 용어 중 최종 선택하기

3단계에서 창업과 창업교육과 관련하여 연구를 고찰해 보았다. 그 결과 창업과 관련한 연구는 이미 창업한 사람을 대상으로 한 연구가 주를 이루었고, 성과를 향상하기 위한 연구가 많이 이루어졌다. 반면 창업교육과 관련한 연구에서는 아직 창업하지 않은 대상자를 중심으로 창업 의지 등을 향상하기 위한 연구가 많이 이루어진 것을 알 수 있었다.

따라서 6번 사례 연구자는 이미 창업한 군인을 대상으로 연구할 수도 있고, 창업을 아직 하지 않은 군인(전역예정 포함)을 대상으로 연구할 수 있다고 생각하였다. 이 두 가지 경우에 따라 연구모형이 각각 수립될 것으로 판단하였다.

방향성1)
창업한 군인을 대상으로 할 경우

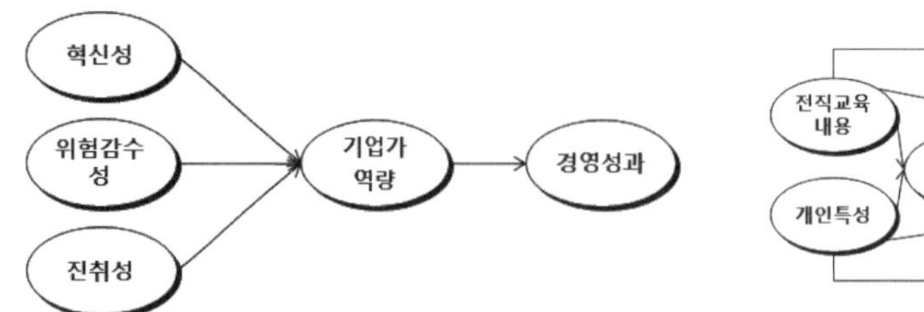

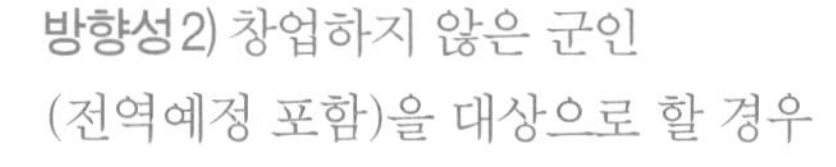

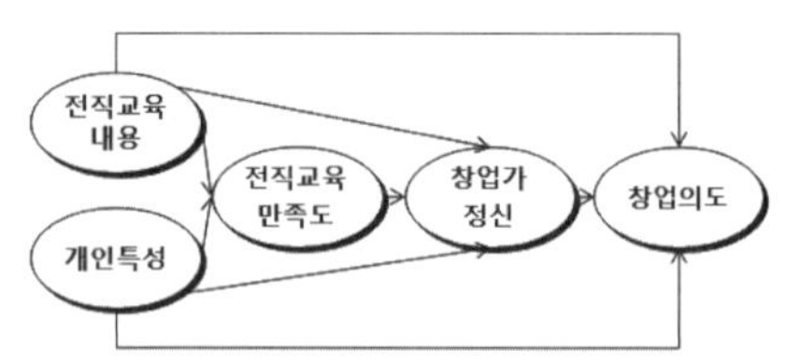

①방향성1로 진행한다면 실제 창업한 전역 군인들을 대상으로 현재 자신의 사업에서 성과를 내기 위해서는 기업가 정신과 역량이 중요하다는 것을 밝혀볼 수 있다고 판단하였다.

②방향성2로 진행한다면 전역 전에 군에서 제공하는 전직 교육과 개인특성이 창업가 정신을 함양하고 창업 의도로 연결되는지를 실증분석해 볼 수 있다고 판단하였다.

5단계 : 연구모형 구체화하기

연구자는 두 가지 방향성을 수립하여 지도교수와 면담하였다. 실제 창업을 한 군인을 대상으로 연구할 것을 주문받았고 방향성1에 대해 연구모형을 구체화하였다.

From	To	연구자	논문제목	독립변수	매개변수	종속변수
기업가 정신	기업가 역량	송동석 (2017)	기업가 정신과 경영혁신역량활동이 중소기업 경영성과에 미치는 영향에 관한 연구 : 정책금융 및 경영지원(컨설팅, 마케팅 지원)의 조절효과 중심으로	기업가 정신	혁신역량	경영 성과
		문형주 (2010)	기업가 정신이 종업원의 개인역량 및 조직성과에 미치는 영향 : 광주·전남 중소기업을 중심으로	기업가 정신	개인역량	조직 성과
기업가 정신	경영 성과	장진용 (2019)	중소기업 창업자 특성이 창업자 창의성 및 경영성과에 미치는 영향에 관한 실증연구 : 사회적 자본, 기업 간 협업을 중심으로	창업자 역량, 기업가 정신	사회적 자본, 창업자 창의성, 기업 간 협업	경영 성과
		장하영 (2018)	직장인의 창업 동기와 창업가 정신이 창업 기대성과에 미치는 영향 : 희망의 조절된 매개효과	창업 동기	창업가 정신	창업 기대 성과

기업가 역량	경영 성과	장진용 (2019)	중소기업 창업자 특성이 창업자 창의성 및 경영성과에 미치는 영향에 관한 실증연구 : 사회적 자본, 기업 간 협업을 중심으로	창업자 역량, 기업가 정신	사회적 자본, 창업자 창의성, 기업 간 협업	경영 성과
		송동석 (2017)	기업가 정신과 경영혁신역량활동이 중소기업 경영성과에 미치는 영향에 관한 연구 : 정책금융 및 경영지원(컨설팅, 마케팅 지원)의 조절효과 중심으로	기업가 정신	혁신역량	경영 성과

①기업가 정신 → 기업가 역량 : 송동석(2017)의 연구와 문형주(2010)의 연구를 통해서 기업가 정신이 혁신역량과 개인역량에 각각 영향을 미치는 것을 확인할 수 있었다. 이를 통해서 제대군인 중에서 창업한 사업가의 기업가 정신은 기업가 역량에 영향을 미친다는 것을 예상할 수 있으면 연구모형을 수립하는 데 문제가 없다고 판단하였다.

②기업가 정신 → 경영성과 : 장진용(2019)과 장하영(2018)의 연구에서 기업가 정신과 창업가 정신이 성과(경영성과, 창업 기대성과)에 영향을 준다는 연구를 진행한 것을 확인할 수 있었다. 따라서 제대군인 중에서 창업한 사업가의 기업가 정신은 경영성과에 영향을 미친다는 것을 예상할 수 있으면 연구모형을 수립하는 데 문제가 없다고 판단하였다.

③기업가 역량 → 경영성과 : 장진용(2019)과 송동석(2017)의 연구에서 기업가 정신과 경영성과와의 관계가 연구되었다. 이를 통해서 제대군인 중에서 창업한 사업가의 기업가 역량은 경영성과에 영향을 미친다는 것을 예상할 수 있으면 연구모형을 수립하는 데 문제가 없다고 판단하였다.

10일 차 지도교수에게 논문 주제 승낙받는 노하우 익히기

Q 34. 나는 어떤 유형일까요?

A 34. 지도교수와 논문 주제를 논의할 때 내가 어떤 유형에 속하는지 생각해 보세요.

논문 주제를 지도교수에게 승낙받는 요령을 소개하고자 한다. 연구주제, 연구방법론, 측정도구(연구 변인), 조사대상자 등을 모두 지도받고 있다면 이 과정은 필요하지 않다.

하지만 논문을 준비하는 석·박사 과정에서는 지도교수에게 아주 구체적 내용을 지도받기는 어렵다. 왜냐하면 주제에 대한 키워드가 주어졌을 때 이를 완성하는 것은 연구자의 몫이며, 시행착오를 거치는 과정 또한 연구 과정이라고 여기기 때문이다.

연구자의 상황에 따라 다르지만 학위논문 준비를 조금이라도 시작해 본 경험이 있다면 주제에 어떻게 접근하고 해당 주제를 어떤 식으로 표현해야만 지도교수에게 승낙을 받을 수 있을지 고민해 봤을 것이다.

만약 이 글을 읽는 연구자 중에서 학회지를 위한 논문을 준비한다면 학위논문보다 상대적으로 지도교수의 영향이 적을 수 있다. 그러나 학위논문은 철저하게 처음부터 끝까지 지도교수와 진행된다. 그러므로 지도교수에게 연구주제를 승낙받는 것은 무엇보다 중요한 과정이다. 즉 앞으로 쓰게 될 학위논문에 대한 주제와 연구방법, 연구 도구, 연구대상을 확정 짓는 것은 논문을 쓰기 전에 반드시 이루어져야 하는 매우 중요한 과정이다.

혹시 이 글을 읽는 분 중에서 지도교수와 연구주제를 위한 면담을 해본 경험이 있다면, 아래의 유형은 아니었는지 생각해보기 바란다.

유형 1) (무한 기대형) : 지도교수가 논문 주제를 정해주리라 생각하고 가벼운 마음으로 지도교수와 면담에 임하는 유형이다. 이 경우에는 지도교수와 면담이 끝난 후에 학위논문 작성을 포기하거나 한동안 지도교수를 피해서 잠적한다.

지도교수와의 면담에서 이렇게 이야기를 시작했을 것이다.

"교수님 저 이제 학위논문을 쓰려고 하는데 어떤 것을 쓰면 될까요?"

유형 2) (순진형) : 이러한 유형은 지도교수가 당연히 꼼꼼하게 논문지도를 A~Z까지 해줄 것이라는 생각으로 면담에 임하는 유형이다. 면담이 끝난 후에는 지도교수에 대한 실망감을 숨기지 않기도 하고 심한 경우 험담을 하기도 한다. 한동안 지도교수와의 만남을 피한다.

지도교수와의 면담에서 이렇게 이야기를 시작했을 것이다.

"교수님이 쓰라는 대로 쓰겠습니다."

유형 3) ('준비는 했어'형) : 지도교수와 연구주제를 두고 면담하기 전에 지도교수의 연구 관심 분야를 미리 확인하고, 관련한 몇 가지 연구 제목을 정해서 가지고 가는 유형이다. 최소한의 성의를 보이면 지도교수가 나머지를 정해 줄 것으로 생각한다. 면담이 끝난 후에는 아주 많은 과제를 안고 지도교수의 방에서 나오게 된다. 그 후 과제에 대한 부담감으로 지도교수와의 면담 기피증이 생긴다. 지도교수가 준비한 연구 제목에 대해 각각 구체적으로 살펴보고 준비를 더 해오라고 주문했기 때문이다.

지도교수와의 면담에서 이렇게 이야기를 시작했을 것이다.

"교수님 제가 몇 가지 논문 제목을 정해서 가지고 와 봤습니다."

물론 이외에도 여러 유형의 연구자가 있다. 그렇지만 대표적으로 세 가지 유형을 보인다. 만약 여러분 중에서 지도교수와 학위논문을 위한 면담을 해본 경험이 있다면 어떤 유형인지 생각해 보기 바란다.

자상하게 잘 지도해 주는 교수는 매우 많다. 하지만 연구자가 충분한 준비하지 않고 지도교수에게 의지하려고 하면 지도교수는 어디서부터 어떻게 지도해야 할지 당혹스러워하지 않을까? 그래서 이런 말을 들었을지도 모른다.

"선생님은 어떤 걸 쓰고 싶은가요?"
"어떤 주제에 관심이 있나요?"
"조금 더 고민해서 가지고 오세요."
"연구방법은 무엇으로 하려고 하지요?"
"연구의 차별성이 무엇인가요?"
"연구의 이론적 근거는 무엇이지요?"
"너무 뻔한 이야기 아닌가요?"

상황에 따라 지도교수가 안식년, 외부 프로젝트 수행, 학교업무, 많은 수의 석·박사 연구생 시노로 인하여 자신에게 지도 시간을 할애하기 어려울 수도 있다. 여러분이 직장인이라면 직장상사와 미팅하기 전에 무엇을 하는 것이 좋을까? 상사가 최소한의 의사결정을 하기 위한 자료를 준비해야 하지 않을까?

Q 35. 지도교수님에게 논문 주제를 승낙받는 노하우가 있을까요?

A 35. 직장인이라면 상사에게 의사결정을 받기 위해서 관련 내용을 꼼꼼하게 살펴보고 요약보고서를 작성하지 않습니까? 논문 주제를 승낙받는 과정도 같다고 생각하면 됩니다.

지금부터 지도교수와 면담하러 가기에 앞서 준비해야 할 연구계획서를 작성 요령과 샘플을 소개하고자 한다. 지금까지 설명한 내용을 충분히 숙지한 연구자라면 작성하는 데 몇 시간 걸리지 않을 것이다.

작성요령 1) 작성 양식이 PPT든 한글이든 상관 없다. 연구주제를 반드시 명시해야 한다. 즉 연구자가 연구하고자 하는 논문의 제목이다.

작성요령 2) 연구 제목을 제시했다면 지도교수는 연구자가 왜 이런 연구를 하려고 하는지 궁금해할 것이다. 따라서 연구의 배경을 제시한다. 연구의 배경은 자신의 개인 상황에 맞춰 자연스럽게 작성한다. 이 책에서 소개한 연구주제에 접근하는 방법 중에 한 가지를 선택하고, 그 상황을 충분히 어필하여 사연을 만들면 해당 연구가 필요하다는 것을 어필할 수 있다.

작성요령 3) 연구의 배경에서 충분히 사연을 설명했다면 연구 목적을 정리한다. 연구 목적은 연구가설을 정리하는 것이다.

작성요령 4) 본 연구주제를 위해서 충분히 선행연구를 고찰했다는 것을 증명하기 위해서 키워드를 중심으로 정리한다. 정리 방법은 앞서 주제 선정 과정에서 설명하였다. 선행연구를 정리하고 관련 키워드에 대한 선행연구 고찰을 간략하게 작성한다. 어렵게 생각하지 말고 연구대상이 주로 누구인지, 혹은 어떤 키워드와 연구가 주를 이루는지를 적으면 된다. 자신이 연구하고자 하는 내용이 거의 이루어지지 않았다고 말하고자 하는 것이 선행연구 고찰의 핵심이라고 할 것이다. 즉 선행연구를 충분히 봤지만, 연구계획서에서 제시한 연구는 거의 이루어지지 않았다는 것을 표현한다고 생각하면 된다.

작성요령5) 연구자가 연구하고자 하는 연구모형을 제시한다.

작성요령6) 연구모형에 대한 근거를 제시한다. 이는 앞서 연구주제를 선정하는 방법과 연구주제 선정사례에서 제시하였으니 참고하면 된다.

작성요령7) 연구모형에서 사용한 변수를 어떻게 측정할 것인지 정리한다. 이는 앞서 제시한 변수의 정의와 변수 내용 설명을 참고하면 될 것이다.

작성요령8) 연구대상 및 연구방법은 연구자가 연구하고자 하는 연구대상이 누구인지를 밝히는 연구계획서 작성 단계에서 작성되었을 것이다. 연구방법은 자신이 연구하고자 하는 내용과 유사한 선행연구에서 분석된 방법을 찾아 정리하면 된다.

작성요령9) 예상 목차는 연구자의 학과 또는 연구자의 지도교수에게 학위를 받았던 연구자의 학위논문을 보고 자신의 연구 내용에 맞춰 정리하면 된다. 제2장의 목차 구성 방법에 대해서는 앞서 설명한 것을 참고하면 된다.

Q 36. 지도교수님과 주제 확정을 위한 면담 전에 준비할 샘플 자료가 있을까요?

A 36. 주제를 승낙받기 위한 샘플 자료가 있습니다.

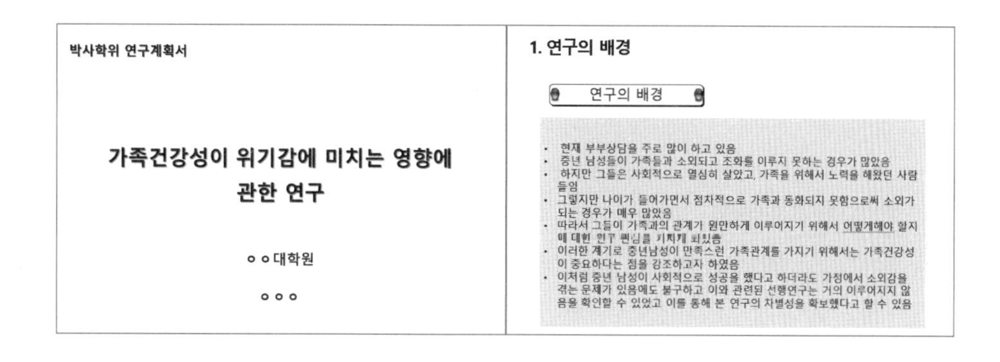

2. 연구의 목적

연구 문제

1. 중년남성의 가족건강성의 향상은 가정 내 중년기 위기감 감소에 유의한 영향을 미치는가?
2. 중년남성의 가족건강성의 향상은 가족 간 의사소통능력 향상에 유의한 영향을 미치는가?
3. 중년남성의 가족건강성의 향상은 중년남성의 자기효능감 향상에 유의한 영향을 미치는가?
4. 중년남성의 가족건강성의 향상은 가족 간 의사소통 향상을 통하여 중년기 위기감 감소에 유의한 영향을 미치는가?
5. 중년남성의 가족건강성의 향상은 중년남성의 자기효능감 향상을 통하여 중년기 위기감 감소에 유의한 영향을 미치는가?
6. 중년남성의 가족건강성의 향상은 의사소통과 자기효능감을 통하여 중년기 위기감 감소에 유의한 영향을 미치는가?

3. 선행연구 고찰

가족 건강성 관련 선행연구

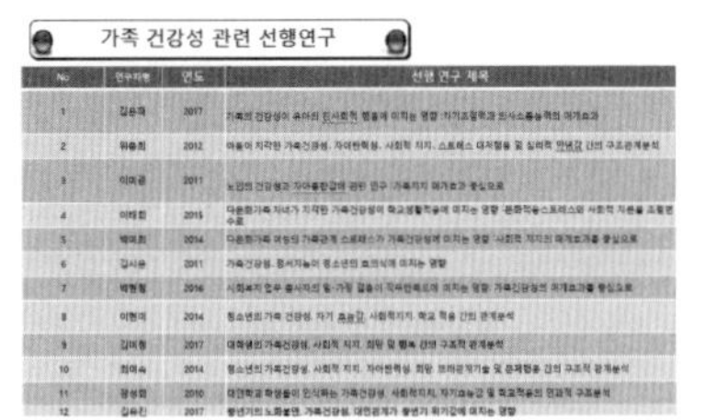

No	연구자명	연도	선행 연구 제목
1	김은자	2017	가족의 건강성이 유아의 친사회적 행동에 미치는 영향 :자기조절력과 의사소통능력의 매개효과
2	[illegible]	2012	아동이 지각한 가족건강성, 자아탄력성, 사회적 지지, 스트레스 대처행동 및 심리적 안녕감 간의 구조관계분석
3	이미경	2011	노인의 건강성과 자아통합감에 관한 연구 :가족지지 매개효과 중심으로
4	[illegible]	2015	다문화가족 자녀가 지각한 가족건강성이 학교생활적응에 미치는 영향 :문화적응스트레스와 사회적 지원을 조절변수로
5	[illegible]	2014	다문화가족 아동의 가족관계 스트레스가 가족건강성에 미치는 영향 :사회적 지지의 매개효과를 중심으로
6	[illegible]	2011	가족건강성, 정서지능이 청소년의 효의식에 미치는 영향
7	박현정	2016	사회복지 업무 종사자의 일-가정 갈등이 직무만족도에 미치는 영향: 가족건강성의 매개효과를 중심으로
8	이현미	2014	청소년의 가족 건강성, 자기 효능감, 사회적지지, 학교 적응 간의 관계분석
9	[illegible]	2017	대학생의 가족건강성, 사회적 지지, 희망 및 행복 간의 구조적 관계분석
10	최미숙	2014	청소년의 가족건강성, 사회적 지지, 자아탄력성, 희망, 의사소통기술 및 문제행동 간의 구조적 관계분석
11	장성희	2010	대인학교 학생들이 인식하는 가족건강성, 사회적지지, 자기효능감 및 학교적응의 인과적 구조분석
12	김승진	2017	중년기의 노화불안, 가족건강성, 대인관계가 중년기 위기감에 미치는 영향

★가족건강성 관련 연구- 가족건강성은 사회적지지와 많이 연관되어 연구되어짐, 대부분 아동이나 청소년 대상으로 많이 연구가 이루어지고 중년 남성을 대상으로 한 연구는 거의없음

3. 선행연구 고찰

중년기 위기감 관련 선행연구

No	연구자명	연도	선행 연구 제목
1	[illegible]	2020	중년기 위기감과 생활만족도 간의 관계에서 지혜와 [illegible]의 매개효과
2	[illegible]	2016	생활사건 스트레스가 중년기 위기감에 미치는 영향 -심리사회 성숙성의 조절효과를 중심으로-
3	김승진	2017	중년기의 노화불안, 가족건강성, 대인관계가 중년기 위기감에 미치는 영향
4	[illegible]	2012	중년기 남성의 중년기 위기감이 성공적 노화에 미치는 영향

★중년기 위기감 - 중년기 위기감은 대인관계, 스트레스 등과 연관되어 연구가 되어졌고 이를 극복하면 생활만족도와 성공적인 노후가 가능하다는 방향으로 연구가 이루어짐

3. 선행연구 고찰

의사소통능력 관련 선행연구

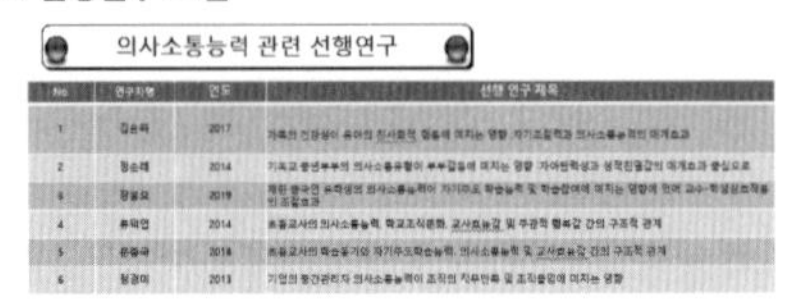

No	연구자명	연도	선행 연구 제목
1	김은자	2017	가족의 건강성이 유아의 친사회적 행동에 미치는 영향 :자기조절력과 의사소통능력의 매개효과
2	[illegible]	2014	기독교 중년부부의 의사소통유형이 부부갈등에 미치는 영향 :자아탄력성과 성적만족감의 매개효과 중심으로
3	[illegible]	2019	[illegible]
4	[illegible]	2014	[illegible] 의사소통능력, 학교조직문화, 교사효능감 및 주관적 행복감 간의 구조적 관계
5	[illegible]	2018	[illegible]
6	정경미	2013	기업의 중간관리자 의사소통능력이 조직의 직무만족 및 조직몰입에 미치는 영향

★의사소통능력- 가족건강성이 의사소통 능력에 영향을 미치는 것을 확인할 수 있음, 하지만 중년남성을 대상으로 연구는 거의 다루어지지 않았고 의사소통의 유형이 부부갈등에 영향을 미친다는 것은 밝혀짐, 또한 의사소통능력은 효능감에 영향을 미치고 만족감에 영향을 미치는 것을 알 수 있음

3. 선행연구 고찰

자기효능감관련 선행연구

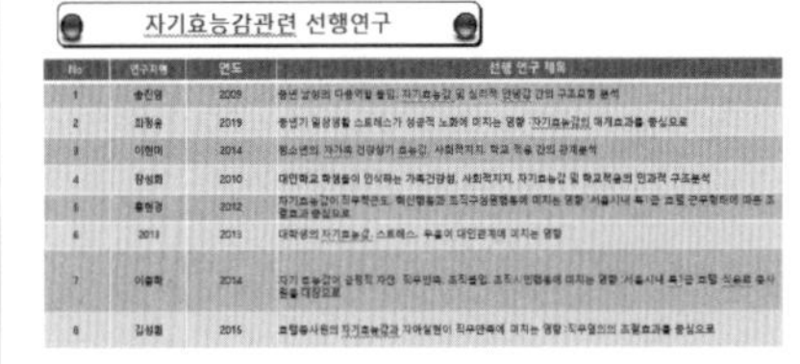

No	연구자명	연도	선행 연구 제목
1	송진영	2009	중년 남성의 다중역할 몰입, 자기효능감 및 심리적 안녕감 간의 구조모형 분석
2	[illegible]	2019	중년기 일상생활 스트레스가 성공적 노화에 미치는 영향 :자기효능감의 매개효과를 중심으로
3	이현미	2014	청소년의 가족 건강성, 자기 효능감, 사회적지지, 학교 적응 간의 관계분석
4	장성희	2010	대인학교 학생들이 인식하는 가족건강성, 사회적지지, 자기효능감 및 학교적응의 인과적 구조분석
5	[illegible]	2012	자기효능감이 직무착근도, 혁신행동과 조직구성원행동에 미치는 영향 :서울시내 특1급 호텔 근무형태에 따른 조절효과 중심으로
6	2013	2013	대학생의 자기효능감, 스트레스, 우울이 대인관계에 미치는 영향
7	[illegible]	2014	자기 효능감이 긍정적 자원, 직무만족, 조직몰입, 조직시민행동에 미치는 영향 :서울시내 특1급 호텔 식음료 종사원을 대상으로
8	김성희	2015	호텔종사원의 자기효능감과 자아실현이 직무만족에 미치는 영향 :직무열의의 조절효과를 중심으로

★자기효능감- 중년남성을 대상으로 한 자기효능감 연구는 거의 이루어지지 않음, 반면 가족건강성과 자기효능감과의 관계는 확인이 되어짐 . 자기효능감은 적응이나 행동과 같이 대인관계와 관련된 것에 영향을 미치는 것으로 확인됨. 또한 자기효능감은 만족에 영향을 미치는 것으로 확인됨

4. 연구 모형

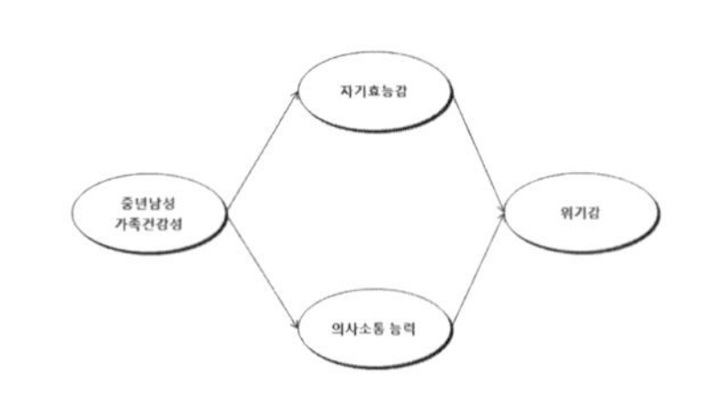

5. 연구 모형의 근거 논문

From	To	연구자	학위/박사	논문제목
가족건강성	중년기 위기감	김승진 (2017)	동아대박사	중년기의 노화불안, 가족건강성, 대인관계가 중년기 위기감에 미치는 영향
		박현정 (2016)	한남대박사	사회복지 업무 종사자의 일-가정 갈등이 직무만족도에 미치는 영향: 가족건강성의 매개효과를 중심으로
가족건강성	의사소통능력	김은자 (2017)	서울한영대 박사	가족의 건강성이 유아의 친사회적 행동에 미치는 영향 :자기조절력과 의사소통능력의 매개효과
가족건강성	자기효능감	이현미 (2014)	[illegible]	청소년의 가족 건강성, 자기 효능감, 사회적지지, 학교 적응 간의 관계분석
의사소통능력	중년기 위기감	[illegible] (2017)	서울한영대 박사	기독교 중년부부의 의사소통유형이 부부갈등에 미치는 영향 :자아탄력성과 성적만족감의 매개효과를 중심으로
		정경미 (2013)	대구대박사	기업의 중간관리자 의사소통능력이 조직의 직무만족 및 조직몰입에 미치는 영향
자기효능감	중년기 위기감	[illegible] (2014)	[illegible]	자기 효능감이 긍정적 자원, 직무만족, 조직몰입, 조직시민행동에 미치는 영향 :서울시내 특1급 호텔 식음료 종사원을 대상으로
		김성희 (2015)	[illegible]	호텔종사원의 자기효능감과 자아실현이 직무만족에 미치는 영향 :직무열의의 조절효과를 중심으로

6. 변수 및 측정도구

요인명	하위요인	설문문항	문항번호	출처
가족건강성	가족원간 유대감	10	2, 5, 9, 14, 18, 21, 24, 27, 31, 33	어은주와 유영주(1995)가 개발한 가족건강성 척도를 사용(김승진, 동아대 2016)
	가족원간 의사소통	9	1, 4, 13, 17*, 20, 23, 26, 30	
	가족원의 문제해결 수행능력	6	3, 8, 10, 15, 19, 28*	
	가족원간의 가치체계 공유	9	7, 11, 12, 16, 22, 25, 29, 32, 34	
의사소통 능력	정보수집	4	1-4	이석재 외(2003)가 생애능력측정도구 개발 연구Ⅱ에서 제작한 대학생 성인용 의사소통능력 측정 도구를 [illegible](2014)이 수정, 제작([illegible], 2018)
	경청	5	5-9	
	창의적 의사소통	3	10-12	
	자기드러내기	3	13-15	
	주도적 의사소통	5	16-20	
	타인관점이해	4	21-25	
자기효능감	자신감	7	1*3*5*10*11*13*16	김아영과 차정은(1996)의 것을 김아영(1997)이 수정한 것으로 사용 (장성희, 건국대, 2010)
	자기조절효능감	12	2,4,7,8,12,14,17,19,20,21,23,2	
	과제난이도	5	6*,9*,15,18,22	
중년기 위기감	정서적 위기감	12	1, 8, 9, 10, 11, 12, 13, 14, 16, 18, 19, 21	김명순(1993)의 연구를 바탕으로 [illegible] 이남주(2006)가 재구성한 중년기 위기감 척도를 사용(김승진, 동아대 2016)
	활력의 상실감	6	2, 4, 5, 6, 7, 8	
	삶의 불만족도	4	15*, 17*, 20*, 27*	
	결혼 불만족도	8	22, 23, 24, 25, 26, 28, 29, 30	
	자녀관계 불만족도	4	31, 32, 33, 34	

7. 연구의 대상 및 연구 방법

▣ 연구대상 : 전국의 만 40세 이상의 기혼중년 남성
- 자료 수집 방법 : 설문조사
- 설문조사 방법 : 온라인 조사
- 설문 예상 기간 : 4주 예상

▣ 연구 방법 : 구조방정식
- SPSS 24.0 : 빈도분석, 기술통계분석, 신뢰도분석, 탐색적 요인분석, 상관관계 분석
- AMOS 21.0 : 확인적 요인분석, 경로분석, 효과분해

8. 예상 목차

제 1장. 서론
1.1 연구 배경(문제제기, 필요성) 및 목적
1.2 연구문제

2장. 이론적 배경 및 선행연구
2.1 가족건강성
2.2 의사소통 능력
2.3 자기효능감
2.4 중년의 위기감

3장. 연구방법
3.1 연구모형
3.2 연구가설
3.3 측정변수의 도출 및 연구도구
3.4 변수의 조작적 정의
3.5 설문의 구성
3.6 연구대상
3.7 분석방법

4장. 연구결과 및 해석
4.1 일반적 특성
4.2 신뢰도 및 타당도 분석
4.3 상관관계분석
4.4 확인적 요인분석
4.5 경로분석
4.6 가설검정
4.7 효과분해

5장. 결론 및 제언
5.1 결론
5.2 제언

참고문헌
부 록
Abstract

11일 차 프로포절 준비방법 마스터하기

Q 37. 프로포절이 무엇인가요?

A 37. 논문 작성자가 자신의 학과 교수님들에게 논문을 소개하는 절차를 말합니다.

지금부터 학위논문 프로포절 준비방법을 설명하고자 한다. 석사 및 박사 과정에 진학하고 난 후에 학기마다 수업을 모두 다 들었다고 해서 논문을 작성하고 심사받을 수 있는 것은 아니다. 학위논문의 행정 절차는 학교마다 다르긴 하지만, 논문 심사를 받기 전에 졸업시험, 어학시험, 논문 프로포절이라는 절차를 통과해야 한다.

그렇다면 프로포절(Proposal)은 무슨 뜻일까?

혼인 전 청혼을 프로포절이라고 말하듯, 논문 작성자가 자신의 학과 교수님들에게 논문을 소개하는 절차라고 생각하면 된다. 프로포절은 보통 학위심사를 받기 한 학기 전에 진행되는 경우가 많다. 즉 논문 심사를 받는 학기가 2학기라고 하면 1학기 중에 다음 학기에 완성해서 심사받을 논문을 프로포절 한다.

그렇다면 프로포절은 왜 하는 것일까? 이는 '사전 검사'라고 생각하면 된다. 다시 말해 자신이 쓰고자 하는 논문의 전반적 내용을 정리하여 학과의 전체 교수와 학생들에게 발표함으로써 부족한 부분에 대한 의견을 수렴하고 반영하여 최종적으로 학위논문을 작성하기 위해서이다.

따라서 대부분의 석 · 박사 과정에서는 공식 프로포절 단계가 있음을 숙지해야 한다. 자신의 학과에서 언제 프로포절이 실시되고 어떠한 형식으로 진행되는지 사전에 반드시 확인하자.

프로포절을 통과하지 못하여 학위심사 자체가 한 학기 이상 연기되는 경우가 심심찮게 발생하므로 논문을 시작하기 전에는 반드시 프로포절에 대해 미리 확인하기 바란다.

학교 및 학과마다 프로포절을 준비하는 방식이 조금씩 다르지만 아래 세 가지 유형에서 벗어나는 경우는 거의 없다. 따라서 각자 학과에 맞는 방식대로 준비하면 된다.

유형 1) 한글만 준비한다.

이 경우에는 발표 전에 제본한 후 학과 교수들에게 제출한다. 한글 중심으로 10~20분 정도 발표하고 질의응답 과정을 거친다. 연구자는 10~20분 정도 발표를 위한 자료를 나름대로 준비하기도 한다.

유형 2) PPT만 준비한다.

이 경우에는 한글파일을 별도로 준비하지 않고 PPT 자료만 작성하여 제본한 후 교수들에게 제출한다. 10~20분 정도 발표한 후 질의응답 과정을 거친다.

유형 3) 한글과 PPT 모두 준비한다.

이 경우에는 한글파일을 작성하고 제본한 후 교수들에게 제출한다. 더불어 한글 내용을 요약하여 PPT로 작성한 후 발표한다. PPT를 교수들에게 제출하기도 하고, 별도 제출하지 않은 상태에서 발표자가 PPT를 발표하고 학과 교수들은 한글파일을 보기도 한다. 10~20분 정도 발표한 후 질의응답 과정을 거친다.

프로포절은 향후 작성하게 될 학위논문 내용에 대해 의견을 듣는 자리이다. 따라서 프로포절은 전체 논문 5장 중 3장까지 작성하는 것이 가장 보편적이다.

연구자는 프로포절을 통해 다음 사항을 어필해야 한다.

①연구의 필요성을 어필해야 한다.
②연구에 차별성이 있음을 강조해야 한다.
③연구의 의미를 강조해야 한다.
④연구 방법을 구체적으로 제시해야 한다.

프로포절이 끝난 후에는 최초 계획한 연구주제가 변경되기도 한다. 그렇지만 사전에 지도교수에게 연구에 대한 전반적 사항을 확정받고 프로포절을 진행하면 프로포절에서 지적 사항이 나오더라도 큰 변경 없이 진행할 수 있다. 따라서 지도교수와의 관계가 매우 중요하다.

Q 38. 프로포절을 위해 작성된 샘플이 있나요?

A 38. 네, 있습니다.

샘플을 보면서 프로포절 방법을 익혀 보자.

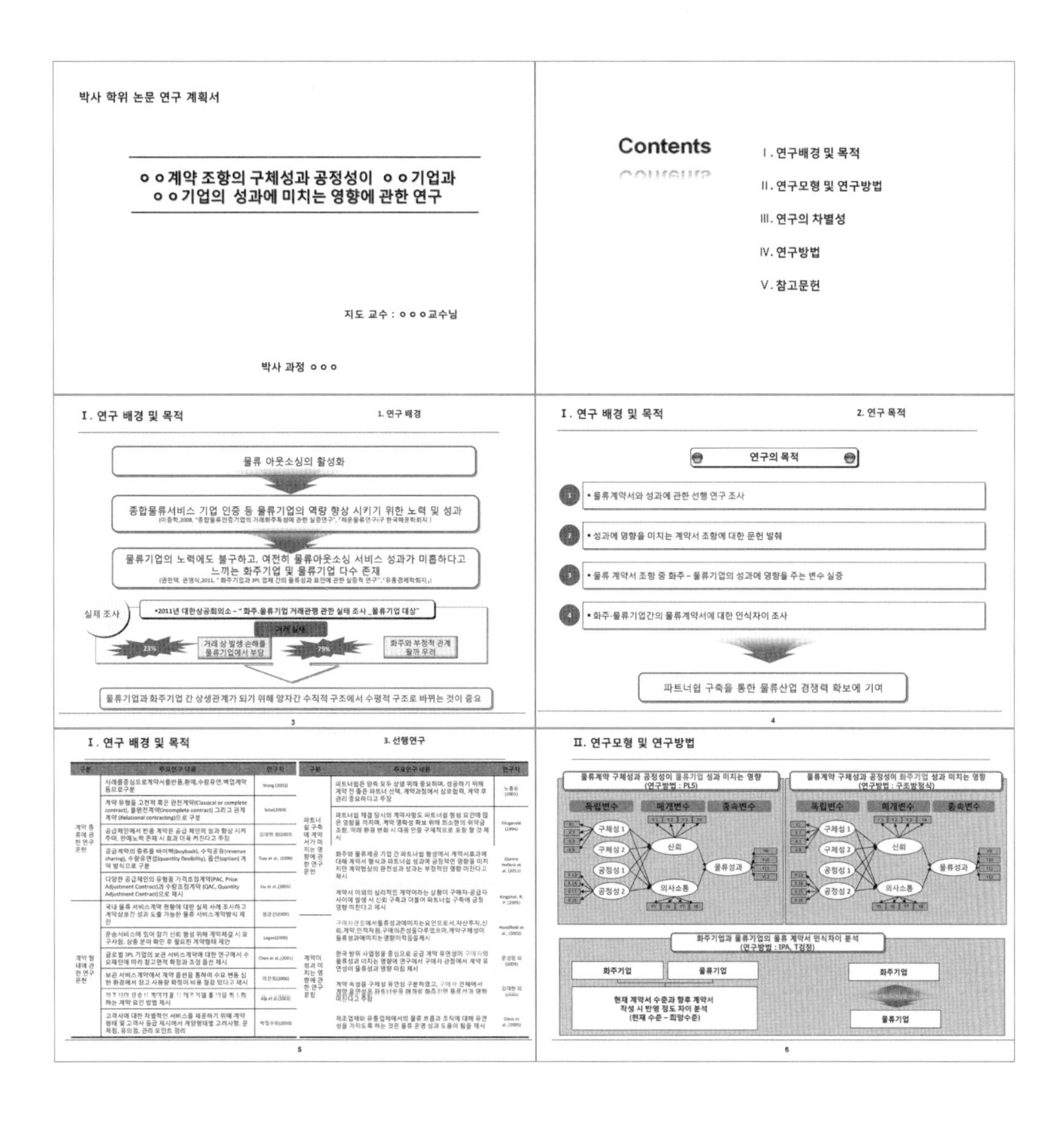

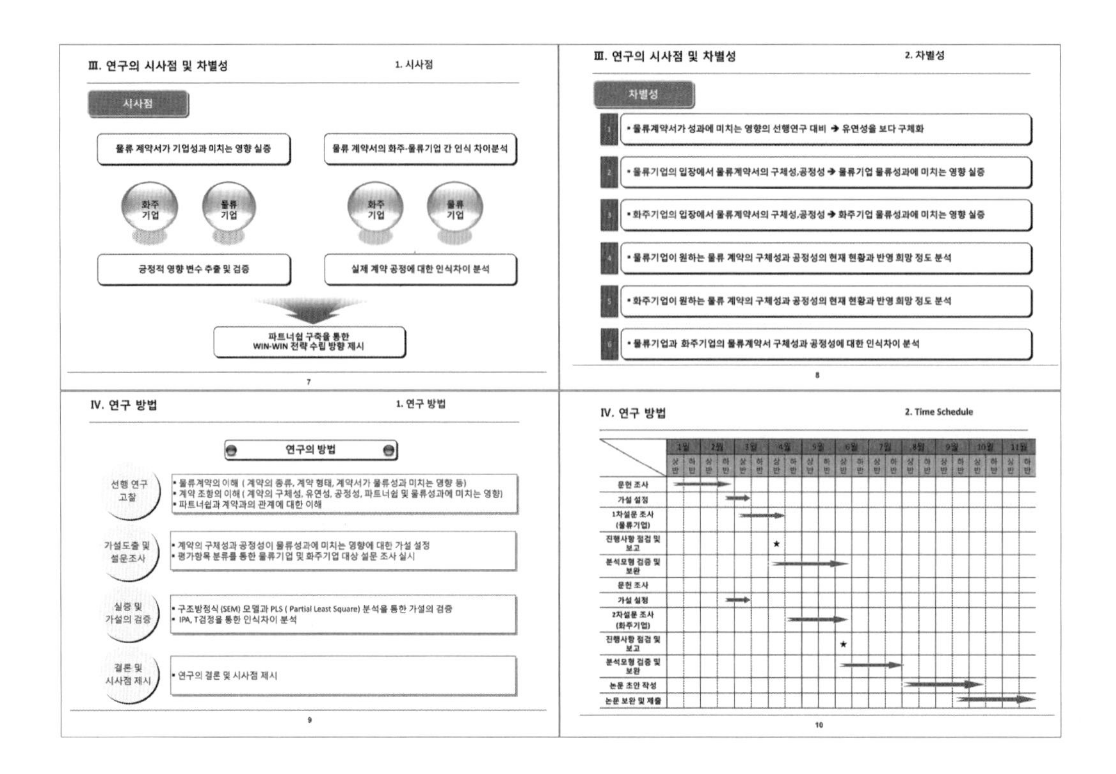
Ⅲ. 연구의 시사점 및 차별성
1. 시사점
시사점
물류 계약서가 기업성과 미치는 영향 실증
물류 계약서의 화주-물류기업 간 인식 차이분석
화주 기업
물류 기업
화주 기업
물류 기업
긍정적 영향 변수 추출 및 검증
실제 계약 공정에 대한 인식차이 분석
파트너쉽 구축을 통한
WIN-WIN 전략 수립 방향 제시
7
Ⅲ. 연구의 시사점 및 차별성
2. 차별성
차별성
1 • 물류계약서가 성과에 미치는 영향의 선행연구 대비 → 유연성을 보다 구체화
2 • 물류기업의 입장에서 물류계약서의 구체성,공정성 → 물류기업 물류성과에 미치는 영향 실증
3 • 화주기업의 입장에서 물류계약서의 구체성,공정성 → 화주기업 물류성과에 미치는 영향 실증
4 • 물류기업이 원하는 물류 계약의 구체성과 공정성의 현재 현황과 반영 희망 정도 분석
5 • 화주기업이 원하는 물류 계약의 구체성과 공정성의 현재 현황과 반영 희망 정도 분석
6 • 물류기업과 화주기업의 물류계약서 구체성과 공정성에 대한 인식차이 분석
8
Ⅳ. 연구 방법
1. 연구 방법
연구의 방법
선행 연구 고찰
• 물류계약의 이해 (계약의 종류, 계약 형태, 계약서가 물류성과 미치는 영향 등)
• 계약 조항의 이해 (계약의 구체성, 유연성, 공정성, 파트너쉽 및 물류성과에 미치는 영향)
• 파트너쉽과 계약과의 관계에 대한 이해
가설도출 및 설문조사
• 계약의 구체성과 공정성이 물류성과에 미치는 영향에 대한 가설 설정
• 평가항목 분류를 통한 물류기업 및 화주기업 대상 설문 조사 실시
실증 및 가설의 검증
• 구조방정식 (SEM) 모델과 PLS (Partial Least Square) 분석을 통한 가설의 검증
• IPA, T검정을 통한 인식차이 분석
결론 및 시사점 제시
• 연구의 결론 및 시사점 제시
9
Ⅳ. 연구 방법
2. Time Schedule
1월 2월 3월 4월 5월 6월 7월 8월 9월 10월 11월
상반 하반
문헌 조사
가설 설정
1차설문 조사 (물류기업)
진행사항 점검 및 보고
분석모형 검증 및 보완
문헌 조사
가설 설정
2차설문 조사 (화주기업)
진행사항 점검 및 보고
분석모형 검증 및 보완
논문 초안 작성
논문 보완 및 제출
10

2부 15일 작성단계

1. 서론 작성 · 12일 차 서론 이해하기 · 13일 차 서론 작성 따라 하기 2. 이론적 배경 작성 · 14일 차 이론적 배경 이해하기 · 15일 차 이론적 고찰 20분 이내에 정리하는 요령 익히기 · 16일 차 이론적 고찰 2주 만에 끝내는 요령 익히기 · 17일 차 하루 만에 표절률 5% 떨어뜨리는 요령 익히기 3. 연구설계 작성 · 18일 차 연구설계 이해하기 · 19일 차 연구설계 작성하기(1) · 20일 차 연구설계 작성하기(2) 4. 연구결과 작성 · 21일 차 연구결과 이해하기 · 22일 차 기초통계 쉽게 이해하기 · 23일 차 중급통계 쉽게 이해하기 · 24일 차 고급통계 쉽게 이해하기 5. 결론 작성 · 25일 차 결론 하루 만에 작성하기 6. 마무리 · 26일 차 논문 마무리하기

Q 39. 논문을 작성하는 순서가 정해져 있나요?

A 39. 반드시 1장부터 작성해야 하는 건 아닙니다.
정해진 건 없지만 '3장 - 1장 - 2장 - 4장 - 5장' 순으로 작성할 것을 제안합니다.

이제 본문 작성에 관해 알아보자. 앞서 소개한 바와 같이 논문은 전체 5장으로 구성된다. 그렇다면 논문을 작성하는 순서가 따로 정해져 있을까? 반드시 1장 서론부터 작성해야 할 필요는 없다. 논문컨설팅에서도, 논문지도를 하는 박사의 스타일에 따라서도 작성 순서는 다르다.

필자는 '3장 – 1장 – 2장 – 4장 – 5장' 순으로 작성할 것을 제안한다. 혹자는 서론(1장)을 맨 나중에 작성하면 된다고 말하는데 필자의 생각은 조금 다르다. 서론은 연구를 하게 된 배경과 목적을 서술하는 단계이다. 많은 연구자는 학위논문을 준비하는 과정에서 논문의 주제를 무엇으로 할지, 연구의 방법론을 어떻게 할지 가장 많이 고민한다. 이를 위해 여러 가지 방법으로 주제를 정하고 방법론을 정하는 것을 앞서 소개했다.

그렇지만 실제 작성 단계에 접어들면 초반에 고민한 부분은 더 이상 생각하지 않는 경우가 많다. 즉 정해진 연구주제에 따른 연구가설이나 연구문제를 검증하기 위한 부분에 많은 시간과 노력을 기울이게 된다. 그렇다 보니 정작 자신이 왜 이 연구를 하는지 생각할 여유가 없게 된다. 누군가에게 논문이 왜 필요한지 설명하라고 했을 때 제대로 표현하지 못하는 경우가 많다. 이는 서론을 충분하게 고민하지 않고 연구를 시작했기 때문이다. 그러므로 필자는 연구 설계(제3장)가 이루어지고 나면 바로 서론을 작성할 것을 제안한다.

01 서론 작성

12일 차 1장 서론 이해하기

Q 40. 서론은 어떻게 구성되어 있나요?

A 40. 연구의 배경, 필요성, 목적, 방법, 구성으로 이루어져 있습니다.

논문작성 초보자에게 서론 작성은 만만한 과정이 아니다. 지금부터 서론에 대한 이해를 돕기 위해 서론 작성 순서를 소개하도록 하겠다.

서론 작성 순서를 소개하기에 앞서 서론에 대한 이해가 필요하다. 서론이 어떤 내용으로 구성이 되는지에 대한 이해가 필요하며, 이를 위해서 서론의 목차를 살펴보겠다. 아래 그림은 2020년도 박사학위 중에서 임의로 선정하여 서론의 목차를 확인한 것이다. 그 결과 목차가 조금씩 다름을 확인할 수 있다.

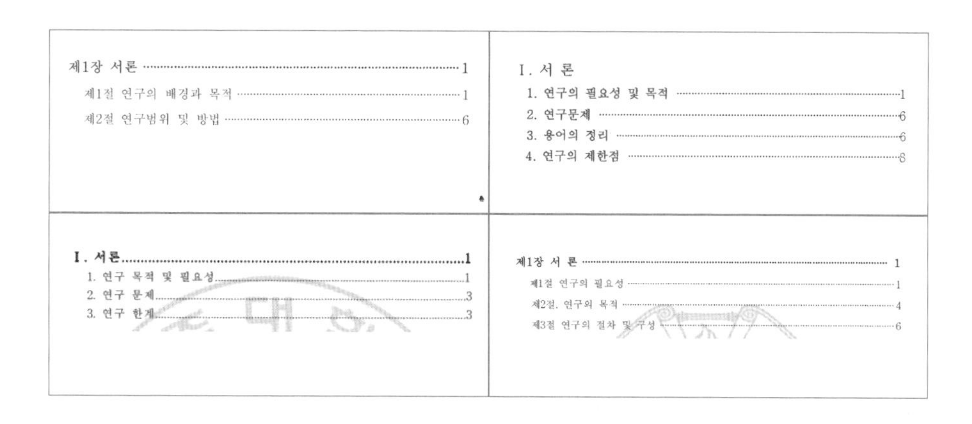

제1장 서론 ········ 1
제1절 연구의 배경과 목적 ········ 1
제2절 연구범위 및 방법 ········ 6

I. 서 론
1. 연구의 필요성 및 목적 ········ 1
2. 연구문제 ········ 6
3. 용어의 정리 ········ 6
4. 연구의 제한점 ········ 8

I. 서론 ········ 1
1. 연구 목적 및 필요성 ········ 1
2. 연구 문제 ········ 3
3. 연구 한계 ········ 3

제1장 서 론 ········ 1
제1절 연구의 필요성 ········ 1
제2절. 연구의 목적 ········ 4
제3절 연구의 절차 및 구성 ········ 6

이는 학교, 학과, 지도교수에 따라 서론의 목차가 조금씩 달라진다는 것을 의미한다. 따라서 서론의 세부 목차를 정할 때는 자신의 지도교수에게 지도받아 학위를 받은 선배의 논문을 참고하는 것이 좋다.

서론에서 공통으로 작성할 내용은 다음과 같다.

①연구를 하게 된 배경은 무엇인가?

②왜 이 연구가 필요한가?

③이 연구의 목적은 무엇인가?

④연구의 차별성은 무엇인가?

⑤어떻게 증명할 것인가?

위에 제시한 다섯 가지 공통성을 가지고 서론을 작성하면 자신의 학과 서론이 어떠한 목차로 구성돼도 작성하기가 어렵지는 않을 것이다.

Q 41. 서론 작성 전 유의할 사항은 무엇일까요?

A 41. 논문은 수필이 아닙니다. 그렇지만 수필처럼 자연스러워야 하고 연구 내용을 충분히 파악할 수 있어야 합니다.

논문컨설팅 과정에서는 서론 작성 방법을 연구자들에게 먼저 간략하게 설명하고 미리 작성하게 한다. 작성한 내용을 중심으로 강의를 통해 보완해 나가는데, 많은 연구자에게 강조하는 내용은 세 가지이다.

첫째, 논문은 수필이 아니다.

논문작성이 어렵게 느껴지는 이유가 무엇일까? 이는 연구자들에게 논문이 낯설기 때문이다. 논문도 연구자가 쓰고 싶은 내용을 담는다. 초등학교 때 일기를 쓴 기억이 누구에게나 있을 것이다. 일기를 어떻게 작성했는지 상기해보자. 잠자리에 들기 전에 오늘 하루 있었던 일 중에서 기억나는 일을 중심으로 자신의 방식대로 일기를 작성했다. 일기 쓰기가 귀찮다고 느낀 적은 있었으나 그 자체가 어렵다고 느끼지는 않았을 것이다.

논문도 마찬가지이다. 연구자가 생각하는 내용대로 작성하면 된다. 그렇지만 논문은 수필이 아니다. 일기는 자신이 생각하는 내용에 근거가 없더라도 문제가 되지 않는다. 하지만 논문은 연구자가 생각하는 내용에 반드시 근거가 있어야 한다. 그것이 논문이다.

다시 말해 서론을 작성할 때에는 연구자가 생각하는 내용을 마음대로 적으면 된다. 그렇지만 그 내용에 대한 근거를 반드시 제시해야 한다. 그래야 연구자가 작성한 내용이 객관성을 확보할 수 있다.

둘째, 논문은 스토리텔링이다.

두 번째 강조하고자 하는 점은 논문에 스토리텔링이 있어야 한다는 것이다. 논문도 연구자가 생각하는 내용으로 근거에 따라 작성하되 자연스러워야 한다. 만약 자신이 읽었을 때 자연스럽지 못하다고 느낀다면 다른 사람이 읽었을 때도 마찬가지이다. 따라서 서론을 작성할 때에는 스토리텔링에 유의해야 한다.

정리하자면 서론을 작성할 때에는 자연스러움에 신경 써야 한다. 연구자가 연구하고자 하는 주제에 대해서 배경과 필요성, 목적을 서술하면서 이야기 전개가 자연스럽게 연결되어야 한다. 새로운 문단을 시작할 때 앞 문단과는 전혀 다른 생소한 내용이 시작되면 부자연스럽게 느껴진다. 이를 위해서는 서론 작성 과정을 여러 번 확인하여 수정하고 보완해야 한다.

셋째, 연구모형(연구문제)을 충분히 예상할 수 있어야 한다.

이미 작성된 선행연구의 서론을 읽다 보면 연구의 배경은 충분하지만 정확하게 어떤 변수를 사용할 것인지에 대한 정보가 아예 제공되지 않은 논문을 볼 수 있다. 그러면 잘 쓴 서론이라고 할 수 없다.

서론에서는 연구의 배경과 목적을 충분히 서술해야 한다. 그리고 연구에서 사용할 변수가 소개되어야 한다. 변수와 변수와의 관계 역시 소개되어야 한다.

Q 42. 서론을 이해하기 쉽게 조금 더 설명해 줄 수 있을까요?

A 42. 아래 가상의 대화를 읽어보면서 서론을 어떻게 작성해야 할지 생각해 보세요.

[상황]

나는 현재 내가 준비한 논문 주제를 승낙받기 위해 지도교수와 면담을 앞두고 있다. 우리 지도교수는 깐깐한 편이라서 논문 주제를 쉽게 확정해 주지 않는 편이다. 자신을 설득시켜야만 논문 주제가 승낙되기 때문에 준비를 많이 해야 한다. 이번 학기에 졸업한 선배들도 논문 주제를 승낙받는 과정에서 포기하고 싶은 마음을 느꼈을 정도로 힘들었다고 했다. 내가 지금 그 순간에 있다!

드디어 지도교수의 연구실에 들어왔다. 지도교수는 나에게 자리에 앉으라고 하면서 내가 미리 제출한 연구계획서를 들고 있다. 안경 너머로 나를 바라보며 질문하기 시작한다.

지도교수 : 연구 제목이 '장기요양보호시설의 요양보호사의 근무환경이 직무스트레스를 매개로 조직성과에 미치는 영향에 관한 연구'네요.

연구자 : 네.

지도교수 : 왜 요양보호사를 연구대상으로 정했어요?

연구자 : 왜냐하면 제가 현재 요양시설에서 요양보호사 일을 하고 있어서 제일 잘할 수 있는 분야라고 생각했습니다. 현재 우리나라의 고령화가 심각해지고 갈수록 노인 문제가 사회적 이슈로 커질 것입니다. 이러한 상황에서 요양보호사의 역할이 점점 커질 수밖에 없어서 요양보호사를 대상으로 연구하는 것에 의미가 있다고 생각했습니다.

지도교수 : 아 그렇군요…. 그런데 요양보호사를 대상으로 근무환경이나 조직성과에 대한 연구가 왜 필요한 거죠?

연구자 : 누구나 마찬가지겠지만 자신이 근무하는 환경이 좋아지면 결국 열심히 근무하게 될 것입니다. 요양보호시설도 마찬가지로 요양보호사에 대한 근무환경이 개선되면 노인들을 더 잘 보호할 것이고 이로 인해서 조직의 성과도 좋아질 것입니다. 그렇지만 현재 대부분 요양보호사는 비정규직으로 근무하고 있어 고용불안을 느끼고 있습니다. 그리고 요양보호사에 대한 처우나 사회적 인식이 매우 낮은 편입니다. 그렇지만 우리나라의 노인 인구가 급증하고 있어서 노인에게 전문 간병 서비스를 제공하는 요양보호사의 역할은 매우 중요합니다. 따라서 요양보호사를 위한 근무환경, 조직성과 연구가 반드시 이루어져야 한다고 생각합니다.

지도교수 : 알겠습니다. 그런 점에서는 요양보호사를 대상으로 근무환경이나 조직성과에 대해서 연구할 만하겠네요. 그렇지만 지금까지 요양보호사에 대한 연구가 너무 많이 이루어지지 않았나요? 그리고 당연히 근무환경이 좋아지면 직무스트레스도 줄어들 것이고…. 그렇다면 조직성과도 좋아지지 않나요? 너무 당연한 내용 같은데요. 그리고 선생님의 연구와 다른 연구들과 차별성을 잘 모르겠는데요.

연구자 : 교수님께서 말씀하신 대로 지금까지 요양보호사를 대상으로 많은 연구자가 연구했습

니다. 말씀하신 변수와의 관계도 당연하게 여겨질 수 있다고 생각합니다. 제가 살펴본 바에 의하면 요양보호사와 관련된 연구는 주로 이직 의도를 줄이기 위한 연구나 감정노동에 대한 연구가 많이 이루어졌습니다. 반면에 조직 차원에서 조직성과를 다룬 연구는 거의 없어서 연구의 차별성이 충분히 있다고 판단했습니다. 근무환경, 직무스트레스, 조직성과에 대한 관계는 선행연구에서 이미 밝혀졌기 때문에 이론적 근거에 문제가 없다고 판단했습니다. 또 지금까지 요양보호사를 대상으로 실증분석 연구가 거의 이루어지지 않았기 때문에 요양보호사에게도 이러한 구조적 관계가 성립하는지 증명해 볼 가치가 있다고 생각했습니다.

지도교수 : 고민을 많이 한 것 같네요. 그렇다면 이대로 진행할 때 어떻게 증명을 하려고 하나요?

연구자 : 우선 설문지는 선행연구에서 측정된 문항 중에서 요양보호사와 가장 적합한 설문 문항을 찾아 저의 연구에 맞게 재구성할 계획입니다. 설문 지역은 서울로 한정할 계획입니다. 그리고 설문 대상은 요양보호시설에 근무하는 요양보호사로 할 계획입니다. 물론 전국에서 진행해도 되겠지만 우리나라에서 인구가 많은 지역이 서울이기 때문에 서울에서 표본을 추출한다고 하더라도 일반화하는 데 문제가 없을 것으로 생각합니다. 그리고 특별한 지역에 더 많은 표본이 치우치는 것을 방지하기 위해서 서울을 동서남북으로 구분한 후 표본을 할당할 생각입니다. 설문 방법은 제가 직접 방문하기도 하고, 유선으로 연락을 취하거나 우편 등으로 하는 것입니다. 설문 조사한 후에는 SPSS와 AMOS를 활용해서 분석할 생각입니다.

지도교수 : 요양보호사를 대상으로 연구해야 하는 이유와 요양보호사를 대상으로 조직 면에서 연구하는 것이 차별성이 있다는 것을 이해했습니다. 연구의 방법도 타당하다고 생각이 드는군요. 그렇다면 이 연구의 최종 목적은 무엇인가요?

연구자 : 긍정적으로 봐 주셔서 정말 감사합니다. 저는 〈노인복지법〉에서 요양보호사가 수행하는 직무를 전문적 행위라고 명문화하고 있지만, 실제 근무환경과 처우는 열악하다고 생각하고 있습니다. 요양보호시설에서 근무를 하는 요양보호사들은 신체적, 정신적으로 직무스트레스가 높은 편입니다. 결국 이러한 상황은 노인들에 대한 보호 서비스 질에도 영향을 미칠 뿐만 아니라 요양보호시설의 조직성과에도 악영향을 미칠 것입니다. 따라서 본 연구에서는 요양시설에 근무하는 요양보호사를 위한 근무환경 개선이 결국 요양보호시설의 조직성과를 향상하는 데 중요한 역할을 한다는 것을 밝힘으로써 근무환경 개선이 중요하다는 점을 강조하고 싶습니다. 그리고 근무환경 개선을 위한 실무 방안을 실제 요양보호사들과의 심층 인터뷰를 통

해 청취하고 개선사항을 제안함으로써 근무환경 개선을 위한 시사점을 전달하고 싶습니다.

지도교수: 조금은 걱정했는데 잘 준비하신 거 같아서 마음에 놓입니다. 그렇다면 이대로 진행해 주시고 2주에 한 번씩 진행 상황을 저와 함께 계속 이야기하도록 하지요. 다음 시간에는 지금 내용을 바탕으로 서론을 작성하여 가지고 와 주세요. 그 내용을 가지고 논문지도를 진행하겠습니다.

연구자: 감사합니다, 교수님. 열심히 준비하겠습니다.

지도교수와 논문 주제를 확정받기 위해서 나눌 만한 상황을 가상으로 설정하여 제시했다. 주어진 상황에서 다섯 가지 질문과 대답이 이루어졌으며, 이는 곧 서론과도 연관성이 있음을 강조했다.

13일 차 서론 작성 따라 하기

Q 43. 서론을 어떤 식으로 작성해야 할까요?

A 43. 서론을 작성할 때 다섯 가지 질문을 스스로 해보고 그 질문에 답해 보세요.

논문 심사과정에서 가장 많은 지적사항으로 나오는 것이 서론에 대한 보완이다. 서론 작성법이 정해져 있지 않아서 심사자마다 다르게 평가하기 때문이다. 그러므로 논문에서 서론을 잘 쓴다는 것은 그리 쉬운 일은 아니다.

필자는 서론 작성 전에 유의해야 할 세 가지를 제시하였다. 지금부터는 세 가지 유의점을 바탕으로 서론을 작성하는 순서를 다섯 단계로 구분하여 소개하고자 한다.

순서 1. 이 연구를 왜 하고자 하는지 작성하기
순서 2. 이 연구가 왜 중요하고 이 연구가 되지 않으면 생기는 문제점이 무엇인지 제시하기
순서 3. 이 연구가 값어치가 있는지 제시하기
순서 4. 이 연구를 어떻게 연구(증명)할 것인지 제시하기
순서 5. 이 연구를 통해 무슨 말을 전해주고 싶은지 제시하기

	순서	스스로에게 질문하기	작성 Tip
1	이 연구를 왜 하고자 하는지 작성하기	이 연구를 왜 하려고 합니까?	사회적 배경 제시하기, 통계자료 활용하기, 보고서나 신문기사 활용하기
2	이 연구가 왜 중요하고 이 연구가 되지 않으면 생기는 문제점이 무엇인지 제시하기	이 연구가 왜 중요하지요?	연구대상의 중요성 제시하기, 연구대상 관련한 문제점 제시하기, 연구 관련 문제점이 해결되지 않을 경우 발생할 수 있는 문제점 제시하기
3	이 연구가 값어치가 있는지 제시하기	이 연구가 값어치 있는 것인가요?	대상과 관련된 연구의 방향성 제시하고 한계점 기술하기
4	이 연구를 어떻게 연구(증명)할 것인지 제시하기	그래서 어떻게 증명할 것인가요?	연구의 방법, 이론, 모델 등을 제시하기
5	이 연구를 통해 무슨 말을 전해주고 싶은지 제시하기	결국 이 연구를 통해 무슨 말을 하고 싶은 것인가요?	연구의 목적과 예상되는 시사점 제시하기

서론을 작성할 때 위에 제시한 순서에 따라서 작성하되, 인용자 처리와 스토리텔링을 고려하면서 작성해 나가야 할 것이다.

Q 44. 서론을 작성한 예시가 있나요?

A 44. 행정학 박사학위 연구자가 작성한 예시를 소개합니다.

첫 번째 예시의 연구자는 행정학 박사학위를 취득하였는데 논문 제목은 다음과 같다.

> 변혜경(2020), 병원조직에서 감성리더십이 조직효과성과 이직의도에 미치는 영향에 관한 연구 : 리더와 구성원 간 관계(Leader-Member Exchange)의 매개 효과를 중심으로, 건국대학교 대학원 박사학위 논문

연구자는 병원에 근무하면서 행정학 면에서 간호사의 조직효과성과 이직 의도를 낮추기 위한 방안을 감성리더십을 중심으로 연구하였다.

순서 1. 이 연구를 왜 하고자 하는지 작성하기

연구자가 연구하고자 하는 연구 제목과 관련하여 무엇 때문에 연구하고자 하는지를 설명하는 단계이다. 주로 사회적 배경을 제시한다. 필요에 따라 여러 통계수치를 제시하기도 한다.

순서1) 이 연구를 왜 하려고 합니까?

> 최근 전 세계적으로 서비스산업이 새로운 일자리 창출의 대안으로 자리잡으면서 그 중요성이 한층 부각되고 있다. 이는 인구구조의 변화, 소득수준의 향상, 과학기술의 발달 등으로 새로운 서비스 수요의 증가와 함께 서비스산업의 고도화·융합화가 연관 산업의 부가가치를 증대시켜 전반적인 국가경제발전에 기여하기 때문이다. 특히, 4차 산업혁명의 도래로 서비스산업의 육성 필요성이 더욱 강조되고 있기 때문이다(한국보건산업진흥원, 2017a).
>
> 이와 관련하여 한국의 의료서비스산업 규모 역시 세계적인 변화에 맞추어 매년 증가추세에 있다. 한국보건산업진흥원(2017b)[1]의 예측 결과에 따르면 2019년 의료서비스산업 규모(약 115조원)는 2000년 규모(약 17조원)에 비해 약 7.2배 증가할 것으로 예측되어 의료서비스산업 규모는 앞으로도 꾸준하게 증가할 것으로 전망된다. 이에 맞추어 민간에서도 사회복지 측면에서 의료서비스에 대한 투자를 점차 늘려가고 있는 실정이다(김상한, 2017).

연구자는 왜 병원을 중심으로 연구해야 하는지를 설명하기 위해서 전 세계에서 증가하는 서비스 산업과 의료서비스 산업의 추세를 제시하였다. 의료서비스의 중요성을 제시하면서 병원조직을 중심으로 연구하고자 하는 것을 정리하였다.

순서 2. 이 연구가 왜 중요하고 이 연구가 되지 않으면 생기는 문제점이 무엇인지 제시하기

연구자가 연구대상을 소개하고 연구대상이 가진 특성, 중요성 등을 부각한다. 더불어 연구대상의 문제점을 제시하면서 해당 연구대상에 대한 연구가 필요함을 제기한다.

순서2) 이 연구가 왜 중요한가요?

> 병원조직 내 최 일선에서 직접적으로 의료서비스를 제공하는 간호 인력은 병원 전체 인력의 30% 이상을 차지하는 한편(강경화 외, 2012), 예산비중 또한 가장 커 간호조직의 성공적인 관리는 병원 전체의 목표달성을 위해 매우 중요한 조직이라고 할 수 있다(황영미, 2000). 따라서 병원조직의 성공적인 경영을 위해서는 간호사의 의료서비스 질 향상을 통한 경쟁력 향상이 필수적인 요인으로 부각되고 있다(원효진, 2014; 정정희 외 2008). 이는 의료기관에서의 간호 인력은 환자사망과 감염, 합병증 등 환자에 대한 진료 결과에 직접적으로 영향을 미치는 주요한 인력이기 때문이다(홍경진·조성현, 2017).

연구자는 병원조직 내에서도 가장 많은 부분을 차지하는 인력이 간호사이기 때문에 간호사에 대한 연구가 중요하다고 강조하고 있다.

순서2) 이 연구가 제대로 안 되면 무슨 문제라도 있는 것인가요?

> 이와 같은 악습은 그 자체로 끝나는 것이 아니라, 간호사들의 이직률을 높이고 그로 인한 간호인력 공급부족은 서비스의 질을 낮추게 하는 원인으로 작용되었다. 2001년부터 5년 주기로 실시되는 보건의료 실태조사에서, 2016년 의료기관에서 활동하는 간호사 20.4%가 퇴사하였다고 보고되었다. 뿐만 아니라 신규 간호사의 38%가 해마다 직장을 떠나는 것으로 나타났다(2019. 1. 16.자 KBS 뉴스)[7]. 이러한 간호사들의 잦은 이직은 간호의 질 저하로 병원조직에 부정적인 영향을 미치게 되며(서연숙·김윤찬, 2007), 그 피해는 고스란히 환자들에게 돌아가는 악순환이 되풀이 되고 있는 실정이다(강지연·윤선영, 2016). 실제 대인간의 관계가 이직에 영향을 미치며(Mossholder et al, 2005), 동료들로부터 사회적 지지가 부족한 신규간호사는 이직으로 이어질 위험이 높은 것으로 나타났다(Suzuki et al, 2006).

연구자는 병원조직에서 간호조직이 중요한데도 군대식 조직문화나 태움과 같은 문제점이 있다고 지적하였다. 이런 문제점으로 실제 사고가 발생하기도 했다고 주장한다. 또 병원조직의 문제점으로 인해 간호사의 이직률이 높아지고 직무만족과 조직몰입이 낮아진다고 주장한다. 따라서 간호사의 이직률과 직무효율성을 높이기 위해서 리더십이 필요하다고 제시한다.

Tip 연구모형에 사용될 변수를 소개하고 변수와 변수를 작성하기

- 필자가 소개하는 다섯 가지 순서에 따라 서론을 작성하다 보면 연구모형에 사용될 변수에 대한 소개와 변수와 변수 간에 관련성이 있다는 내용을 어디에 작성해야 하는지 잘 모를 수가 있다. 결론부터 이야기하면 주로 순서2나 순서3에 작성하면 글 전체가 자연스러워진다.

Tip) 변수 소개 및 변수와 변수 간의 관계 제시

> 뿐만 아니라 간호사들은 병원의 최 일선에서 의료대상자인 환자와 그 가족들에게 제공하는 직접적인 간호서비스 및 타 직종간의 관계에서 얻어지는 스트레스, 3교대 근무로 인한 불규칙적인 생활주기 등으로 각종 어려움을 겪고 있다. 이러한 모든 요인들은 결국 간호사들의 직무만족과 조직몰입을 낮추고 이직률을 높여 결국 조직효과성을 떨어트린다.
>
> 이러한 측면에서 일선관리자의 리더십은 간호사의 태도와 동기에 긍정적인 영향을 주어, 건전한 분위기를 조성하고 구성원들의 사기를 높이는데 필수적이다(원효진, 2014; 지성애·전춘영·김혜자, 1988). 실제로, 상급자의 감성리더십이 조직효과성에 미치는 영향에 관한 선행연구에서도 감성리더십의 구성요소인 감성지능, 자기관리능력, 관계관리능력, 사회적 인식능력이 증가할수록 부하의 조직몰입도, 직무만족도, 환자지향성을 향상시키는 반면, 이직 의도, 직무스트레스는 감소하는 것으로 나타났다. 이에 대한 구체적인 내

위에 제시된 예시에서도 간호사 조직의 현재 문제점을 이야기하면서 리더십을 제시하고 있다. 리더십과 조직효과성, 리더십과 이직 의도와의 관계를 설명해 주고 있다.

순서3. 이 연구가 값어치가 있는지 제시하기

연구자가 연구하고자 하는 분야의 연구가 미흡함을 제시하고 연구의 차별성이 있음을 강조한다.

순서3) 이 연구가 석·박사 논문으로써 값어치가 있는 것인가요?

> 이와 같이 조직효과성 제고를 위한 감성리더십의 중요성이 부각되고 있는 상황에서 감성리더십과 조직효과성 간의 상관성에 대한 연구도 지금까지 다양하게 이루어졌지만, 감성리더십이 이직 의도와 LMX에 직접적인 영향을 미치는지에 대한 연구는 매우 제한적으로 이루어 졌다. 특히 감성리더십이 간호조직의 성과에 미치는 영향에 관한 연구는 아직까지 충분히 이루어지지 않고 있는 실정이다. 그러한 측면에서 간호조직 내 상사의 리더십을 통해 조직 구성원 간의 신뢰를 바탕으로 한 조직성과 제고를 위해서는 관리자의 감성리더십이 조직성과에 어떠한 영향을 미치는지에 대한 연구가 필요하다.

연구자는 감성리더십이 부각하고 있지만, 간호조직을 대상으로 한 연구는 미흡함을 지적함으로써 연구에 값어치가 있다고 주장한다.

순서 4. 이 연구를 어떻게 연구(증명)할 것인지 제시하기

연구의 방법을 간략하게 제시하는 것이다.

순서4) 그래서 어떻게 증명할 것인가요?

> 이에 본 연구에서는 간호조직을 대상으로 관리자의 감성리더십이 조직효과성과 이직 의도에 미치는 영향에 대해 밝히고자 한다. 구체적으로는 최근 활발하게 논의 되고 있지만 아직까지 충분한 연구가 이루어지지 않고 있는 병원조직 내에서의 감성리더십에 착목해, 조직 구성원들인 간호사들이 인지한 관리자의 감성리더십이 조직효과성 및 이직 의도에 미치는 영향과 감성리더십이 LMX를 매개로 조직효과성과 이직 의도에 미치는 영향에 대해 밝히고자 한다. 이를 통해 병원조직의 인적자원관리와 조직효과성 제고, 이직 의도 개선 등에 필요한 기초자료를 제공하는 데 의의를 두고자 한다.

연구자는 간호사를 대상으로 감성리더십이 조직효과성과 이직 의도에 미치는 영향 가운데 LMX의 매개 관계를 살펴보기 위해서 간호조직을 대상으로 연구를 할 것이라고 밝힌다.

순서5. 이 연구를 통해 무슨 말을 전해주고 싶은지 제시하기

연구자가 연구를 통해 밝히고자 하는 내용을 제시하는 것이다.

순서5) 이 연구를 통해 무슨 말을 해 주고 싶은가요?

> 본 연구는 병원조직에 근무하는 간호사를 대상으로 관리자의 감성리더십이 조직효과성 즉, 직무만족, 조직몰입과 이직 의도에 미치는 영향과, 감성리더십이 조직효과성과 이직 의도에 영향을 미치는데 있어서 LMX의 매개효과에 대한 분석을 통해 병원조직의 인적자원관리와 조직효과성 제고 및 이직 의도 개선에 필요한 기초자료를 제공하는 것을 목적으로 한다. 또한, 병원조직에서 조직효과성을 높이고 이직 의도를 낮추기 위해서는 감성리더십이 필요하다는 점을 인식시키고, 병원조직에서 감성리더십을 조직효과성 제고 및 이직 의도를 낮추기 위한 선택지의 하나로 채택할 수 있도록 하는

연구자는 감성리더십이 조직효과성과 이직 의도에 미치는 영향 가운데 LMX의 매개 관계를 살펴본 후 병원조직의 인적관리와 조직효과성 제고, 이직 의도 개선에 필요한 자료를 제공할 것이라고 제시한다.

02 이론적 배경 작성

14일 차 2장 이론적 배경 이해하기

보편적으로 학위논문에서 가장 많은 페이지를 차지하는 부분이 '2장 이론적 배경'이다. 이 부분이 논문을 준비하는 연구자에게 가장 많은 시간을 요구한다. 학위논문을 작성하는 연구자는 자신이 관심 있는 분야에 대한 연구를 살펴보고 선행연구의 차별성과 한계점을 확인한 후 이론적 배경에 기반하여 연구설계를 진행한다. 이러한 과정을 거치다 보니 연구자가 연구하고자 하는 부분을 이론적으로 고찰하고 정리하는 데 많은 시간이 걸린다. 이론적 배경을 작성하는 요령은 다양하다.

하지만 필자는 논문컨설팅 수업에서 시행한 경험을 바탕으로 두 가지 방법을 소개할 것이다. 연구자들은 두 방법을 잘 살펴본 후 자신에게 맞는 방식대로 이론적 고찰을 정리하면 된다.

이론적 배경을 정리하는 방법 두 가지를 설명하기에 앞서 2장에 대한 전반적 이해와 목차를 구성하는 방법을 먼저 소개하겠다.

Q 45. 2장 제목은 무엇으로 해야 할까요?

A 45. 학교 및 학과마다 다양하게 사용되는데, 가장 일반적인 제목은 '이론적 배경'입니다.

2장의 작성법을 설명하기에 앞서 이에 대한 이해가 필요하다. 2장의 제목을 여러 선행연구로 비교해 보면 '이론적 배경', ' 이론적 배경 및 선행연구', '이론적 고찰', '문헌고찰' 등으로 표현이 되고 있음을 확인할 수 있다. 이는 학과에서 사용하는 용어의 차이라고 이해하면 될 것이다. 가장 널리 사용되는 제목은 '이론적 배경'이다.

제2장 이론적 배경 ················ 8	제2장 이론적 고찰 ················ 8
제2장 문헌 검토 및 이론적 배경 ··· 9	제2장 선행연구 분석 ·············· 8

'이론적 배경'은 연구자가 연구하고자 하는 내용을 전반적으로 고찰하는 것이다. 그렇다면

어떤 내용을 작성해야 할지 알아야 한다. 즉 2장의 이론적 배경의 목차가 어떻게 구성되는지 살펴볼 필요가 있다.

Q 46. 제2장 이론적 배경의 목차는 어떻게 구성해야 할까요?

A 46. 이론적 배경의 목차는 '3장 연구설계'에서 제시한 연구모형을 중심으로 작성하면 됩니다.

이론적 배경에 대한 목차 구성 방법을 설명하기에 앞서 다양한 선행연구에서 작성된 2장 이론적 배경의 목차를 살펴보도록 하자. 아래 예시는 박사학위 논문을 중심으로 임의로 선정하여 연구모형과 이론적 배경을 동시에 제시한 것이다.

①구상회(2020) - 연구모형의 독립변수(임파워링리더십), 매개변수(조직신뢰, 조직응집력), 종속변수(문제해결능력)이다. 2장의 선행연구에서는 변수별로 목차를 구성함을 확인할 수 있다.

②윤성주(2017) - 연구모형의 독립변수(직무스트레스), 조절변수(회복탄력성, 성격요인), 종속변수(고객지향성)이다. 2장의 선행연구에서는 변수별로 목차를 구성함을 확인할 수 있다.

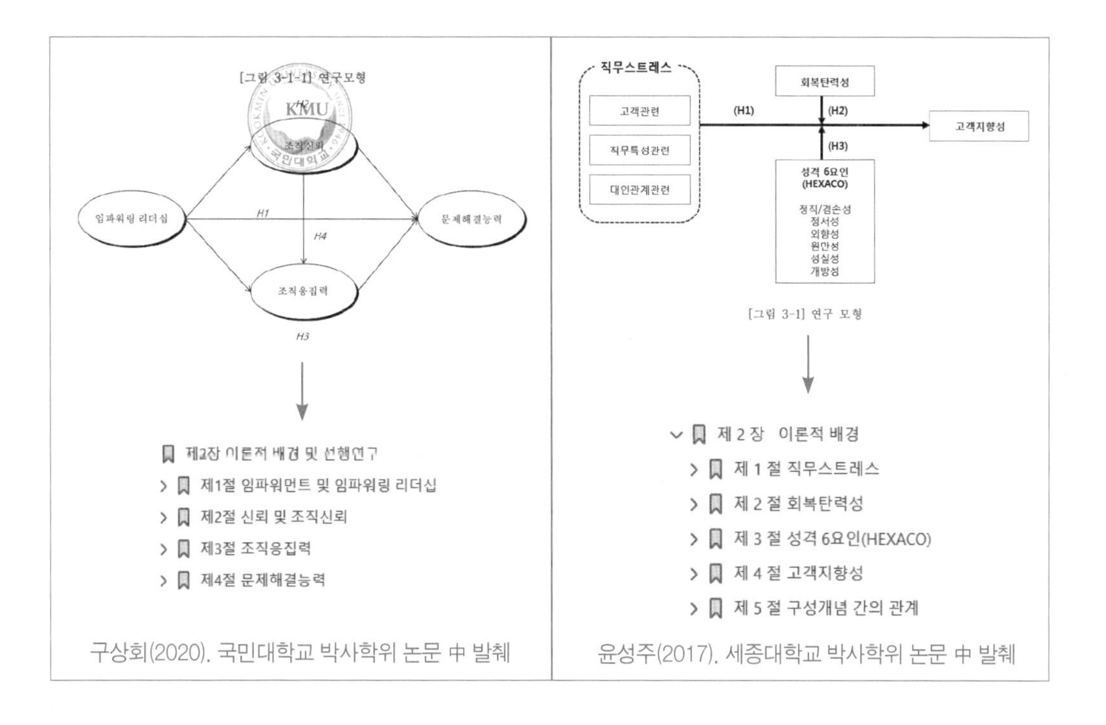

구상회(2020). 국민대학교 박사학위 논문 中 발췌
윤성주(2017). 세종대학교 박사학위 논문 中 발췌

이처럼 2장 이론적 배경의 목차는 3장 연구설계에서 제시한 연구모형을 중심으로 절을 구성하면 된다.

Q 47. 2장 이론적 배경의 세부목차는 어떻게 구성해야 할까요?

A 47. 개념, 구성 요소, 관련 선행연구, 변수와의 관계로 정리하면 됩니다.

이론적 배경의 목차에서 절을 구성하는 방법을 예시를 통해 살펴보았다. 즉 각 절은 연구모형에서 제시하는 변수를 중심으로 구성하면 된다. 그렇다면 각 절에 해당하는 세부목차는 어떻게 구성될까?

세부목차를 구성하는 방법이 정해져 있는 것은 아니지만, 가장 일반적으로 구성하는 방법을 예시를 통해 설명한다. 이를 위해 앞서 설명한 논문을 중심으로 계속 살펴보자.

①구상회(2020) - 절별로 세부목차를 구성하면서 개념, 관련 선행연구로 구분하였다.

제2장 이론적 배경 및 선행연구
- 제1절 임파워먼트 및 임파워링 리더십
  - 1. 임파워먼트 개념
  - 2. 임파워링 리더십 개념
  - 3. 임파워링 리더십 선행연구
- 제2절 신뢰 및 조직신뢰
  - 1. 신뢰의 이해
  - 2. 조직신뢰 개념
  - 3. 조직신뢰 구성요소
  - 4. 조직신뢰 유형
  - 5. 조직신뢰 영향요인
  - 6. 조직신뢰 선행연구
- 제3절 조직응집력
  - 1. 조직응집력 개념
  - 2. 조직응집력 구성요소
  - 3. 조직응집력 영향 요인
  - 4. 조직응집력 결정요소
  - 5. 조직응집력 선행연구

②윤성주(2017) - 절별로 세부목차를 구성하면서 개념, 구성요인으로 구분하였다. 그리고 제5절에 구성 개념과의 관계 연구를 정리하였다.

제 2 장 이론적 배경
- 제 1 절 직무스트레스
  - 1. 직무스트레스의 개념
  - 2. 직무스트레스의 구성요인
- 제 2 절 회복탄력성
  - 1. 회복탄력성의 개념
  - 2. 회복탄력성의 구성요인 및 선행연구
- 제 3 절 성격 6요인(HEXACO)
- 제 4 절 고객지향성
- 제 5 절 구성개념 간의 관계
  - 1. 직무스트레스와 고객지향성
  - 2. 회복탄력성의 조절효과
  - 3. 성격 6요인(HEXACO)의 조절효과

이처럼 이론적 배경의 세부목차는 개념, 구성요소, 관련 선행연구, 변수와의 관계로 정리됨을 알 수 있다. 그리고 연구자마다 세부목차는 조금씩 다름을 알 수 있다. 이러한 예시를 통해 향후 학위논문을 작성하면서 '2장 이론적 배경의 목차'를 설정할 때 다음과 같은 사항을 기억하면 된다.

①이론적 배경의 목차에서 각 절은 연구설계에서 사용된 주요 변수를 중심으로 구성한다.
②각 절에 대한 세부목차는 변수별로 개념, 구성요소, 관련 선행연구로 구성한다.
③추가로 변수와 변수와의 관계에 대한 선행연구를 구성한다.

비록 필자가 예시로 제시한 목차를 중심으로 2장 이론적 배경을 제시했다고 해도 지도교수나 심사위원의 특성에 따라 목차가 변경된다는 점을 유의하기 바란다.

Q 48. 이론적 배경의 작성 순서를 요약해주세요.

A 48. 목차를 구성하고 선행연구를 목차에 맞게 구성하면 됩니다. 지금부터 전체 작성 방법을 소개하고 빠른 작성 요령을 소개할 것입니다.

지금까지 2장에 대한 제목을 어떻게 정할지, 각 절과 세부목차를 어떻게 정할지를 살펴보았다. 그렇다면 다음 단계는 세부목차를 채우는 단계, 다시 말해 이론적 배경을 작성하는 단계이다.

이론적 배경의 분량은 정해져 있지 않지만, 석사학위 논문은 20~30페이지 정도, 박사학위 논문은 50페이지 정도 작성한다. 연구자마다 작성 속도에 차이가 있지만, 하루에 2~4시간 정도 투자했을 때, 1개월 이상 걸리는 만큼 상당한 시간과 노력이 필요하다.

그렇다면 이론적 배경을 어떻게 하면 효율적으로 작성을 할 수 있을까? 이론적 배경을 작성하는 순서는 다음과 같다.

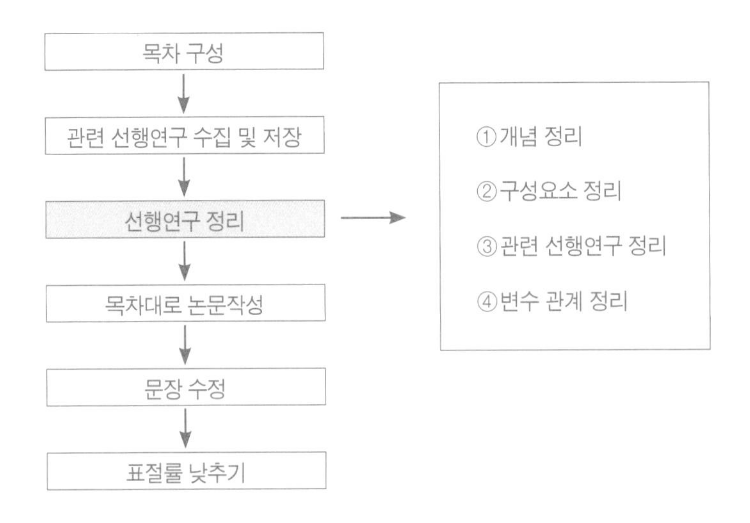

중요한 것은 선행연구를 정리하는 효율성이다.

석·박사 학위를 준비하는 과정은 오랜 시간이 걸리고 해야 할 것도 무척 많다. 1주일 동안 열심히 정독하고 내용을 요약했지만 정작 연구자의 머릿속에는 남아 있는 내용이 많지 않을 수 있다.

평소 좋아하던 장르의 영화를 하루에 다섯 편 봤다고 생각해보자. 자신이 좋아하는 장르의 영화이고 자신이 좋아하는 영화배우가 등장하므로 매 순간 집중해서 영화를 감상하게 된다. 그렇다면 작정하고 1주일 동안 영화감상을 했다고 생각해보자. 영화는 많이 봤지만 정작 기억에 남는 내용은 얼마나 있을까? 아무리 자기가 좋아하는 영화도 연속으로 여러 편 보면 내용을 정확하고 구체적으로 기억해 내기가 쉽지 않다. 하물며 연구자에게 익숙하지 않은 논문을 정독한 후에 이를 정리하기는 더욱 쉽지 않을 것은 너무나 당연하다.

그렇다면 뭐가 문제가 있는 것일까?

연구자가 노력이 부족한 것일까?

연구자의 작성방법이 효율적이지 못한 것일까?

필자는 후자라고 생각한다. 즉 효과적으로 정리하지 못했다는 것이다. 연구자들은 선행연구를 정리하면서 표절을 걱정하다 보니 제대로 정리를 못 하는 상황에 맞닥뜨린다. 따라서 지금부터 연구자들이 더 효율적으로 2장을 작성할 수 있는 두 가지 요령을 소개하고자 한다. 두 가지 모두 표절 걱정을 잠시 접어 둘 좋은 방법이다.

15일 차 이론적 고찰 20분 이내에 정리하는 요령 익히기

Q 49. 이론적 고찰 1편을 20분 이내에 정리하는 요령이 있나요?

A 49. 제시하는 방법대로 따라해 보세요.

많은 연구자는 2장을 작성하기 전에 나름대로 선행연구 한 편을 정리한다. 주로 아래와 같은 두 가지 방식을 쓴다.

2장. 이론적 배경 작성 유형

유형 1. 선행연구를 출력하여 정독하여 읽으면서 중요한 내용에 표시한 후, 나중에 문서로 정리하는 유형

유형 2. 선행연구를 파일로 저장한 후 읽으면서 필요하다고 생각하는 내용을 문서에 정리하는 유형

필자는 앞서 2장 이론적 배경의 목차 구성을 소개했다. 목차는 대부분 연구에 사용된 변수를 중심으로 구성되고, 각 절에 대한 세부목차는 개념, 구성요소, 관련 선행연구로 이루어진다. 또 2장 이론적 배경을 바탕으로 3장 연구설계에서 연구모형과 연구가설을 수립해야 하므로 변수와 변수와의 관계 연구가 이루어진다.

따라서 연구자들은 선행연구를 무작정 읽으면서 정리하기보다 아래 예시와 같은 형식으로 미리 양식을 만들어 정리하면 좋다. 정리가 어느 정도 마무리되면 목차의 내용대로 정리한 것을 옮기면 된다. 전체 순서는 다음과 같다.

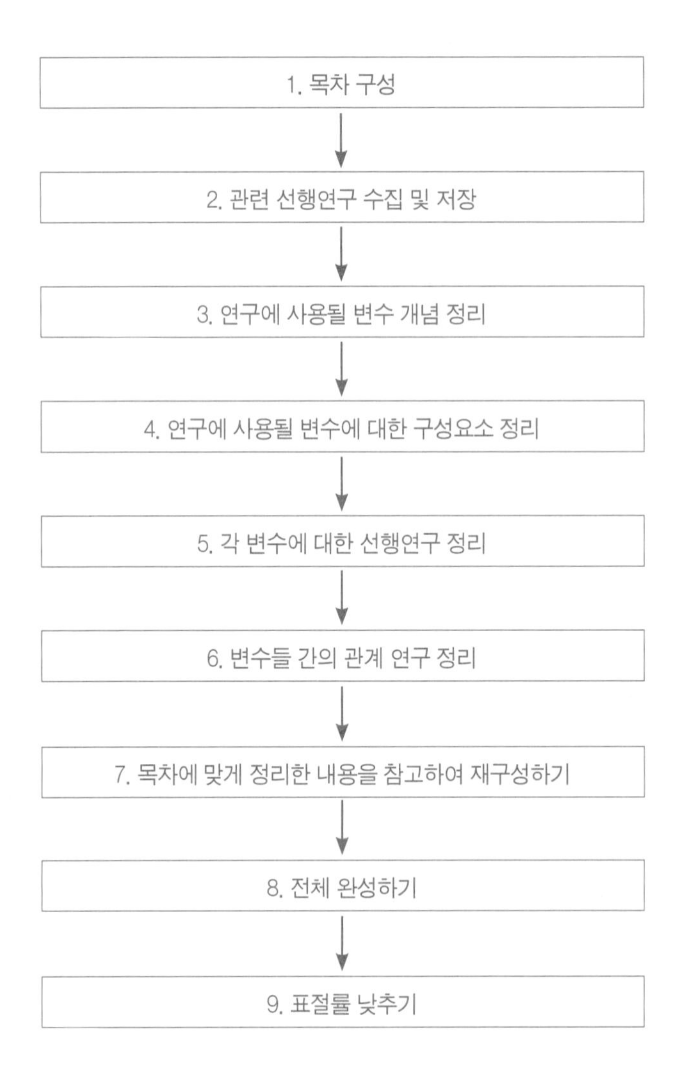

만약 연구자가 작성하고자 하는 연구모형과 목차를 다음과 같이 가정하자.

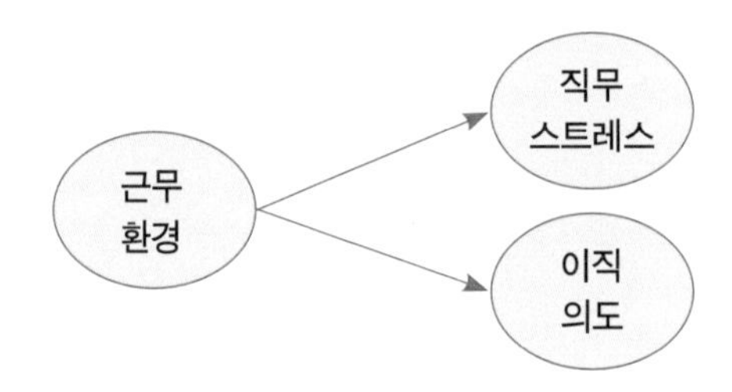

1단계 : 목차 구성 단계

1단계 목차를 구성한다. 이는 앞서 이론적 배경의 목차 구성의 예시에서 공통으로 구성된 내용을 참고하여 아래와 같이 목차를 구성한다.

제2장. 이론적 배경

제1절. 근무환경
1.1 근무환경 개념
1.2 근무환경 구성요소
1.3 근무환경 관련 선행연구

제2절. 직무스트레스
2.1 직무스트레스 개념
2.2 직무스트레스 관련 선행연구
2.3 근무환경과 직무스트레스 관계 연구

제3절. 이직 의도
3.1 이직 의도 개념
3.2 이직 의도 관련 선행연구
3.3 근무환경과 이직 의도와의 관계 연구

2단계 : 관련 선행연구 수집 및 저장

선행연구를 수집 및 저장하는 방식에 대해서는 앞서 1일 차에서 설명한 내용을 참고하기 바란다. 예시로 사용한 연구모형을 위해 아래와 같이 저장한다.

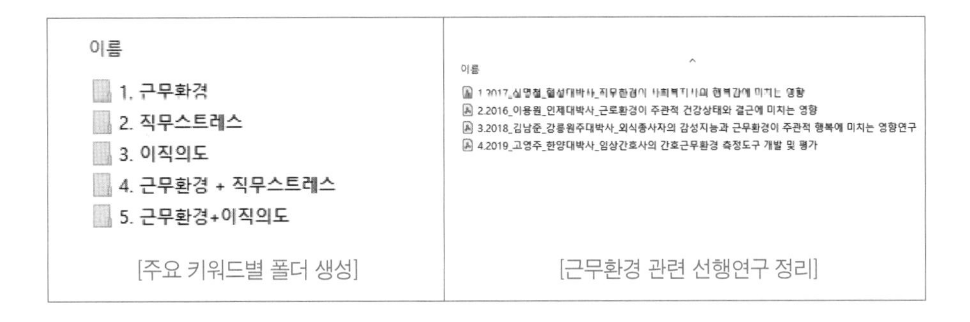

[주요 키워드별 폴더 생성] [근무환경 관련 선행연구 정리]

3단계 : 연구에 사용될 변수 개념 정리

예시로 제시된 변수는 세 가지(근무환경, 직무스트레스, 이직 의도)이다. 미리 수집해 놓은 선행연구 중에서 변수 개념을 정리하기 위해서는 관련 선행연구에서 관련 목차를 찾으면 쉽다. 다음 Tip에 제시된 바와 같이 직무스트레스라는 부분을 클릭하면 개념을 쉽게 찾을 수 있다.

Tip 필요한 내용 정리하는 방법

선행연구에서 필요한 내용을 찾아서 복사(Ctrl+C)와 붙여넣기(Ctrl+V)를 해서 아래 제시된 형태와 같이 정리하면 된다.

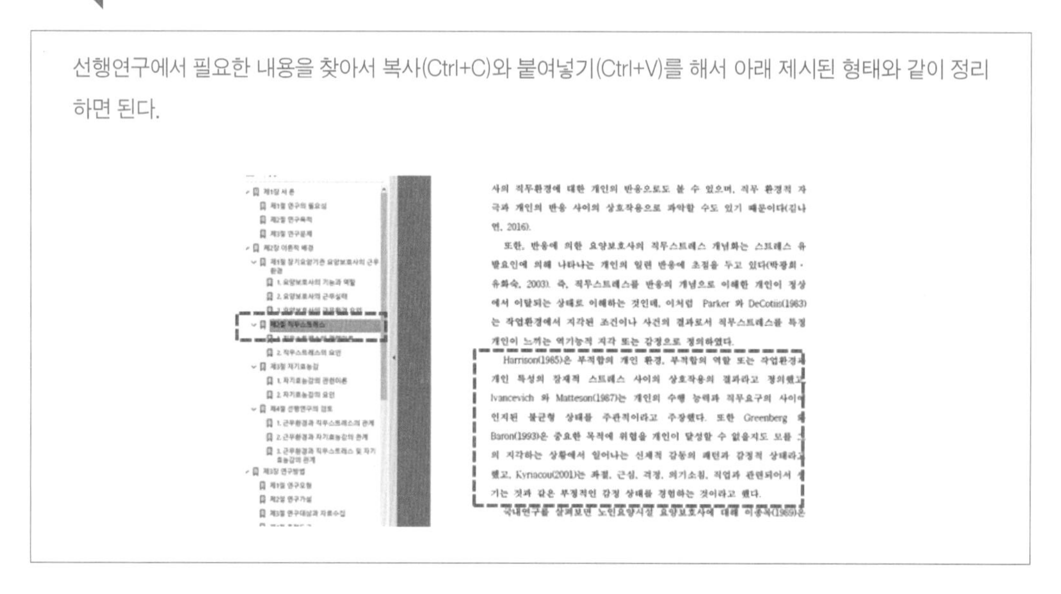

사의 직무환경에 대한 개인의 반응으로도 볼 수 있으며, 직무 환경적 자극과 개인의 반응 사이의 상호작용으로 파악할 수도 있기 때문이다(김나연, 2016).

또한, 반응에 의한 요양보호사의 직무스트레스 개념화는 스트레스 유발요인에 의해 나타나는 개인의 일련 반응에 초점을 두고 있다(박광희 · 유화숙, 2003). 즉, 직무스트레스를 반응의 개념으로 이해한 개인이 정상에서 이탈되는 상태로 이해하는 것인데, 이처럼 Parker 와 DeCotiis(1983)는 작업환경에서 지각된 조건이나 사건의 결과로서 직무스트레스를 특정 개인이 느끼는 역기능적 지각 또는 감정으로 정의하였다.

Harrison(1985)은 부적합의 개인 환경, 부적합의 역할 또는 작업환경과 개인 특성의 잠재적 스트레스 사이의 상호작용의 결과라고 정의했고, Ivancevich 와 Matteson(1987)는 개인의 수행 능력과 직무요구의 사이에 인지된 불균형 상태를 주관적이라고 주장했다. 또한 Greenberg 와 Baron(1993)은 중요한 목적에 위협을 개인이 달성할 수 없을지도 모를 그의 지각하는 상황에서 일어나는 신체적 감동의 패턴과 감정적 상태라고 했고, Kyriacou(2001)는 좌절, 근심, 걱정, 의기소침, 직업과 관련되어서 생기는 것과 같은 부정적인 감정 상태를 경험하는 것이라고 했다.

국내연구를 살펴보면 노인요양시설 요양보호사에 대해 이종욱(1989)은

위의 예시는 두 개의 선행연구에서 연구모형에 사용될 변수에 대한 개념을 정리한 것이다. 정리할 때는 복사(Ctrl+C)와 붙여넣기(Ctrl+V)를 하자. 물론 연구자가 선행연구를 보면서 직접 타이핑하는 것도 상관없다. 그렇지만 효율성을 따진다면 복사와 붙여넣기 방법이 더 빠를 것이다. 사람에 따라 다르긴 하겠지만 필자의 경우에는 직접 타이핑을 해서 정리한다고 해도 그 내용이 기억되지 않았다. 따라서 그럴 바엔 차라리 속도를 빠르게 하는 편이 더 낫다.

이처럼 자신의 연구에서 사용하고자 하는 변수가 있는 선행연구를 통해서, 필요한 개념을 아래와 같이 일단 정리한 다음에 향후 전체를 작성할 때 활용하면 빠르게 2장 이론적 배경을 정리할 수 있다.

1) 개념 정리하기

	근무환경	이직의도	직무스트레스
안기홍 2020	*근무에 대한 사전적 의미를 살펴보면 '직장에 적을 두고 직무에 종사하는 것'을 말한다. 그리고 환경이란 '주위의 상태 혹은 생물에게 직접 또는 간접적으로 영향을 미치는 자연조건 및 사회적 상황'을 의미한다(표준국어대사전, 2015).*	*이직의도에 대해서 Meyer & Allen(1990)은 종업원이 스스로 자신이 속한 조직에서의 구성원이기를 포기하고 직장을 떠나고자 하는 정도로 정의하였다.*	
	근무자가 자신의 직무를 효율적으로 수행할 수 있는 내·외부적인 조건을 말한다(최외숙, 2010).	*특정 조직의 한 구성원으로서 노동에 대한 대가를 지불받는 행위를 하는 자가 자의적으로 조직 내 구성원이길 포기하여 다른 조직의 구성원으로 이탈하는 것이라고 정의하였다(Flippo, 1961).*	
김민화 2019	근무환경이란 일반적으로 두 가지로 나누어서 설명할 수 있는데, 협의의 개념으로는 조직구성원들이 직무를 수행하는데 있어서의 단순한 물리적 환경을 의미하며, 광의의 개념으로는 직무수행과 연관된 각종의 관리적 요소, 인간관계, 물리적 여건 등을 총체적으로 일컫는 말이다(박경호,2002).		Harrison(1985)은 부적합의 개인 환경, 부적합의 역할 또는 작업환경과 개인특성의 잠재적 스트레스 사이의 상호작용 결과라고 정의했다.
	근무환경을 가치차원에서 살펴보면 개개인이 수행하고 있는 직무 그 자체를 포함하여 보수, 승진, 일의 흥미, 고용 안정성 등에 관한 개인지향 가치와 직무의 공공성, 이타성, 자율성 등으로 구성되는 공공지향 가치, 그리고 근무여건을 포괄한다고 정의되어지고 있다(김영락, 임영규, 2009).		Greenberg 와 Baron(1993)은 중요한 목적에 위협을 개인이 달성할 수 없을지도 모를 그의 지각하는 상황에서 일어나는 신체적 감동의 패턴과 감정적 상태라고 했다.

2장을 작성한 예시는 다음과 같다. 재구성한 것을 잘 이해하기 위해 색으로 구분했다. 예시로 제시한 두 개의 선행연구에서 추출한 내용을 적절하게 섞여서 작성하면 된다.

근무환경과 관련한 선행연구에서 근무자가 자신의 직무를 효율적으로 수행할 수 있는 내·

외부적인 조건을 근무환경이라고 하고 있다(최외숙, 2010). 근무환경이란 일반적으로 두 가지로 나누어서 설명할 수 있는데, 협의의 개념으로는 조직구성원들이 직무를 수행하는 데 있어서의 단순한 물리적 환경을 의미하며, 광의의 개념으로는 직무수행과 연관된 각종의 관리적 요소, 인간관계, 물리적 여건 등을 총체적으로 일컫는 말이다(박경호, 2002). *그리고 근무에 대한 사전적 의미를 살펴보면 '직장에 적을 두고 직무에 종사하는 것'을 말한다. 그리고 환경이란 '주위의 상태 혹은 생물에게 직접 또는 간접적으로 영향을 미치는 자연조건 및 사회적 상황'을 의미한다(표준국어대사전, 2015). 또한* 근무환경을 가치 차원에서 살펴보면 개개인이 수행하고 있는 직무 그 자체를 포함하여 보수, 승진, 일의 흥미, 고용 안정성 등에 관한 개인 지향 가치와 직무의 공공성, 이타성, 자율성 등으로 구성되는 공공지향 가치, 그리고 근무여건을 포괄한다고 정의되고 있다(김영락, 임영규, 2009). *이러한 내용을 바탕으로 근무환경은 직장에 적을 두고 직무에 종사하는 종사원이 보수 이외의 근무조건과 근무자의 책임을 효율적으로 수행할 수 있게 하는 환경을 총칭하는 것으로, 근무조건, 시설환경, 업무수행, 각종 시설, 복지환경 등(나홍규, 2017)으로 정리할 수 있을 것이다.*

4단계 : 연구에 사용될 변수에 대한 구성요소 정리

3단계 방식과 동일하게 관련된 선행연구에서 변수에 대한 구성요소를 찾아서 복사(Ctrl+ C)와 붙여넣기(Ctrl+V)를 하자.

2) 근무환경 구성요소 정리하기

연구자	구성요소 내용
안기홍 (2020)	근무환경에 대한 구성요인은 연구자마다 다양하게 제시하고 있으며 주로 호텔, 간호, 보육, 교육, 소방 등의 분야에 집중되어 연구가 이루어져 왔다(이성천, 2011).
	Porter, Lawler(1975)는 근무환경에 대한 내재적 요인으로 의미 있는 과업, 자율성, 능력발휘, 기회 참여, 과업책임감 등을 제시하였다. 그리고 외재적 요인으로는 보수, 복리후생, 승진, 감독, 동료 등을 포함하였다.
	Vroom(1964)은 근무환경 요인을 보수, 감독, 직무내용, 승진기회, 업무진단, 업무시간 등으로 구분하였으며 Stamps, et. al.(1978)은 근무조건, 자율성, 보수, 조직 규정 및 정책, 대인관계, 직무의 중요성 등 6가지 요인으로 구분하였다.
	Fournet(1966)은 직무만족의 요인을 개인의 특성과 직무의 특성으로 나누고 다시 분류하였는데 개인의 특성으로 나이, 연령, 교육, 지능, 성별, 직무수준 등을 들었고 직무특성으로는 사회적 환경, 커뮤니케이션, 조직관리, 안정성, 임금 등을 제시하였으며, 그 외 승진기회, 회사와 관리, 임금, 직무의 고유측면, 의사소통, 작업조건 등을 제시하였다

김민화 (2019)	1) 업무 관련 요인 : 일차적 근원인 업무량은 스트레스의 업무과다로 인한 직무스트레스가 특출나게 과다할 경우에는 요양보호사의 자기효능감이 낮아지는 원인이 될 수 있다.
	2) 대인관계 요인 : 요양보호사의 직무스트레스에 영향을 미치는 대인관계 요인으로 인간적 갈등 및 문제해결의 어려움, 수급자 및 보호자와의 관계, 슈퍼바이저의 지지 결여와의 관계를 주요한 원인으로 보고 있다(서홍석, 2002).
	3) 조직 관련 요인 : 조직관련 근무환경의 요인은 기관 조직에서 직원들이 더욱 성과를 내고 조직 유효성과 이직 등에 대한 예측에 있어 중요한 지표가 될 수 있다. 따라서 대내외적인 발전으로 이어지기 위해서는 조직을 그 구성원의 조직몰입 및 근무환경이 절대적으로 필요하다.
	4) 인사 관련 요인 : 근무환경 요인으로서 보수는 직무스트레스와 직무만족을 결정하는 가장 보편적인 요인인 것으로 지적된다.

어느 정도 양적인 면에서 정리가 되었다면 3단계에서 든 예시와 같이 자연스럽게 재구성하여 작성하면 된다.

5단계 : 각 변수에 대한 관련 선행연구 정리

3단계의 방식과 동일하게 관련된 선행연구에서 변수에 대한 선행연구를 찾아서 복사(Ctrl+C)와 붙여넣기(Ctrl+V)를 하자.

3) 근무환경과 관련한 연구

연구자		주요 내용
안기홍 (2020)	Herzberg (1965)	만족의 반대는 불만족이 아닌 만족이 없는 것이라고 하였다. 그리고 그는 불만족의 반대는 만족이 아닌 불만족이 없는 것이라고 하였다.
	Porter, Lawler (1975)	근무환경에 대한 내재적 요인으로 의미 있는 과업, 자율성, 능력발휘, 기회 참여, 과업책임감 등을 제시하였다. 그리고 외재적 요인으로는 보수, 복리후생, 승진, 감독, 동료 등을 포함하였다.
	Bitner (1992)	물리적 환경에 대한 개념을 새롭게 정립하였다. 그는 서비스조직에서 사용이 가능한 유형으로 널리 사용되는 서비스 스케이프에 대한 개념을 정립한 후 공간배치, 신호, 공조환경, 기능성, 상징물, 인공물 등을 서비스 스케이프의 구성 요소로 제시하였다. 그리고 근무환경을 동료와의 관계, 관리자의 역할, 물리적 환경, 그리고 근무 장비의 이용 가능성으로 구분하였다.
	강연식 (2015)	물리적인 환경요소를 매력성, 기능성, 청결성, 그리고 편리성으로 구분하고 기능성은 직원이 원활하게 업무를 수행하기 위한 공간배치의 용이성이라고 하였다. 그리고 청결성은 업무공간을 포함하여 직원들의 전반적인 청결도로 정의하였고 매력성은 인테리어, 장식 및 디자인 등의 미적 요소가 해당한다고 하였다. 마지막으로 편리성은 조직원이 업무수행을 하는 과정에서 사용하는 집기를 포함하여 유니폼이나 이용시설에 대한 편리한 정도라고 하였다.

김민화 (2019)	신남순 (2014)	근무환경에서 스트레스가 누적되다 보면 요양보호사들은 자기효능감이 낮아져 업무수행에 대한 의욕이나 자신감을 잃어버리게 되고 업무수행에 대한 보람도 느끼지 못하게 된다.
	강태우 (2013)	요양보호 수급자의 신체기능을 증진시키고 요양보호사들이 더욱 질 높은 서비스를 제공하기 위해서는 노인의 삶의 질 향상에 기여하기 위한 핵심 역할을 하는 요양보호 수급자와의 친밀한 근무환경 관계를 유지해야 한다고 강조하고 있다.

어느 정도 양적인 면에서 정리되었다면 3단계에서 든 예시와 같이 자연스럽게 재구성하여 작성하면 된다.

6단계 : 변수들 간의 관계 연구 정리

6단계 변수들 간의 관계 연구 정리는 연구모형에서 화살표 방향 간의 관계 연구를 정리하는 것이다. 이는 연구자가 수립한 연구모형에 대한 이론적 근거를 확인하는 과정이며, 추후 '3장 연구방법 및 설계'에서 연구가설의 근거로 사용될 것이다.

다시 말해 양적 연구에서 연구자는 임의대로 연구모형을 만들 수 없다. 연구모형을 구성하고 있는 변수 간에는 이론적 근거가 반드시 있어야 한다. 연구모형을 구성하는 방법에 관해 이해가 잘 안 된다면 앞의 연구모형을 구성하는 방법을 한 번 더 확인하기 바란다.

6단계는 5단계에서 사용된 방식처럼 선행연구에서 변수에 대한 구성요소를 찾아서 복사(Ctrl +C)와 붙여넣기(Ctrl+V)를 할 수 있고, 연구자가 직접 참고한 논문을 정리할 수도 있다.

Tip 필요한 내용 정리하는 방법

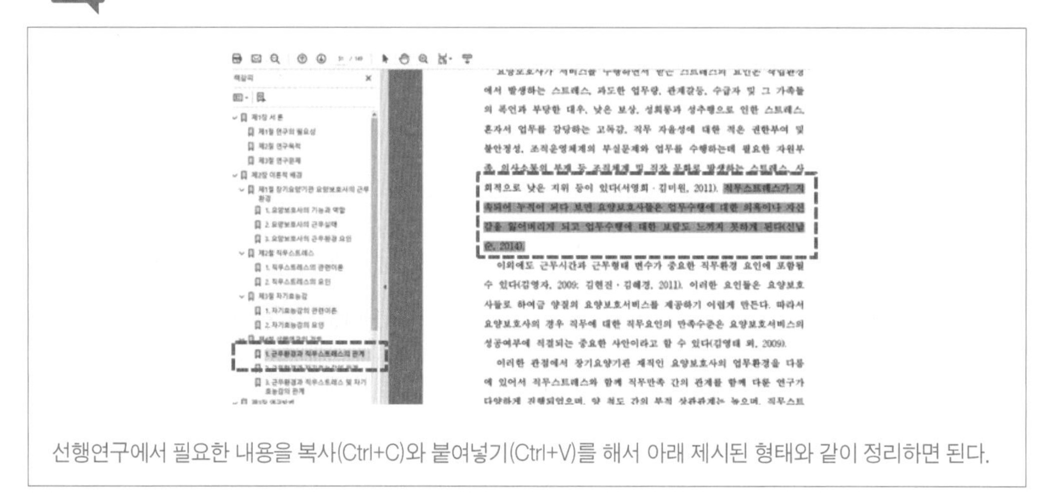

에서 발생하는 스트레스, 과도한 업무량, 관계갈등, 수급자 및 그 가족들의 폭언과 부당한 대우, 낮은 보상, 성희롱과 성추행으로 인한 스트레스, 혼자서 업무를 감당하는 고독감, 직무 자율성에 대한 적은 권한부여 및 불안정성, 조직운영체계의 부실문제와 업무를 수행하는데 필요한 자원부족, 의사소통의 부재 등 조직체계 및 직장 문화로 발생하는 스트레스, 사회적으로 낮은 지위 등이 있다(서영희 · 김미원, 2011). 직무스트레스가 지속되어 누적이 되다 보면 요양보호사들은 업무수행에 대한 의욕이나 자신감을 잃어버리게 되고 업무수행에 대한 보람도 느끼지 못하게 된다(신남순, 2014).

이외에도 근무시간과 근무형태 변수가 중요한 직무환경 요인에 포함될 수 있다(김영자, 2009; 김현진 · 김혜경, 2011). 이러한 요인들은 요양보호사들로 하여금 양질의 요양보호서비스를 제공하기 어렵게 만든다. 따라서 요양보호사의 경우 직무에 대한 직무요인의 만족수준은 요양보호서비스의 성공여부에 직결되는 중요한 사안이라고 할 수 있다(김영태 외, 2009).

이러한 관점에서 장기요양기관 재직인 요양보호사의 업무환경을 다룸에 있어서 직무스트레스와 함께 직무만족 간의 관계를 함께 다룬 연구가 다양하게 진행되었으며, 양 척도 간의 부적 상관관계는 높으며, 직무스트

선행연구에서 필요한 내용을 복사(Ctrl+C)와 붙여넣기(Ctrl+V)를 해서 아래 제시된 형태와 같이 정리하면 된다.

아래 표는 3~5단계에서 제시한 것으로 선행연구에서 변수와 변수 간의 관계 내용을 찾아서 복사(Ctrl+C)와 붙여넣기(Ctrl+V)를 한 것이다.

4)근무환경과 직무스트레스와 관계 연구

연구자		주요 내용
김민화 (2019)	박영희 (2010)	요양보호사의 근무환경요인들이 직무스트레스에 직접 효과를 보였으며, 매개변수인 자기효능감과 직무 만족을 통하여 간접적으로도 영향을 미치는 것으로 나타났음을 보고하였다. 근무환경과 자기효능감, 직무 만족에 긍정적 반응을 보였고, 직무스트레스는 감소함이 나타난 것처럼 요양보호사의 법적인 배치기준에 따르는 합리적인 인원 관리가 필요하다고 하였다.
	신남순 (2014)	근무환경에서 직무스트레스가 누적이 되다 보면 요양보호사들은 자기효능감이 낮아져 업무수행에 대한 의욕이나 자신감을 잃어버리게 되고 업무수행에 대한 보람도 느끼지 못하게 된다.

계속해서 안기홍(2020)의 연구에서 변수와 변수 간 관계 연구가 다루어진 내용을 찾아 복사(Ctrl+C)와 붙여넣기(Ctrl+V)를 한다.

5)근무환경과 이직 의도와 관계 연구

연구자		주요 내용
안기홍 (2020)	손아랑 (2009)	민간보육 시설에 근무하는 보육교사를 중심으로 보육 시설의 근무환경과 이직 의도의 관계를 살펴보는 연구를 하였다. 그는 대전지역을 중심으로 연구하였고 분석 결과에서 쾌적한 근무환경은 이직 의도를 감소시킬 뿐만 아니라 교사의 소진도 약화하는 데 이바지한다고 밝혔다. 하지만 보육교사의 근무환경인 근무조건과 처우에 만족하며 자신의 업무에 대한 열정으로 영유아들에게 최선을 다하기 위해 노력함에도 여전히 근무환경의 질적인 측면에서는 문제가 있음을 지적하였다. 연구결과 보육 시설에서 근무환경을 높이기 위해서는 설비, 공간, 교재, 영유아 비율, 근무시간에 대한 개선이 필요함을 강조하였다. 더불어 교사들의 휴식 장소, 소화기 등과 같은 설비환경 역시 개선될 필요가 있음을 지적하였다.
	마칠석 (2019)	광주지역 자영업 중에서 베이커리 종사자를 대상으로 직무환경과 이직의도의 관계를 연구하였다. 그는 베이커리 종사자의 과중한 업무량과 불규칙한 근무 특성으로 인해 이직이 잦은 점을 개선해야 한다고 주장하였다. 그리고 이를 위해 베이커리 종사자의 근무환경 개선을 주장하였다. 그는 연구를 위해 근무환경을 3가지 측면(복지환경, 인적환경, 작업환경)으로 구분하였고 연구 결과에서 근무환경의 3가지 모두, 즉 복지환경, 인적환경, 작업환경이 개선될수록 이직의도는 낮아진다는 것을 밝혔다.

	이명철 (2015)	요양보호사를 대상으로 한 연구를 통해 근무환경을 7가지(서비스 여건, 보수, 동료관계, 서비스 대상자와의 관계, 근무여건, 상사와의 관계, 대상자 가족과의 관계)로 구분한 후 이직 의도와의 관계를 살펴보았다. 그리고 연구결과에서 7가지 근무환경 요소 모두 이직 의도와 관련성이 있음을 밝혔으며, 대부분 요양보호사가 자신들이 생각하는 수준으로 근무환경이 뒷받침되지 못하며 이직을 하게 된다고 하였다. 따라서 이직을 낮추기 위해서는 요양보호사들에 대한 근무환경 개선이 매우 필요하다고 강조하였다.

추가로 자신이 참고한 연구를 직접 정리할 수 있다. 그때는 아래 표와 같이 연구배경, 연구목적, 연구대상, 연구결과 및 시사점 정도로 정리하면 된다. 즉 안기홍(2020) 논문의 줄거리를 이야기해 주면 되는 것이다.

6) 근무환경과 이직 의도와 관계 연구를 참고한 안기홍(2020) 연구를 정리하기

연구자	연구배경	연구목적	연구대상	연구결과 및 시사점
안기홍 (2020)	양돈농가의 빠른 규모화, 전업화, 기업화로 고용 노동이 증가하고 전문 인력이 필요해졌으며, 근무환경의 중요성이 대두되었다. 그러나 양돈 경영자의 관심은 생산성과 수익성에 치우쳐 있고 직원과 근무환경에 대한 인식은 매우 미흡하다.	국내 양돈농가의 근무환경과 직무 만족이 직원의 이직 의도와 직무성과에 미치는 영향을 분석하여 양돈 농가가 근무환경을 개선하고 직무만족도를 높여 직원의 이직률을 낮추고, 경영에 안정적으로 참여하게 하여 생산성을 향상하는 방안을 제시하는 데 있다.	2020년 4월, 3주 동안 실시한 온라인 중심의 설문에는 양돈농가 종사자 598명이 참여	근무환경이 개선되면 이직 의도가 낮아질 것이라는 H2는 채택되었다. 근무환경이 개선되면 이직 의도가 직접적으로 낮아질 수 있다는 것을 밝혔다는 점에서 학문적인 의미가 있다.
찾을 수 있는 위치	초록, 1장 서론, 5장 결론	초록, 1장 서론, 5장 결론	초록, 3장 연구 설계	초록, 5장 결론

이렇게 선행연구를 보고 연구자가 직접 정리한 후에 논문에 반영할 때에는 위의 표를 요약해서 5~10줄 이내로 정리하면 된다.

"안기홍(2020)은 양돈농가의 근무환경 개선을 위해 양돈농가 종사자를 대상으로 설문조사를 실시하였다. 그리고 국내 양돈농가의 근무환경과 직무만족이 직원의 이직 의도와 직무성과에 미치는 영향을 분석하여 양돈농가가 근무환경을 개선하고 직무만족도를 높여 직원의 이직률을 낮추고, 경영에 안정적으로 참여하게 하여 생산성을 향상하는 방안을 제시하고자 하였다. 그는 연

구결과에서 근무환경이 개선되면 이직 의도가 낮아진다는 것을 제시했으며 근무환경이 개선되면 이직 의도가 직접적으로 낮아질 수 있다는 것을 밝혔다는 점에서 학문적인 의미가 있다고 주장하였다."

7단계 : 목차에 맞게 정리한 내용을 참고하여 재구성하기

이는 3단계와 6단계에서 예시를 제시했으며 이를 참고하기 바란다.

8단계 : 목차에 맞게 정리한 내용을 참고하여 재구성하기

이러한 과정을 통해서 전체 목차를 완성할 수 있다.

9단계 : 표절률 낮추기

내용 대부분을 복사(Ctrl+C)와 붙여넣기(Ctrl+V) 했기 때문에 표절률이 매우 높다. 따라서 이를 낮추는 방법은 후반부에 자세히 다루겠다.

16일 차 이론적 고찰 2주 만에 끝내는 요령 익히기

Q 50. 이론적 고찰을 최대한 빠르게 작성하는 요령이 있나요?

A 50. 제시하는 방법대로 따라 해보세요.

앞에서 이론적 고찰을 빠르게 정리할 수 있는 첫 번째 방법을 소개했다. 이제부터는 첫 번째 방법보다 더 빠르게 정리할 수 있는 요령을 소개한다. 이 방법에 대한 적용 여부는 각자 판단하면 된다.

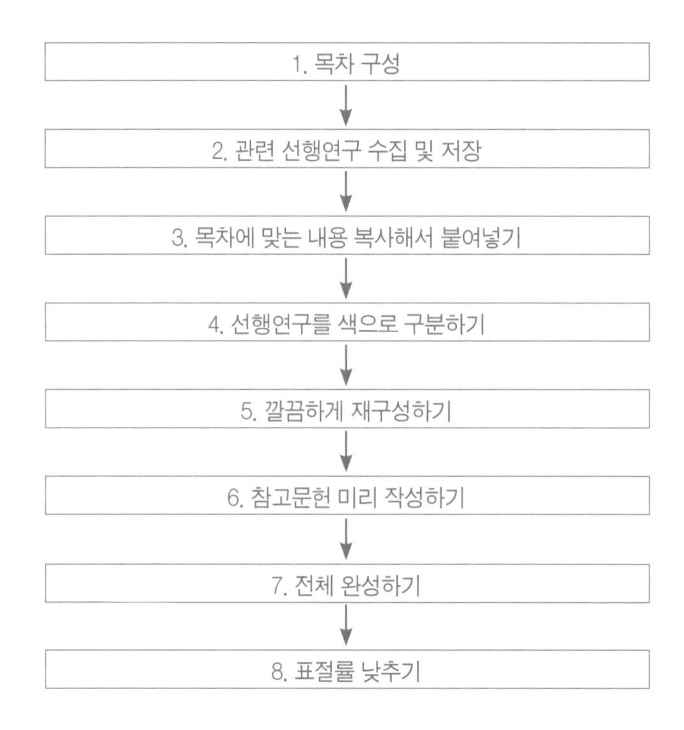

연구자가 작성하고자 하는 연구모형이 다음과 같다고 하자.

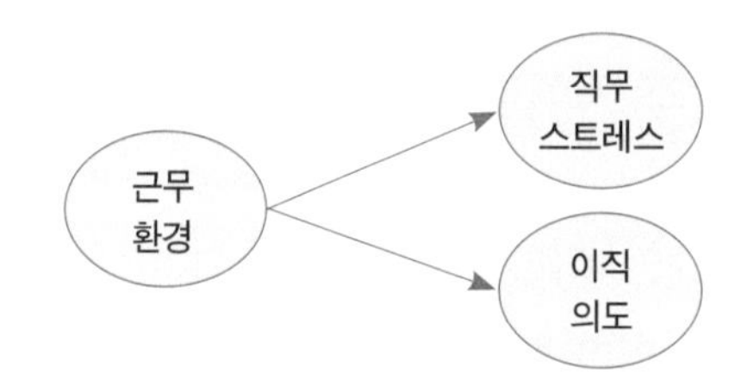

1단계 : 목차 구성 단계

1단계 목차를 구성한다. 이는 앞서 이론적 배경의 목차 구성의 예시에서 설명한 부분에서 공통으로 구성된 내용을 참고하여 아래와 같이 목차를 구성한다.

제2장. 이론적 배경

제1절. 근무환경
1.1 근무환경 개념

1.2 근무환경 구성요소
1.3 근무환경 관련 선행연구

제2절. 직무스트레스
2.1 직무스트레스 개념
2.2 직무스트레스 관련 선행연구
2.3 근무환경과 직무스트레스 관계 연구

제3절. 이직 의도
3.1 이직 의도 개념
3.2 이직 의도 관련 선행연구
3.3 근무환경과 이직 의도와의 관계 연구

2단계 : 관련 선행연구 수집 및 저장 단계

선행연구를 수집 및 저장하는 방식에 대해서는 준비 단계에서 설명한 내용을 참고하기 바란다. 예시로 사용한 연구모형을 위해 다음과 같이 폴더를 구성하고 논문을 저장한다.

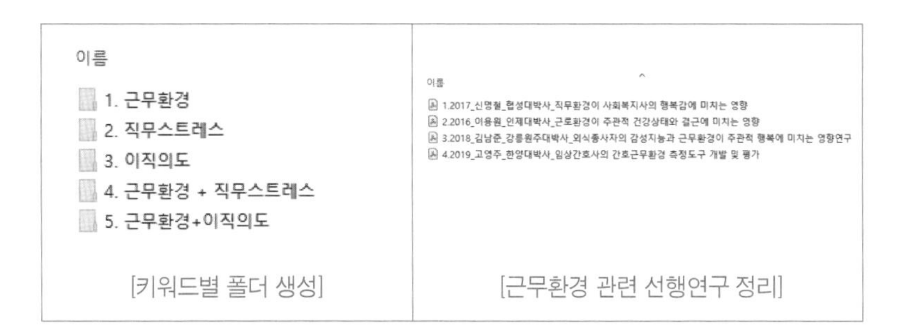

[키워드별 폴더 생성] [근무환경 관련 선행연구 정리]

3단계 : 목차에 맞는 내용 복사해서 붙여넣기

앞서 설명한 첫 번째 방법에서 목차에 해당하는 주요 내용별로 선행연구를 보면서 정리하는 것을 소개했다. 어느 정도 양적인 부분이 채워지면 해당 내용을 중심으로 목차 내용을 채워 나간다. 하지만 두 번째 방식은 논문을 보면서 바로 논문을 작성하는 방법이다. 다시 말해 별도로 목차에 관한 내용을 정리하지 않는 것을 의미한다.

지금부터 근무환경의 개념을 예시로 설명하겠다.

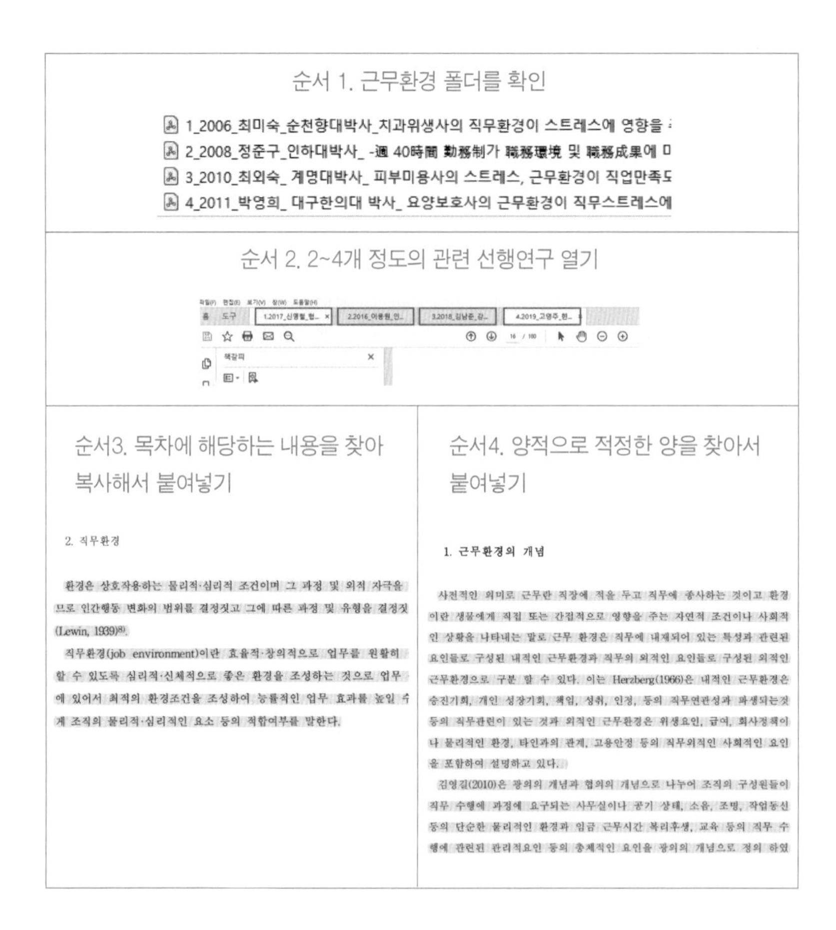

이를 실제 예시로 제시하면 아래와 같다.

세 논문에서 근무환경의 개념에 해당하는 내용을 아래와 같이 복사(Ctrl+C)한 후에 붙여넣기(Ctrl+V) 하였다.

Tip 한 번에 너무 많은 선행연구 내용을 가지고 올 경우, 나중에 정리할 때 어려움을 겪을 수 있다. 그러므로 두 논문에서 가지고 온 후에 양적으로 부족할 경우 하나씩 늘리면 5단계에서 재구성을 하는 데 용이하다.

3단계 : 작성 예시 - 근무환경의 개념

환경은 상호작용하는 물리적·심리적 조건이며 그 과정 및 외적 자극을 뜻하므로 인간행동 변화의 범위를 결정짓고 그에 따른 과정 및 유형을 결정짓는다(Lewin, 1939). 직무환경(job environment)이란 효율적·창의적으로 업무를 원활히 수행할 수 있도록 심리적·신체적으로 좋은 환경을 조성하는 것으로 업무수행에 있어서 최적의 환경조건을 조성하여 능률적인 업무 효과를 높일 수 있게 조직의 물리적·심리적인 요소 등의 적합 여부를 말한다.

직무환경은 연구자들의 연구목적과 관심사에 따라 주관적이고 다의적인 개념으로 다양하게 정의되고 있다. 조직구성원들이 자신의 직장에서는 어떤 업무를 담당하고, 자신의 직업 또는 직장에 대하여 어떤 생각을 가지고 있는지에 따라 조직의 목표달성과 성과가 결정된다(신명철, 2017).

사전적인 의미로 근무란 직장에 적을 두고 직무에 종사하는 것이고 환경이란 생물에게 직접 또는 간접적으로 영향을 주는 자연적 조건이나 사회적인 상황을 나타내는 말로 근무환경은 직무에 내재되어 있는 특성과 관련된 요인들로 구성된 내적인 근무환경과 직무의 외적인 요인들로 구성된 외적인 근무환경으로 구분할 수 있다. 이는 Herzberg(1966)은 내적인 근무환경은 승진기회, 개인 성장기회, 책임, 성취, 인정, 직무연관성과 파생되는 것 등의 직무 관련이 있는 것과 외적인 근무환경은 위생요인, 급여, 회사정책이나 물리적인 환경, 타인과의 관계, 고용안정 등의 직무 외적인 사회적인 요인을 포함하여 설명하고 있다. 김영길(2010)은 광의의 개념과 협의의 개념으로 나누어 조직의 구성원들이 직무수행에 과정에 요구되는 사무실이나 공기 상태, 소음, 조명, 작업 동선 등의 단순한 물리적인 환경과 임금 근무시간 복리후생, 교육 등의 직무수행에 관련된 관리적 요인 등의 총체적인 요인을 광의의 개념으로 정의하였다. Moos(1981)는 근무환경이란 시스템 유지, 목표 지향, 관계 등 세 가지 차원을 포함하는 의미라고 정의하였다. 시스템 유지는 작업환경이 얼마나 질서정연하고 조직적인지, 얼마나 통제력을 유지하는지를, 목표 지향은 의사결정과 자율성, 직무 지향성 유지, 직무 도전 및 성공과 성취에 대한 기대 제공을 통해 환경이 성장을 장려하거나 억제하는 정도를 평가한다. 마지막으로 관계 측면은 근무환경에서의 의사소통, 관리자와 동료와의 응집 등 개인적 상호작용 정도를 평가하는 것을 의미한다. 박경효(2002)는 근무환경이란 협의의 개념으로는 조직구성원들이 직무를 수행하는 물리적 환경을 의미하며, 광의의 개념으로는 물리적 여건, 대인관계, 직무수행과 연관된 관리, 정책적 요소 등 모두를 포함하는 것으로 정의하였다. 이처럼 근무환경이 정형화된 개념이나 요소를 제시하지 못하는 이유는 근무환경의 속성이 단순하지 않고, 과업과 책무 또는 이들 간의 상호작용, 보상 등 다양한 요소들로 이루어졌기 때문이다(Milton, 1981).

4단계 : 선행연구를 색으로 구분하기

4단계는 3단계에서 가지고 온 내용을 색으로 구분하여 표시하는 것이다.

Tip 왜 색으로 구분하는 것일까? 현재 상태에서 글을 읽으면서 깔끔하게 재구성(5단계)하면 되지 않을까?

이는 6단계(참고문헌 미리 작성하기)에서 발생할 수 있는 문제를 미리 방지하기 위함이다. 만약 3단계에서 4단계를 거치지 않고 5단계로 넘어가면 나중에 위에 제시된 인용자를 찾기가 매우 어려워질 수 있다. 따라서 미리 준비하는 단계라고 생각하면 된다.

4단계 작성 예시 – 선행연구별로 색으로 구분하기

환경은 상호작용하는 물리적 · 심리적 조건이며 그 과정 및 외적 자극을 뜻하므로 인간행동 변화의 범위를 결정짓고 그에 따른 과정 및 유형을 결정짓는다(Lewin, 1939). 직무환경(job environment)이란 효율적·창의적으로 업무를 원활히 수행할 수 있도록 심리적 · 신체적으로 좋은 환경을 조성하는 것으로 업무 수행에 있어서 최적의 환경조건을 조성하여 능률적인 업무 효과를 높일 수 있게 조직의 물리적·심리적인 요소 등의 적합여부를 말한다. 직무환경은 연구자들의 연구목적과 관심사에 따라 주관적이고 다의적인 개념으로 다양하게 정의되고 있다. 조직구성원들이 자신의 직장에서는 어떤 업무를 담당하고, 자신의 직업 또는 직장에 대하여 어떤 생각을 가지고 있는지에 따라 조직의 목표달성과 성과가 결정된다(신명철, 2017).

사전적인 의미로 근무란 직장에 적을 두고 직무에 종사하는 것이고 환경이란 생물에게 직접 또는 간접적으로 영향을 주는 자연적 조건이나 사회적인 상황을 나타내는 말로 근무 환경은 직무에 내재되어 있는 특성과 관련된 요인들로 구성된 내적인 근무환경과 직무의 외적인 요인들로 구성된 외적인 근무환경으로 구분 할 수 있다. 이는 Herzberg(1966)은 내적인 근무환경은 승진기회,개인 성장기회,책임,성취,인정,등의 직무연관성과 파생되는것 등의 직무관련이 있는 것과 외적인 근무환경은 위생요인, 급여, 회사정책이나 물리적인 환경, 타인과의 관계,고용안정 등의 직무외적인 사회적인 요인을 포함하여 설명하고 있다. 김영길(2010)은 광의의 개념과 협의의 개념으로 나누어 조직의 구성원들이 직무 수행에 과정에 요구되는 사무실이나 공기 상태, 소음, 조명, 작업동선 등의 단순한 물리적인 환경과 임금 근무시간 복리후생, 교육 등의 직무 수행에 관련된 관리적요인 등의 총체적인 요인을 광의의 개념으로 정의 하였다.

Moos(1981)는 근무환경이란 시스템 유지, 목표 지향, 관계 등 세 가지 차원을 포함하는 의미라고 정의하였다. 시스템 유지는 작업 환경이 얼마나 질서 정연하고 조직적인지, 얼마나 통제력을 유지하는지를, 목표 지향은 의사결정과 자율성, 직무 지향성 유지, 직무 도전 및 성공과 성취에 대한 기대 제공을 통해 환경이 성장을 장려하거나 억제하는 정도를 평가한다. 마지막으로 관계 측면은 근무환경에서의 의사소통, 관리자와 동료와의 응집 등 개인적 상호작용 정도를 평가하는 것을 의미한다. 박경효(2002)는 근무환경이란 협의의 개념으로는 조직구성원들이 직무를 수행하는 물리적 환경을 의미하며, 광의의 개념으로는 물리적 여건, 대인관계, 직무수행과 연관된 관리, 정책적 요소 등 모두를 포함하는 것으로 정의하였다. 이처럼 근무환경이 정형화된 개념이나 요소를 제시하지 못하는 이유는 근무환경의 속성이 단순하지 않고, 과업과 책무 또는 이들 간의 상호작용, 보상 등 다양한 요소들로 이루어졌기 때문이다(Milton, 1981).

3단계에서 추출한 내용을 위와 같이 세 가지 색으로 구분하고 메모(1번 논문: 연한 별색, 2번 논문: 회색, 3번 논문: *짙은 별색과 이탤릭체*)를 별도로 표시했다.

5단계 : 깔끔하게 재구성하는 단계

5단계는 세 개의 선행연구에서 추출한 내용을 연구자가 자신의 것으로 새롭게 재구성하는 단계이다. 이때 말의 의미를 확인하면서 문장이 자연스럽게 흐르도록 재구성하는 것이 중요하다.

5단계 작성 예시 – 깔끔하게 재구성하는 단계

사전적인 의미로 근무란 직장에 적을 두고 직무에 종사하는 것이고 환경이란 생물에게 직접 또는 간접적으로 영향을 주는 자연적 조건이나 사회적인 상황을 나타내는 말이다(김남준, 2018). 즉, 환경은 상호작용하는 물리적·심리적 조건이며 그 과정 및 외적 자극을 뜻하므로 인간행동 변화의 범위를 결정짓고 그에 따른 과정 및 유형을 결정짓는다(Lewin, 1939).

이러한 측면에서 김남준(2018)은 근무 환경이란, 직무에 내재되어 있는 특성과 관련된 요인들로 구성된 내적인 근무환경과 직무의 외적인 요인들로 구성된 외적인 근무환경으로 구분 할 수 있다고 하였다. 그리고 근무환경(job environment)이란 효율적·창의적으로 업무를 원활히 수행할 수 있도록 심리적·신체적으로 좋은 환경을 조성하는 것으로 업무 수행에 있어서 최적의 환경조건을 조성하여 능률적인 업무 효과를 높일 수 있게 조직의 물리적·심리적인 요소 등의 적합여부를 말한다. *Moos(1981)는 근무환경이란 시스템 유지, 목표 지향, 관계 등 세 가지 차원을 포함하는 의미라고 정의하였다. 우선 시스템 유지는 작업 환경이 얼마나 질서정연하고 조직적인지, 얼마나 통제력을 유지하는지를, 목표 지향은 의사결정과 자율성, 직무 지향성 유지, 직무 도전 및 성공과 성취에 대한 기대 제공을 통해 환경이 성장을 장려하거나 억제하는 정도를 평가한다. 마지막으로 관계 측면은 근무환경에서의 의사소통, 관리자와 동료와의 응집 등 개인적 상호작용정도를 평가하는 것을 의미한다.*

그리고 조직구성원들이 자신의 직장에서는 어떤 업무를 담당하고, 자신의 직업 또는 직장에 대하여 어떤 생각을 가지고 있는지에 따라 조직의 목표달성과 성과가 결정된다(신명철, 2017)는 점에서 근무환경은 중요한 요소이다. 이에 여러 연구자들은 근무환경을 범위로 구분하여 개념을 제시하였다. 먼저 Herzberg(1966)은 내적인 근무환경은 승진기회, 개인 성장기회, 책임, 성취, 인정 등의 직무연관성과 파생되는 것 등의 직무관련이 있는 것과 외적인 근무환경은 위생요인, 급여, 회사정책이나 물리적인 환경, 타인과의 관계, 고용안정 등의 직무외적인 사회적인 요인을 포함하여 설명하고 있다. 그리고 *박경효(2002)는 근무환경이란 협의의 개념으로는 조직구성원들이 직무를 수행하는 물리적 환경을 의미하며, 광의의 개념으로는 물리적 여건, 대인관계, 직무수행과 연관된 관리, 정책적 요소 등 모두를 포함하는 것으로 정의하였다.* 또한 김영길(2010)은 광의의 개념과 협의의 개념으로 나누어 조직의 구성원들이 직무 수행에 과정에 요구되는 사무실이나 공기 상태, 소음, 조명, 작업동선 등의 단순한 물리적인 환경과 임금 근무시간 복리후생, 교육 등의 직무 수행에 관련된 관리적요인 등의 총체적인 요인을 광의의 개념으로 정의 하였다.

이처럼 근무환경이 정형화된 개념이나 요소를 제시하지 못하는 이유는 근무환경의 속성이 단순하지 않고, 과업과 책무 또는 이들 간의 상호작용, 보상 등 다양한 요소들로 이루어졌기 때문이다(Milton, 1981). 또한 직무환경은 연구자들의 연구목적과 관심사에 따라 주관적이고 다의적인 개념으로 다양하게 정의되고 있음을 확인할 수 있다.

위의 예시에서 선행연구에서 추출한 근무환경에 대한 개념을 필자가 새롭게 재구성하였다. 보는 바와 같이 색이 혼합되어 있음을 알 수 있다. 검은색은 필자가 중간중간 흐름을 자연스럽게 하려고 추가한 것이다. 이처럼 각 목차의 내용을 완성할 때 연구자가 재구성함으로써 빠른 시간에 완성할 수 있다.

6단계 : 참고문헌 미리 작성하는 단계

6단계는 5단계에서 재구성한 내용을 검은색으로 변경하기 전에 참고문헌을 미리 작성해 놓는 것이다. 논문을 작성해 본 경험이 있는 사람이라면 참고문헌을 미리 정리해 놓지 못해 애먹은 경험이 한두 번 있을 것이다. 따라서 반드시 검은색으로 변경하기 전에 참고문헌을 별도로 정리해 놓아야 한다.

그렇다면 위에 있는 참고문헌은 어디에서 찾을 수 있을까? 필자는 4단계에서 선행연구별로 색을 칠하고 메모하여 논문 번호를 입력해 놓았다. 따라서 각 색에 해당하는 인용자는 해당 번호 논문의 참고문헌을 보면서 정리할 수 있다.

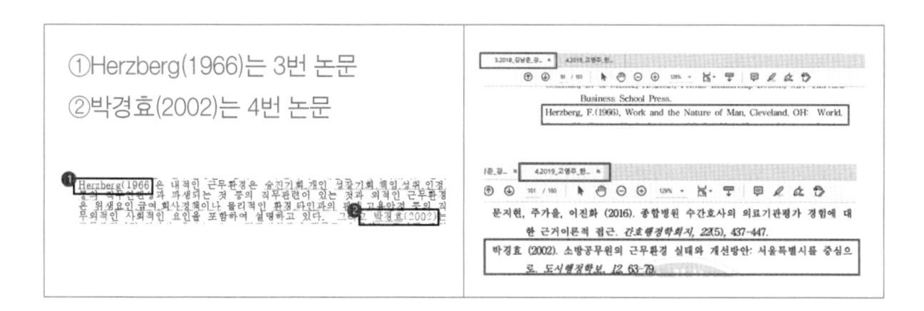

이 과정이 마무리되면 모두 검은색으로 변경하면 된다. 그렇다면 하나의 목차가 마무리되는 것이다.

6단계 : 이후 - 검정색으로 변경하고 학교 양식에 맞춰 편집

사전적인 의미로 근무란 직장에 적을 두고 직무에 종사하는 것이고 환경이란 생물에게 직접 또는 간접적으로 영향을 주는 자연적 조건이나 사회적인 상황을 나타내는 말이다(김남준, 2018). 즉, 환경은 상호작용하는 물리적 · 심리적 조건이며 그 과정 및 외적 자극을 뜻하므로 인간행동 변화의 범위를 결정짓고 그에 따른 과정 및 유형을 결정짓는다(Lewin, 1939). (중략) 이처럼 근무환경이 정형화된 개념이나 요소를 제시하지 못하는 이유는 근무환경의 속성이 단순하지 않고, 과업과 책무 또는 이들 간의 상호작용, 보상 등 다양한 요소들로 이루어졌기 때문이다(Milton, 1981). 또한 직무환경은 연구자들의 연구목적과 관심사에 따라 주관적이고 다의적인 개념으로 다양하게 정의되고 있음을 확인할 수 있다.

7단계 : 전체 완성하기

3단계(목차에 맞는 내용 복사해서 붙여넣기)부터 6단계(참고문헌 미리작성하기) 과정을 통해 전체 목차를 완성하면 된다.

8단계 : 표절률 낮추기

내용 대부분을 복사(Ctrl+C), 붙여넣기(Ctrl+V) 했기 때문에 표절률이 매우 높다. 따라서 표절률을 낮추는 작업을 진행해야 한다.

17일 차 하루 만에 표절률 5% 떨어뜨리는 요령 익히기

Q 51. 하루 만에 표절률 5% 떨어뜨리는 요령이 있나요?

A 51. 제시하는 방법대로 따라 해보세요.

지금까지 제2장 이론적 배경을 작성하는 방법을 크게 두 가지 소개하였다. 두 가지 방법 중에서 한 가지를 선택해서 이론적 배경을 작성할 수 있고, 연구자가 판단하는 기준으로도 작성할 수 있다. 그렇지만 어떤 방식으로 진행하든 표절률을 낮추어야 한다. 따라서 지금부터 표절률을 낮추는 요령을 소개하고자 한다. 주요 단계는 다음과 같다.

1단계 : 카피킬러 회원가입

표절률을 확인하기 위해서는 카피킬러(https://www.copykiller.com)에 회원가입을 해야 하다. 회원가입은 무료이고 하루 3회 무료 검사가 가능했으나 최근 하루 1회로 변경 되었다.

2단계 : 문서 업로드

회원가입 후에는 작성한 내용을 올려서 표절률 확인과정을 거친다. 그림 파일 등으로 인해 용량이 클 경우에는 제한될 수 있으므로 사전에 그림 파일 등을 삭제하고 문서를 올린다.

①문서 업로드를 클릭한다.

②학위논문으로 선택한다. 만약 학술지라면 학술지로 선택하면 된다.

③비교 범위의 'V' 표시를 제거한다.

④파일을 첨부한다.

⑤표절 검사를 클릭한다.

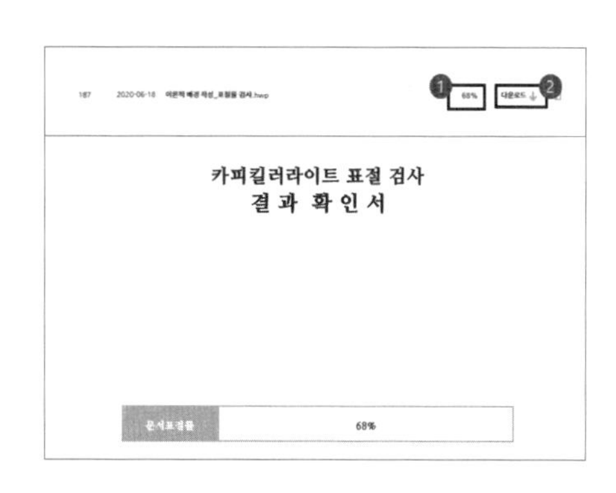

3단계 : 표절률 확인

잠시 기다리면 표절률 검사가 마무리된다.

①표절률을 확인한다.

②다운로드를 통해 PDF 파일을 확인한다.

4단계 : 표절 내용 확인하기

이제는 표절 세부 내용을 확인하는 단계이다.

①다음의 짙은색 글자가 표절이므로 변경해야 한다. 회색은 의심하는 문장이지만 표절률에 합산되지 않으므로 무시해도 좋다.

②표절률 검사 파일과 작성한 파일을 비교하면서 표절에 해당하는 내용을 표시한다.

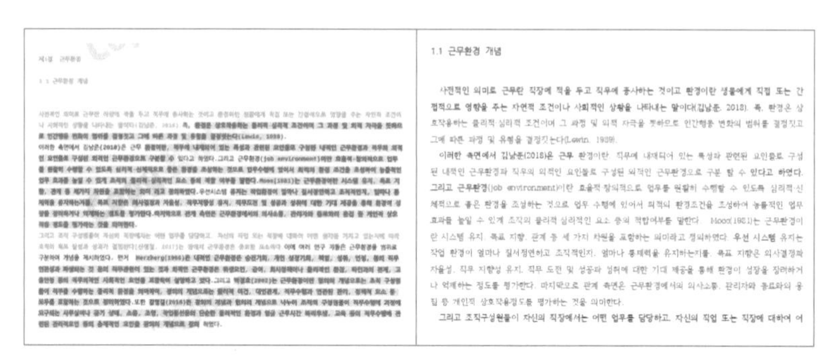

1.1 근무환경 개념

사전적인 의미로 근무란 직장에 적을 두고 직무에 종사하는 것이고 환경이란 생물에게 직접 또는 간접적으로 영향을 주는 자연적 조건이나 사회적인 상황을 나타내는 말이다(김남준, 2018). 즉, 환경은 상호작용하는 물리적·심리적 조건이며 그 과정 및 외적 자극을 통하므로 인간행동 변화의 범위를 결정짓고 그에 따른 과정 및 유형을 결정짓는다(Lewin, 1939).

이러한 측면에서 김남준(2018)은 근무 환경이란, 직무에 내재되어 있는 특성과 관련된 요인들로 구성된 내적인 근무환경과 직무의 외적인 요인들로 구성된 외적인 근무환경으로 구분 할 수 있다고 하였다. 그리고 근무환경(job environment)이란 효율적·창의적으로 업무를 원활히 수행할 수 있도록 심리적·신체적으로 좋은 환경을 조성하는 것으로 업무 수행에 있어서 최적의 환경조건을 조성하여 능률적인 업무효과를 높일 수 있게 조직의 물리적·심리적인 요소 등의 적합여부를 말한다. Moos(1981)는 근무환경이란 시스템 유지, 목표 지향, 관계 등 세 가지 차원을 포함하는 의미라고 정의하였다. 우선 시스템 유지는 작업 환경이 얼마나 질서정연하고 조직적인지, 얼마나 통제력을 유지하는지를, 목표 지향은 의사결정과 자율성, 직무 지향성 유지, 직무 도전 및 성공과 성취에 대한 기대 제공을 통해 환경이 성장을 장려하거나 억제하는 정도를 평가한다. 마지막으로 관계 측면은 근무환경에서의 의사소통, 관리자와 동료와의 응집 등 개인적 상호작용정도를 평가하는 것을 의미한다.

그리고 조직구성원들이 자신의 직장에서는 어떤 업무를 담당하고, 자신의 직업 또는 직장에 대하여 어

5단계 : 표절률 떨어뜨리기

5단계는 표절률을 떨어뜨리는 단계이다. 앞서 표절에 해당하는 내용을 별도로 표시했다. 그러므로 해당 내용만 집중하여 변경하면 된다. 선행연구와 단어가 여섯 개 이상 겹치면 표절로 인식한다. 한국어는 표현이 매우 다양하다. 유사한 표현으로 변경하거나 순서를 바뀌는 등으로 정리하면 된다.

이제 제시된 내용의 표절률을 떨어뜨리기 위해 문장을 변경해 보자.

표절률 떨어뜨리는 예시

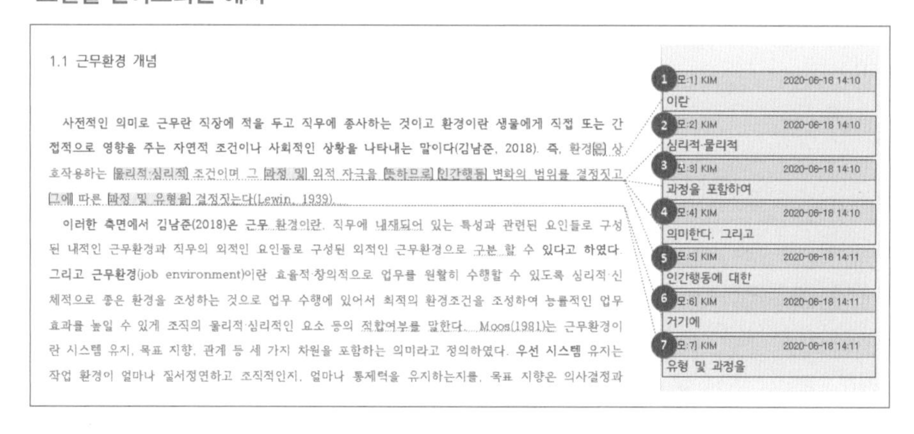

1.1 근무환경 개념

사전적인 의미로 근무란 직장에 적을 두고 직무에 종사하는 것이고 환경이란 생물에게 직접 또는 간접적으로 영향을 주는 자연적 조건이나 사회적인 상황을 나타내는 말이다(김남준, 2018). 즉, 환경[은] 상호작용하는 [물리적·심리적] 조건이며 그 [과정 및] 외적 자극을 [통하므로] [인간행동] 변화의 범위를 결정짓고 [그에] 따른 [과정 및 유형을] 결정짓는다(Lewin, 1939).

이러한 측면에서 김남준(2018)은 근무 환경이란, 직무에 내재되어 있는 특성과 관련된 요인들로 구성된 내적인 근무환경과 직무의 외적인 요인들로 구성된 외적인 근무환경으로 구분 할 수 있다고 하였다. 그리고 근무환경(job environment)이란 효율적·창의적으로 업무를 원활히 수행할 수 있도록 심리적·신체적으로 좋은 환경을 조성하는 것으로 업무 수행에 있어서 최적의 환경조건을 조성하여 능률적인 업무효과를 높일 수 있게 조직의 물리적·심리적인 요소 등의 적합여부를 말한다. Moos(1981)는 근무환경이란 시스템 유지, 목표 지향, 관계 등 세 가지 차원을 포함하는 의미라고 정의하였다. 우선 시스템 유지는 작업 환경이 얼마나 질서정연하고 조직적인지, 얼마나 통제력을 유지하는지를, 목표 지향은 의사결정과

①은 → 이란 : 단어 변경

②물리적 · 심리적 → 심리적 · 물리적 : 순서 변경

③과정 및 → 과정을 포함하여 : 문장 일부 수정

④뜻하므로 → 의미한다. 그리고 : 문장을 일부 수정하고 문장 짧게 변경

⑤인간행동 → 인간행동에 대한 : 문장을 조금 더 길게 작성

⑥그에 → 거기에 : 단어 변경

⑦과정 및 유형을 → 유형 및 과정을 : 순서 변경

이러한 과정을 통해서 전체적으로 수정하면 된다.

사전적인 의미로 근무란 직장에 적을 두고 직무에 종사하는 것이고 환경이란 생물에게 직접 또는 간접적으로 영향을 주는 자연적 조건이나 사회적인 상황을 나타내는 말이다(김남준, 2018). 즉, 환경이란 상호작용하는 심리적 · 물리적 조건이며 그 과정을 포함하여 외적 자극을 의미한다. 그리고 인간행동에 대한 변화의 범위를 결정짓고 거기에 따른 유형 및 과정을 결정짓는다(Lewin, 1939).

이러한 측면에서 김남준(2018)은 근무 환경은 직무에 내재된 특성과 관련되어진 요인들로써 내적으로는 근무환경을 들 수 있고 외적인 요인으로 구성된 외적 근무환경으로 구분이 가능하다고 하였다. 그리고 근무환경(job environment)은 효율적이고 창의적으로 업무를 제대로 수행할 수 있게끔 신체적·심리적으로 좋은 환경을 조성하는 것을 의미한다. 더불어 업무 수행을 함에 있어서 최적의 환경조건을 조성함으로써 업무효율을 능률적으로 높일 수 있는 다양한 심적·물리적 요소 등을 말한다. Moos(1981)는 근무환경에 대해서 목표지향, 시스템 유지, 관계로 구분한 세 가지 차원의 의미라 하였다. 우선 시스템 유지는 근무환경이 얼마나 조직적이고 질서정연한지, 얼마만큼 통제력을 유지하는지를 의미한다고 하였다. 그리고 목표지향이란 직무 지향성 유지, 의사결정에 따른 자율성, 직무 도전과 성공 및 성취에 대한 기대를 제공함으로써 근무환경이 구성원의 성장을 장려 혹은 억제하는 정도로 평가할 수 있다고 주장하였다. 마지막으로 관계 측면에 대해서는 근무환경에서의 관리자와 동료 간의 응집력을 포함하여 의사소통 등 개인적으로 상호작용을 실시하는 정도로 평가할 수 있다고 하였다.

그리고 조직구성원들이 자신의 직장에서는 어떤 업무를 담당하고, 자신의 직업 또는 직장에 대하여 어떤 생각을 가지고 있는지에 따라 조직의 목표달성과 성과가 결정된다(신명철, 2017)는 점에서 근무환경은 중요한 요소이다. 이에 여러 연구자들은 근무환경을 범위로 구분하여 개념을 제시하였다. 먼저 Herz berg(1966)는 내적 측면에서 근무환경은 개인의 성장 기회, 승진기회, 성취, 책임, 인정 등의 직무와 연관된 부분과 함께 이와 관련하여 파생되어진 것 등으로 규정하고 외적인 근무환경은 급여, 위생요인, 타인과의 관계, 회사정책, 물리적 환경, 그리고 고용의 안정 등과 같은 직무 외적인 사회적 요인을 포함한다고 하였다. 그리고 박경효(2002)는 근무환경을 협의적 개념과 광의적 개념으로 구분하였으며 협의적인 개념으로는 조직의 구성원들이 각자 자신의 직무를 수행하는 물리적인 환경을 뜻한다고 하였다. 그리고 광의적 측면에서 근무환경은 대인관계, 물리적 여건, 정책적 요소, 그리고 직무수행과 연관된 관리 등을 포함하는 것으로 정의했다. 또한 김영길(2010) 역시 근무환경을 협의와 광의의 개념으로 구분하였다. 특히 조직 구성원들이 직무를 수행하는 과정에서 요구되는 공기 상태, 조명, 사무실의 소음, 작업 동선과 같은 물리적 환경을 포함하여 근무시간, 임금, 복리후생 등과 같은 직무수행과 연관된 관리적인 요인 역시 광의의 개념에 포함된다고 주장하였다.

이처럼 근무환경이 정형화된 개념이나 요소를 제시하지 못하는 이유는 근무환경의 속성이 단순하지 않고, 과업과 책무 또는 이들 간의 상호작용, 보상 등 다양한 요소들로 이루어졌기 때문이다(Milton, 1981). 또한 근무 환경은 연구자들의 연구에 대한 목적과 관심사에 따라 주관적이며 다양한 개념으로 정의가 되고 있음을 확인할 수 있다.

전체적으로 수정한 후 표절률을 다시 확인해 보자.

검사 결과 68%에서 1%로 낮아진 것을 확인할 수 있다. 세부적으로 확인해 보면 회색이 검은색으로 변경된 것을 확인할 수 있다.

표절률 검사 결과 파일

1.1 근무환경 개념

사전적인 의미로 근무란 직장에 적을 두고 직무에 종사하는 것이고 환경이란 생물에게 직접 또는 간접적으로 영향을 주는 자연적 조건이나 사회적인 상황을 나타내는 말이다(김남준, 2018).즉, 환경이란 상호작용하는 심리적·물리적 조건이며 그 과정을 포함하여 외적 자극을 의미한다.그리고 인간행동에 대한 변화의 범위를 결정짓고 거기에 따른 유형 및 과정을 결정짓는다(Lewin, 1939).
이러한 측면에서 김남준(2018)은 근무 환경은 직무에 내재된 특성과 관련되어진 요인들로써 내적으로는 근무환경을 들수 있고 외적인 요인으 구성된 외적 근무환경으로 구분이 가능하다고 하였다.그리고 근무환경(job environment)은 효율적이고 창의적으로 업무를 제대로 수행할 수 있게끔 신체적·심리적으로 좋은 환경을 조성하는 것을 의미한다.더불어 업무 수행을 함에 있어서 최적의 환경 조건을 조성함으로써 업무 효율을 능률적으로 높일수 있는 다양한 심적·물리적 요소 등을 말한다.Moos(1981)는 근무환경에 대해서 목표지향, 시스템 유지, 관계로 구분한 세가지 차원의 의미라 하였다.우선시스템 유지는 근무 환경이 얼마나 조직적이고 질서정연한지, 얼마만큼 통제력을 유지하는지를 의미한다고 하였다.그리고 목표 지향이란 직무지향성 유지, 의사결정에 따른 자율성, 직무 도전과 성공 및 성취에 대한 기대를 제공함으로써 근무 환경이 구성원의 성장을 장려 혹은 억제하는 정도로 평가할 수 있다 고 주장하였다.마지막으로 관계 측면에 대해서는 근무환경에서의 관리자와 동료간의 응집력을 포함하여 의사소통 등 개인적으로 상호작용을 실시하는 정도로 평가할 수 있다고 하였다.
그리고 조직 구성원들이 자신의 직장에서는 어떤 업무를 담당하고, 자신의 직업 또는 직장에 대하여 어떤 생각을 가지고 있는지에 따라 조직의 목표 달성과 성과가 결정된다(신영철, 2017)는 점에서 근무환경은 중요한 요소이다.이에 여러 연구 자들은 근무환경을 범위로 구분하여 개념을 제시하였다. 먼저 Herzberg(1966)은 내적측면에서 근무환경은 개인의 성장기회, 승진기회, 성취, 책임, 인정 등의 직무와 연관된 부분과 함께 이와 관련하여 파생되어진 것 등으로 규정하고 외적인 근무환경은 급여, 위생요인, 타인과의 관계, 회사 정책, 물리적 환경, 그리고 고용의 안정 등과 같은 직무외적인 사회적 요인을 포함한다고 하였다.그리고 박경효(2002)는 근무환경을 협의적 개념과 광의적 개념으로 구분하였으며 협의적인 개념으로는 조직의 구성원들이 각자 자신의 직무를 수행하는 물리적인 환경을 뜻한다고 하였다.그리고 광의적 측면에서 근무환경은 대인관계, 물리적 연건, 정책적 요소, 그리고 직무수행과 연관된 관리 등을 포함하는 것으로 정의했다.또한 김영길(2010) 역시 근무환경을 협의와 광의의 개념으로 구분하였다. 특히 조직 구성원들이 직무를 수행하는 과정에서 요구되는 공기상태, 조명, 사무실의 소음, 작업 동선과 같으 물리적 환경을 포함하여 근무시간, 임금, 복리후생 등과 같은 직무수행과 연관된 관리적인 요인 역시 광의의 개념에 포함된다고 주장하였다.
이처럼 근무환경이 정형화된 개념이나 요소를 제시하지 못하는 이유는 근무환경의 속성이 단순하지 않고, 과업과 책무 또는 이들 간의 상호작용, 보상 등 다양한 요소들로 이루어졌기 때문이다(Milton, 1981).또한 근무환경은 연구자들의 연구에 대한 목적과 관심사에 따라 주관적이며 다양한 개념으로 정의가 되고 있음을 확인할 수 있다.

6단계 : 표절률 완료하기

이와 같은 과정을 통해서 표절률을 확인하고 목표한 수치에 달하지 못한 경우, 회색을 중심으로 내용을 조금씩 변경하면 된다.

7단계 : 표절률 다시 검사하기

최종 작업이 마무리되면 표절 검사를 새롭게 해서 표절률을 확인하면 된다.

03 연구설계 작성

18일 차 3장 연구설계 이해하기

Q 52. 3장의 제목은 무엇으로 해야 할까요?

A 52. 학교나 학과마다 다르지만 '연구설계'가 가장 많습니다.

3장은 논문의 가장 중간에 있고, 가장 핵심 내용을 다루는 부분이다. 즉 논문의 주제와 관련하여 어떻게 증명할 것인지를 구체적으로 제시한다. 3장은 연구주제, 연구모형, 연구방법론, 설문의 구성 등으로 이루어진다. 3장 작성에는 틀이 정해져 있으므로 전체 구조만 잘 이해하면 작성하는 데 큰 어려움은 없다.

그렇다면 3장을 구체적으로 살펴보기 전에 3장의 제목을 어떻게 하는 것이 좋을지를 확인해 보자.

아래는 임의로 선행연구를 확인한 것인데 크게 네 가지 정도로 구분됨을 알 수 있다. 물론 이 외에도 여러 제목이 있지만, 가장 일반적으로 다루는 제목을 제시하였다. 가장 많이 사용되는 제목은 '연구설계'와 '연구방법'이다. 또 연구설계 및 방법, 연구모형과 조사설계와 같은 제목으로 쓰이는 것을 알 수 있다.

하지만 다른 장의 주요 목차와 마찬가지로 3장 제목을 확정할 때에는 지도교수의 지도 학생이 사용했던 제목을 따르면 된다.

제3장 연구설계 ··············· 53	제3장 연구방법 ··············· 56
제3장 연구모형 및 가설설정 ···· 53	Ⅲ. 연구설계 및 조사 방법 ····· 65

Q 53. 3장의 목차는 어떻게 구성해야 할까요?

A 53. 3장의 목차는 연구모형이 제시되는 경우와 그렇지 않은 경우로 나누어 두 가지로 구성됩니다. 따라서 각 학과에서 연구모형이 제시되는지를 확인하고 목차를 구체화하면 됩니다.

먼저 제3장의 목차에서 연구모형과 연구가설이 제시되는 경우의 세부목차를 살펴보자.

제3장 연구설계 …… 제1절 연구모형 …… 제2절 연구가설 …… 제3절 조사 설계 …… 1. 자료 수집과 조사표본 · 2. 변수의 조작적 정의 … 3. 설문지 구성 …… 4. 자료의 분석 방법 ……	제 3 장 연구방법 …… 제 1 절 연구모형과 연구가설 …… 제 2 절 연구설계 …… 제 3 절 연구대상 …… 제 4 절 연구도구 …… 제 5 절 자료수집절차 …… 제 6 절 자료분석방법 ……
①김은정(2020). 숙명여자대학교 박사학위 논문 발췌	②오혜경(2020). 서울대학교 박사학위 논문 발췌

두 가지 목차의 제목은 다르지만 구성 내용은 거의 비슷하다. 그러므로 다음과 같이 목차를 구성할 것을 제안한다.

[3장 목차 제안]

제3장. 연구설계
- 제1절. 연구모형
- 제2절. 연구가설
- 제3절. 변수의 조작적 정의
- 제4절. 설문의 구성
- 제5절. 설문대상의 선정 및 배포
- 제6절. 분석방법

Q 54. 우리 학과는 3장에서 연구모형과 연구가설이 제시가 안 되는데 어떻게 해야 하나요?

A 54. 목차 대부분은 네 가지(연구대상, 연구 도구, 연구절차, 자료 분석)로 구성됩니다.

모든 인과관계 연구에서 연구모형과 연구가설이 제시되는 것은 아니다. 학교나 학과에 따라서 연구모형과 연구가설이 제시되지 않는 경우가 있다. 연구모형과 연구가설이 제시되지 않는 유형의 논문은 3장이 대부분 네 가지(연구대상, 연구 도구, 연구절차, 자료 분석)로 통일되어 있다. 따라서 연구자는 자신의 학과에서 작성된 학위논문을 살펴본 후 연구모형과 연구가설이 제시되지 않을 때는 아래 그림처럼 3장의 목차를 구성하면 된다.

Ⅲ. 연구방법...........	Ⅲ. 연구방법 ....
1. 연구대상............ 2. 연구도구............ 3. 연구절차............ 4. 자료분석............	1. 연구 대상 .... 2. 연구 도구 .... 3. 연구 절차 .... 4. 자료 분석 ....
김미정(2017) 숙명여자대학교 박사학위 논문 발췌	김수연(2015) 신라대학교 박사학위 논문 발췌

[3장 목차 제안]

1. 연구대상
2. 연구 도구
3. 연구절차
4. 자료 분석

Q 55. 3장 작성에서 주의할 사항으로 무엇이 있나요?

A 55. 몇 가지 주요한 사항을 미리 확인하면 좋습니다.

첫째, 자신의 연구가 질적 연구라고 하면 현재 소개하는 목차로 구성되지 않는다. 필자가 설명하는 부분은 양적 연구 중에서 가장 많이 연구되는 인과관계 연구에 해당하는 내용이다.

둘째, 2장(이론적 배경)에서 변수와 변수의 관계를 정리했어도 3장에서 선행연구를 작성하여 가설의 근거를 제시해야 한다. 2장에서는 변수와 변수의 관계를 선행연구자별로 구체적으로 길게 정리한다. 이렇게 요약해서 3장 '연구가설 설정'에서 정리한다는 점을 숙지하자.

셋째, 만약 2장 이론적 배경에서 변수와 변수의 관계에 대한 목차를 별도로 제시하지 않을 수 있다. 하지만 2장 이론적 배경에서 변수와 변수의 관계를 정리해 주지 않았다면 3장 연구가설 부분에서 변수와의 관계를 구체적으로 제시해야 한다.

넷째, 연구가설을 정리할 때에는 반드시 변수와 변수의 관계가 정리되어야 한다. 특히 인과관계 연구는 발명하는 것이 아니라 증명하는 것이다. 즉 다른 분야 또는 다른 연구대상자들에게 해당하는 내용이 나의 연구 분야나 나의 연구 대상에게도 동일하게 적용되는지를 증명하는 것이기 때문에 선행연구에서 변수 간의 근거가 반드시 확보되어야 한다. 변수 간의 근거를 확보하는 방법은 앞서 6일 차에서 세 가지(모델 활용, 선행연구 활용, 유추)를 소개하였다.

다섯째, 분석방법을 작성하는 부분에서 분석방법을 어떻게 작성해야 할지 궁금하다. 분석방법은 방법론에 따라서 반드시 분석해야 한다. 그리고 연구자가 연구결과를 다양하게 분석하기 위해서 추가로 분석하는 방법이 있다. 이에 대해서는 21일 차에서 다시 설명하겠다.

여섯째, 측정도구를 확인하다 보면 역문항이라는 용어를 자주 접하게 된다. 역문항이란 설문지에서 반대되는 문항을 의미한다. 아래 예시를 한번 보자.

1번 문항의 경우 응답자가 5번을 선택했다면 긍정적 상황일까? 부정적 상황일까? (답: 부정적 상황) 반면, 2번 문항에서 응답자가 5번을 선택했다면 긍정적 상황일까? 부정적 상황일까? (답: 긍정적 상황) 이처럼 동일한 5번이라고 하더라도 한 가지는 긍정을 의미하고 한 가지는 부정을 의미한다. 이처럼 문항을 반대로 물어본 것을 역문항이라고 한다. 역문항은 향후 분석을 하기 전에 반드시 정문항으로 변경하고 분석해야 한다. 역문항을 변경하지 않은 상태에서 분석하면 신뢰도와 타당도가 확보되지 않는 문제에 봉착한다.

번호	문항 내용	전혀 그렇지 않다	그렇지 않다	보통이다	그렇다	매우 그렇다
1	나는 부담스러운 상황에서는 우울감을 느낀다.	①	②	③	④	⑤V
2	나는 일을 조직적으로 처리하는 편이다.	①	②	③	④	⑤V

19일 차 3장 연구설계 작성하기(1)

Q 56. 연구모형과 연구가설이 있는 3장 작성에 대한 예시가 있을까요?

A 56. 제시된 예시대로 작성해 보세요.

3장에 대한 예시는 연구모형과 연구가설이 있는 경우에 제안했던 목차에 따라 작성하는 것이다.

1단계 : 연구모형 작성하기

연구모형을 이해하는 방법과 연구모형에서 변수가 의미하는 것에 대해서는 앞서 살펴봤고, 연구모형을 구체화하는 방법도 소개했다.

3장 연구모형을 작성할 때에는 다음과 같이 내용을 구성하면 기본 내용이 제시되었으므로 문제 없다고 판단할 수 있다.

[1단계 연구모형 작성 순서]

①연구의 목적을 제시한다.

②연구의 목적을 위해 선행연구 중에서 변수와 관련한 내용을 살펴보았음을 제시한다.

③연구모형의 변수를 제시한다.

④연구모형 그림을 제시한다.

1단계) 연구모형 작성 예시

본 연구의 목적은 양돈농가의 근무환경이 직무만족을 매개로 직원의 이직 의도와 직무성과에 미치는 영향을 고찰하는 데 있다. 이를 위해 근무환경, 직무만족, 이직 의도, 직무성과에 대한 개념과 관련 선행연구를 고찰한 바 있다. 그리고 연구모형 수립을 위해서 변수와 변수 간의 관계를 살펴본 후 이론적 근거를 기반으로 하여 독립변수는 근무환경, 매개변수는 직무만족, 그리고 종속변수는 이직 의도, 직무성과로 하였으며 연구모형을 다음과 같이 제시하였다.

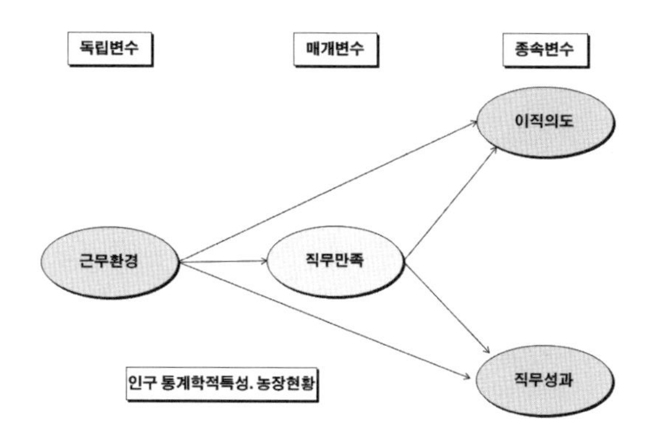

안기홍(2020). 건국대학교대학원 박사학위 논문 p.68

2단계 : 연구가설 작성하기

[2단계 연구가설 작성 순서]

①설정하고자 하는 가설 제시

②관련된 선행연구를 통해 근거 제시

③가설 제시

앞서 연구모형과 연구가설이 함께 등장하고, 연구모형을 보면 연구가설의 예상이 가능하다고 했다. 연구가설은 변수와 변수의 관계를 바탕으로 설정하며, 변수에 대해 설명도 했다. 또 연구모형을 만들 수 있는 유형에 대한 설명에서 변수와 변수 간에는 반드시 근거가 있어야 한다고 하였다.

따라서 3장의 연구가설을 작성하면서 각 연구가설을 제시하기 전에는 반드시 가설의 근거를 제시해야 한다. 하지만 일부 연구에서는 단순하게 아래와 같이 연구가설만 제시하기도 한다. 이는 바람직하지 않은 작성 방법이다.

2단계) 연구가설 작성 예시

먼저 근무환경과 직무만족 관련 가설 수립을 하면서 조재필(2015), 이명철(2015), 박재경(2017)은 요양보호사를 대상으로 한 연구에서 근무환경이 직무만족에 영향을 미친다고 하였고, 호텔직원을 대상으로 연구를 한 김건(2015)과 학교 급식 종사자를 대상으로 한 박영옥·정진우(2015) 역시 근무환경은 종사자들의 직무만족에 영향을 미친다고 주장하였다. 이뿐만 아니라 많은 국내외 연구자(Herzberg, 1965 ; Porter & Lawler, 1975 ; Maher, 1966 ; 손아랑, 2009 ; 김남숙 · 이정화, 2018 ; 마칠석, 2019) 연구에서도 근무환경과 직무만족 관련성이 제기되었다. (중략) 이처럼 지금까지 다양한 산업과 다양한 대상으로 근무환경과 직무만족, 이직의도, 직무성과에 대한 연구가 진행되어 왔으며 이러한 연구를 근거로 양돈농가 직원이 인식하는 근무환경도 직무만족, 이직의도, 직무성과에 영향을 미칠 것이라는 점을 예상할 수 있다. 그 결과 다음과 같은 연구가설 수립이 가능하다고 할 것이다.

H1 : 근무환경은 직무만족에 정(+)의 영향을 미칠 것이다.
H2 : 근무환경은 이직 의도에 부(-)의 영향을 미칠 것이다.
H3 : 근무환경은 직무성과에 정(+)의 영향을 미칠 것이다.
H4 : 직무만족은 이직 의도에 부(-)의 영향을 미칠 것이다.
H5 : 직무만족은 직무성과에 정(+)의 영향을 미칠 것이다.
H6 : 근무환경이 이직 의도에 미치는 영향에서 직무만족은 매개효과를 가질 것이다.
H7 : 근무환경이 직무성과에 미치는 영향에서 직무만족은 매개효과를 가질 것이다.

연구모형은 이론적 근거에 의해서 수립된 것이므로 반드시 연구가설은 연구모형을 중심으로 수립하되 화살표 방향이 확정된 근거를 제시해야 한다.

3단계 : 변수의 조작적 정의 작성하기

[3단계 변수의 조작적 정의 작성 순서]

변수별로 구분해서 다음과 같은 순서로 작성한다.

①변수의 개념적 정의 제시 ②변수의 조작적 정의 제시 ③측정도구 제시
④측정 문항 제시 ⑤측정 척도 제시 ⑥표 요약 제시

3단계) 변수의 조작적 정의 작성 예시

나. 직무만족

①직무만족은 조직 구성원이 스스로 직무에 만족하기 위해 필요한 생리적, 심리적, 환경적 상황의 조화를 말한다(Hoppock, 1935).

②본 연구에서 직무만족을 양돈농가 종사자가 생각하는 자신의 업무에 대한 만족의 정도로 정의하였다. 이를 위한 ③측정도구는 Zeithaml & BITNET(2000) 외 심윤정·오홍철(2016)의 연구를 바탕으로 한 신명철(2017)의 연구에서 사용한 ④6문항을 이용하였다〈표 4-2〉. 그리고 각 문항은 ⑤5점 척도로 측정하였다.

〈표 3-2〉 직무만족의 조작적 정의와 측정항목

구성차원	조작적 정의	측정항목	기존연구 및 응용
직무만족	양돈농가 직원이 생각하는 자신의 업무에 대한 만족의 정도로 정의	① 일에 대한 만족 ② 업무의 흥미 ③ 현재 업무에서의 기쁨과 보람 ④ 업무에 최선 ⑤ 업무선택에 대한 후회 ⑥ 현재 농장 선택에 대한 만족	Zeithaml & Bitner(2000), 심윤정 · 오홍철(2016), 신명철(2017)

인기홍(2020). 건국대학교대학원 박사학위 논문 p.73

4단계 : 설문의 구성 작성하기

3단계에서 변수별로 측정도구, 측정 문항, 측정 척도를 제시했다. 4단계에서는 3단계 내용을 종합하여 연구에서 설문을 구성한 것을 설명하면 된다.

[4단계 설문의 구성 작성 순서]

①설문지 전체 내용 간단하게 설명하기 ②측정 문항 제시

③인구통계학적 특성 제시 ④기타 특이사항 제시

⑤표 요약 제시

4단계) 설문의 구성 작성 예시

4. 설문의 구성

①설문의 구성은 국내에 근무하는 양돈농가 직원을 대상으로 연구함에 있어서 근무환경, 직무만족, 이직 의도, 직무성과에 대한 자료를 확보하기 위해 자기보고식으로 구성한 설문지를 5점 척도로 구성하였다. ②독립변수인 근무환경은 20문항, 매개변수인 직무만족은 6문항, 종속변수인 이직의도와 직무성과는 각각 4문항과 7문항으로 구성하였다. ③한편, 연구에 포함된 변수와 관련된 설문항목 이외에 응답자들의 인구통계학적 특성들을 파악하기 위하여 성별, 국적, 연령, 지역, 직급, 결혼 여부, 근무 기간, 규모 등 19문항을 설문항목에 포함시켜 명목척도를 사용하여 구성하였다. ④또한 대표자용의 설문에서는 인구통계학적 특성과 현황조사에서는 사육두수, 외국 직원 수, 이직자 수, 내 농장의 경영과 생산부문의 애로사항 등 직원용과는 다른 내용을 추가하여 21문항으로 구성하였다.

변 수 명			직원용		대표자용	
독립 변수	근무 환경	인적환경	5	20	5	20
		물리적 환경	4		4	
		보상체계	4		4	
		근무촉진	3		3	
		근무억제	4		4	
매개 변수	직무 만족	-	6	6	6	6
종속 변수	이직 의도	-	4	4	4	4
	직무 성과	-	7	7	7	7
통제 변수	인구통계학적 특성		직원(19문항)		대표(22문항)	
합			56		59	

안기홍(2020). 건국대학교대학원 박사학위 논문 p.75

5단계 : 설문대상의 선정 및 배포 작성하기

5단계에서는 구성한 설문지를 누구를 대상으로 조사할지 제시해야 한다. 설문을 어떤 방식으로 배포할지를 구체적으로 제시하는 단계이다.

[5단계 설문대상의 선정 및 배포 작성 순서]

①연구의 대상자 제시
②설문지 배포 전 설문지 내용 검토 여부 제시
③설문조사 기간 제시
④설문의 방법 제시
⑤설문조사 충실히 하기 위한 노력 제시

5단계) 설문대상의 선정 및 배포 작성 예시

5. 설문대상의 선정 및 배포

①본 연구의 대상자는 직원이 1명 이상인 전국의 양돈농가에 종사하는 경영자 및 직원(외국인 포함)이다. ②설문조사를 하기 전, 농장대표와 장기체류 외국 직원의 도움을 받아 설문의 문항에 문제가 없는지 확인하고 내용상 이해가 가지 않거나 문항이 매끄럽지 못한 내용을 수정 보완한 후 최종 설문지를 완성하였다. ③설문조사는 2020년 3월 11일부터 3월 31일까지 3주간의 사전 모니터링 기간과 온라인 설문지 개발 과정을 거쳐, 2010년 4월 1일부터 4월 21일까지 3주간 이루어졌다.

④설문조사는 연구자가 우편, 이메일, 직접 방문, 온라인 설문 등을 이용하였다. 설문지는 구글 온라인 설문지와 일반 설문지로 준비하였으며, ⑤설문하기 전에 응답자에게 연구의 목적을 충분히 설명하고, 설문 과정에서 궁금한 사항이나 의견이 있는 경우 설명을 한 후 응답하도록 하였다. 또한, 설문의 응답에 대한 결과를 객관화하는 데 문제가 없기 위해서 성별, 연령대, 국적 등 다양한 인구통계학적 특성에서 표본을 수집하도록 노력하였다. 직원 대상의 설문조사는 조사 대상자가 현장 직원이고 외국인 근로자가 많은 점을 고려하여 농장주가 입회하지 않은 자유스러운 분위기에서 진행할 수 있도록 부탁하였다. 또한, 설문조사에 대한 비밀보장을 위해 설문지를 작성한 후 첨부한 접착 봉투에 넣고 바로 봉하여 제출받도록 진행하였다.

6단계 : 분석방법 작성하기

6단계는 수립한 연구모형을 어떻게 증명할지 제시하는 것이다. 6단계에 제시된 순서에 따라 4장 연구결과의 순서가 정해진다.

[6단계 분석방법 작성 순서]

①분석 프로그램 소개 ②분석할 내용 한 가지씩 제시

6단계) 분석방법 작성 예시

6. 분석방법

①본 연구를 위해 SPSS 24.0과 AMOS 21.0을 사용하였고 주요 분석 과정 및 방법은 다음과 같다.

②첫째, 설문 응답자에 대한 일반적 특성을 분석하기 위하여 빈도분석(Frequency analysis)을 하였다. 둘째, 측정 문항에 대한 신뢰도(Cronbach's α)를 검사하여 문항의 예측 가능성, 정확성 등을 살펴보았다. 셋째, 측정 변인에 대한 평균, 표준편차, 첨도, 왜도를 확인하여 정규성 분포를 확인하기 위해 기술통계분석을 하였다. 넷째, 농장주와 직원 간, 그리고 직원들의 인구통계학적 특성에 따른 변수의 평균 차이를 확인하기 위해 차이분석(독립표본 t-test, 일원변량분석)을 하였다. 다섯째, 상관관계분석을 통해 각 변인 간 상관관계를 확인하기 위해 Pearson 상관관계분석을 하였다. 여섯째, 측정 문항에 대한 타당성을 확인하기 위해 확인적 요인분석(Confirmatory Factor Analysis)을 하였다. 일곱 번째, 가설검증을 위해 경로분석(AMOS)을 하였다.

안기홍(2020). 건국대학교대학원 박사학위 논문 中에서 pp.76~77 재구성

20일 차 3장 연구설계 작성하기(2)

Q 57. 연구모형과 연구가설이 없는 3장 작성 예시가 있을까요?

A 57. 제시된 예시대로 작성해 보세요.

3장 작성의 두 번째 예시는 연구모형이 없는 경우에 제안했던 목차에 따라 작성하는 것이다. 이 경우에는 연구가설이 제시되지 않고 대부분 1장 서론에서 연구문제로 대신한다. 이 목차로 진행하는 학과에 속해 있다면 첫 번째 예시에 비해 상대적으로 3장을 작성하기가 더 수월하다.

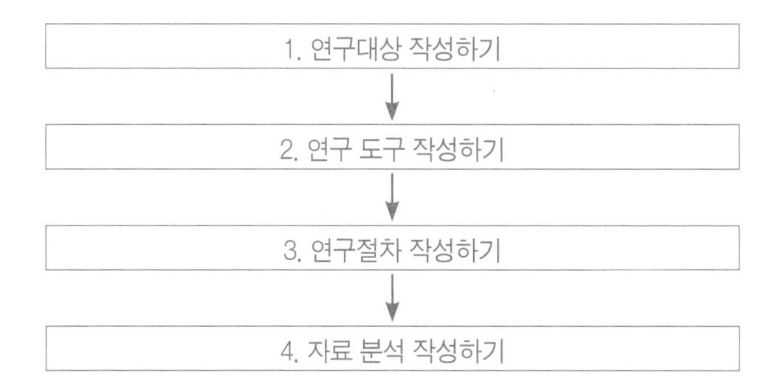

1단계 : 연구대상 작성하기

1단계는 연구의 대상을 작성하는 단계이다.

[1단계 연구대상 작성 순서]

①연구의 대상자 제시

②설문의 대상과 배포 및 회수한 양 제시

③일반적인 특성 표로 제시

1단계) 연구대상 작성 예시

①본 연구의 대상은 한국의 중년의 기혼 남성 중에서 자녀가 있는 사람이다. 본 연구에서는 가족건강성, 의사소통능력이 중년기 위기감에 미치는 영향을 알아보기 위해 ②전국의 만 40세 이상의 기혼 중년남성 1,000명에게 설문지를 배포하였고 1,000부가 회수되었다.

이 중 불성실하게 답하였거나 응답하지 않은 41부를 제외하고 559부가 분석에 사용되었다.
③연구대상의 일반적 특성은 〈표 3-1〉과 같다.

〈표 3-1〉 응답자 인구통계학적 특성

구분	세부	N(559)	퍼센트
연령대	40대	189	33.8
	50대	133	23.8
	60대	237	42.4
자녀 수	1명	55	9.8
	2명	369	66.0
	3명	129	23.1
	4명 이상	6	1.1

2단계 : 연구 도구 작성하기

2단계는 연구에 사용된 측정도구를 설명하는 것이다. 앞서 필자는 변수가 무엇인지, 측정도구가 무엇인지 설명하였다. 즉 연구자가 아래 예시처럼 자기효능감을 측정할 경우 자신의 연구에 가장 적합한 자기효능감을 측정할 수 있는 설문 문항을 찾아야 한다. 이는 곧 여러 선행 연구를 통해 내가 사용하고자 하는 변수를 측정하기 위한 도구를 찾는 것을 의미한다.

설문 문항은 연구자가 임의로 선정할 수 없다. 최초 측정도구를 개발한 개발자가 제시한 척도 점수를 임의로 변경해서도 안 된다. 따라서 연구자는 자신이 사용하고자 하는 척도가 얼마나 타당성 높은 척도인지를 구체적으로 제시할 필요가 있다. 그리고 각 요인에 대하여 분석결과에서 나타난 신뢰도(Cronbach's α)를 제시하여 측정도구에 대한 신뢰도가 확보되었음을 서술한다.

[2단계 연구 도구 작성 순서]

①측정도구의 개발자 제시
②하위요인이 있는 경우, 하위요인과 측정 문항 수 제시
③측정 척도 제시
④신뢰도 제시
⑤표에 하위요소, 설문 문항, 역문항, 문항 수, 신뢰도 제시

2단계의 연구 도구를 작성한 예시를 보면서 이해도를 높여보자.

2단계) 연구 도구 작성 예시

3) 자기효능감

①본 연구에서 자기효능감은 김아영, 차정은(1996)의 것을 김아영(1997)이 수정한 것으로 사용하였다. ②하위변인은 3가지(자신감 7문항, 자기조절효능감 12문, 과제난이도 5문항)로 총 24문항으로 구성하였다. ③설문의 측정은 Likert 5점 척도로 구성하였으며 1점은 '전혀 아니다', 2점 '아니다' , 3점 '보통이다', 4점 '그렇다', 5점, '매우 그렇다'로 되어 있으며, 점수가 높을수록 자기효능감 수준이 높음을 의미한다. 본 연구에서의 자기효능감의 하위요인별 문항 구성 및 신뢰도는 〈표 3-4〉와 같다. ④그리고 분석결과 신뢰도(Cronbach's α)는 자신감(.865), 자기조절 효능감(.907), 과제수행능력(.776)로 나타났고 전체는 .899로 확인되었다.

〈표 3-4〉 자기효능감 하위요인 문항 구성 및 신뢰도

하위영역	문항 번호	문항 수	Cronbach's α
자신감	1*, 3*, 5*, 10*, 11*, 13*, 16*	7	0.865
자기조절 효능감	2, 4, 7, 8, 12, 14, 17, 19, 20, 21, 23, 24	12	0.907
과제난이도	6*, 9*, 15, 18, 22	5	0.776
전체		24	0.899

* 역문항

3단계 : 연구절차 작성하기

3단계는 연구의 절차를 설명하는 단계로 자료수집에 대한 세부 절차를 제시하는 부분이다.

[3단계 연구절차 작성 순서]

①설문조사 이전의 내용 검토 여부 제시
②설문조사 실시 기간 제시
③설문의 방법 제시
④설문조사 충실히 하기 위한 노력 제시

3단계) 연구절차 작성 예시

①본 연구를 위한 설문지는 선행연구에서 제시된 여러 가지 연구 도구 중에서 본 연구에 가장 적합하다고 판단된 연구도구를 선정하였다. 그리고 설문을 구성함에 있어서 본 연구의 목적에 맞게 재구성하여 완성하였다. 설문을 배포하기 전 전문가의 도움을 받아 설문 문항에 대해 이상 없는지 그리고 문항을 이해하는데 있어서 문제가 없는지를 확인하였다. 이후 설문지 내용의 적절성, 오탈자의 유무, 설문 문항의 이해 가능 정도에 대해 의견을 수렴하여 설문지를 최종적으로 구성하였다. ②그리고 본 조사는 2020년 5월 1부터 5월 30일까지 4주간 실시하였다. ③설문지 배부는 온라인으로 설문지를 작성하여 배포하였다. ④설문을 진행하는 과정에서 이해가 되지 않는 부분에 대해서는 연락처를 통해 문의를 하도록 안내를 하였다.

4단계 : 자료 분석 작성하기

4단계는 자신의 연구에서 어떤 내용을 분석할지 제시하는 것이다.

[4단계 자료 분석 작성 순서]

①분석 프로그램 소개
②분석할 내용 한 가지씩 제시

4단계) 자료 분석 작성 예시

①본 연구에서는 유효 표본에 대한 기본적인 통계분석 및 연구문제를 검증하고자 SPSS 24.0 프로그램을 사용하여 다음과 같은 방법으로 통계분석을 하였다.

②첫째, 설문 응답자에 대한 일반적인 특성을 살펴보고자 빈도분석(frequency analysis)을 실시하였다.

둘째, 설문의 문항에 대해 기술통계분석, 신뢰도 검사를 실시하였으며, 문항 간의 신뢰도를 측정하여 예측 가능성, 정확성 등을 살펴보았다.

셋째, 변수의 상관관계를 살펴보기 위해 상관관계분석(Correlation analysis)을 실시하였다.

넷째, 변수 간의 관계를 확인하기 위해 회귀분석을 실시할 것이며 회복탄력성의 매개효과를 분석하기 위해 Baron과 Kenny(1986)가 제안한 매개효과 검증 절차에 따라 3단계 회귀분석을 실시하고자 한다. 이후 매개효과 검증을 위해 Sobel-test를 진행하였다.

04 연구결과 작성하기

21일 차 4장 연구결과 이해하기

Q 58. 통계분석 결과는 어떻게 작성해야 하나요?

A 58. 통계는 정해진 약속입니다. 따라서 분석방법이 필요한 이유를 이해하고 작성할 내용만 숙지하면 어렵지 않습니다.

우리는 자동차를 운전할 때 자동차의 원리를 이해하기보다 자동차의 기능을 숙지하기 위해 노력한다. 자동차를 운전할 때는 교통신호가 의미하는 바가 무엇인지 이해하기 위해 노력한다. 논문에서 통계 역시 마찬가지이다. 혹시 논문에서 통계를 작성하기 위해서는 통계에 대한 원리나 수학에 대한 기본 원리를 이해해야 한다고 생각하지 않는가?

아쉽게도 논문통계과 관련한 서적을 보면 어려운 용어가 너무나도 많다. 감히 접근을 하지 못하게 만들어 버려 연구자가 논문통계를 이해하기 더 어렵게 한다.

통계는 약속이다. 지금부터 '이건 뭐지?'라는 생각은 버리자.
'원래 그런 거야!'라는 생각을 갖자.
왜? 원래 그런 거니까!

통계분석은 프로그램이 분석하는 것이고 분석한 내용을 정리해서 표현하는 것은 연구자가 해야 할 몫이다. 따라서 통계를 이해하는 것이 매우 중요하다. 또 이를 표현하는 것 역시 중요하다. 따라서 지금부터 통계분석 결과에 필요한 모든 분석방법을 소개하고자 한다. 연구자들은 자신의 연구에서 사용될 분석방법을 확인하고, 그 분석이 왜 이루어지는 것인지 이해할 필요가 있다. 제시된 예시 형태로 표를 작성한 후 4장 작성에 활용하면 통계에 대한 두려움이 없어질 것이라 생각한다.

따라서 다음의 다섯 가지를 반드시 이해하면 논문통계가 전혀 두렵지 않다.

1. 이 분석방법은 무엇일까?

2. 왜 이 분석을 하는 걸까?

3. 이 분석방법에서 요구하는 기준치에는 어떤 것이 있을까?

4. 분석한 표를 논문에 어떻게 표시할까?

5. 분석한 표를 논문에 어떻게 작성할까?

Q 59. 제 논문에서는 어떤 통계를 해야 하나요?

A 59. 통계분석을 통해 증명할 때 사용되는 분석 종류는 대부분 정해져 있습니다.

연구자는 자신의 연구가설이나 연구문제를 검증하기 위해서 어떤 분석을 할지 결정해야 한다. 그리고 가설검정을 위해 해야 할 분석방법 외에 나머지 분석방법이 여러 가지 제시되어야 한다. 그렇다면 어떤 분석을 해야 할까?

먼저 가장 무난한 방법은 자신의 연구와 비슷한 연구모형을 통해 학위논문을 작성했던 선배의 논문에 제시된 분석방법을 찾아 기술하는 것이다. 이 방법이 실질적으로는 논문 심사과정에서 통계를 재분석할 가능성이 가장 낮은, 즉 매우 안정적인 방법이다.

그런데 동일한 연구모형과 분석 프로그램을 사용하더라도 분석하는 내용을 다르게 제시한 학위논문을 쉽게 발견할 수 있다. 그래서 필자는 지금부터 인과관계에서 가장 많이 사용되는 SPSS 프로그램을 통한 회귀분석과 AMOS를 활용한 구조방정식을 사용할 때 분석해야 하는 필수적인 분석내용과 선택적인 분석내용을 소개한다.

분석 프로그램	분석내용	회귀분석	구조방정식
SPSS	빈도분석	필수	필수
	신뢰도 분석	필수	필수
	기술통계 분석	선택	선택
	탐색적 요인분석	선택이지만 많이 제시함	선택이지만 많이 제시함
	차이 분석	선택	선택
	상관관계 분석	필수	선택
AMOS	확인적 요인분석	선택	필수
SPSS, AMOS	인과관계 분석	필수(SPSS)	필수(AMOS)

①회귀분석을 통한 인과관계 분석을 할 때 반드시 제시해야 하는 것은 네 가지이다. 인구통계학적 특성을 나타내는 빈도분석, 신뢰도 분석, 상관관계 분석, 그리고 가설검정을 위한 인과관계분석이다. 탐색적 요인분석은 체계화하지 않은 문항에 대해 타당도를 확인하는 과정이다. 대부분의 인과관계 연구는 선행연구자가 사용했던 설문 문항을 근거로 작성했기 때문에 탐색적 요인분석을 별도로 할 필요는 없으나, 설문 문항의 타당도를 다시 확인하기 위해서 제시한다. 지도교수의 스타일에 따라서 기술통계분석, 차이 분석 등이 추가로 시행된다. 간혹 교차분석 등이 이루어지기도 한다.

②AMOS를 활용한 구조방정식을 통해 인과관계를 분석하는 경우에는 필수로 제시해야 하는 것 역시 네 가지이다. 인구통계학적 특성을 나타내는 빈도분석, 신뢰도 분석, 확인적 요인분석, 그리고 가설검정을 위한 구조방정식 분석이다. 탐색적 요인분석은 별도로 할 필요는 없으나 설문 문항의 타당도를 다시 확인하기 위해서 제시한다. 지도교수의 스타일에 따라서 기술통계분석, 차이 분석 등이 추가로 시행된다. 간혹 교차분석 등이 이루어지기도 한다.

22일 차 기초통계 쉽게 이해하기

Q 60. 빈도분석은 왜 하는 건가요?

A 60. 자신의 연구 결과를 일반화하는 데 문제없음을 강조하기 위해서 합니다.

1. 빈도분석은 무엇일까?

논문통계분석 서적을 보면 다음과 같은 문장으로 빈도분석이 설명되어 있다.

"빈도분석에서는 표본에 대한 백분위 값인 사분위수와 절단점, 백분위수와 중심화 경향을 확인할 수 있는 평균, 중위수, 최빈값, 합계 및 표준편차, 분산, 최소값, 최대값, 범위, 평균의 표준오차, 왜도와 첨도 등의 데이터의 분포를 확인할 수 있다. 독립적인 분석방법이기는 하지만, 표본에 대한 성격을 설명하는 인구통계학적 특성 등을 확인할 때 수행하는 분석이다."

- (노경섭, 《제대로 알고 쓰는 논문 통계분석》, 한빛아카데미)

논문통계분석 책을 보면 너무도 어려운 말들로 도배된 느낌을 받게 된다. 가장 기본적 빈도 분석조차 무슨 의미인지 해석하는 것이 어렵다.

그래서 지금부터 통계분석방법에 대해 설명하면서 논문통계분석에서 설명하는 어려운 용어를 모두 제거하고 이해와 작성이 가능한 수준으로 설명하고자 한다.

빈도분석이란 빈도(Frequency)를 분석하는 것이다. 측정하고자 하는 문항이 얼마나 반복이 되는지 그 횟수를 계산하는 것이다.

모든 설문조사를 기반한 논문에서는 빈도분석이 제시되어야 한다. 논문에서 제시되는 빈도분석의 내용은 주로 설문지에 구성된 설문응답자들의 일반현황에 대한 내용이다.

2. 왜 빈도분석을 하는 것일까?

빈도분석을 하는 이유는 수집한 응답자의 전체 현황을 보여주는 것이다. 하지만 많은 연구자가 간과하는 부분이 있다.

라면을 끓일 때 물의 양을 제대로 맞추지 못한 경험은 한두 번 정도 있을 것이다. 라면 국물의 양이 적당한지 확인하는 방법에 대해 다음 두 가지 중에 더 올바른 방법은 어떤 것일까?

첫 번째, 라면 스프가 제대로 섞이지 않은 상태에서 간을 보는 것.

두 번째, 간을 보기 전 스프을 고르게 저은 후에 확인하는 것.

두 가지 방법 중에 더 정확하게 라면 국물의 양을 확인할 수 있는 것은 무엇일까? 첫 번째 방법의 경우 스프가 섞인 상태에서 샘플을 채취하여 간을 봤다면 짜다고 느껴 물을 더 부어야 한다. 반대로 스프가 거의 없는 상태에서 샘플을 채취했다면 물을 덜어내야 한다. 따라서 라면 국물의 양이 적당한지 판단하기 위해서는 스프를 적절하게 잘 섞은 다음에 간을 봐야 한다.

논문도 마찬가지다. 연구자가 표본으로 삼은 연구대상자는 무수히 많다. 모든 연구대상자를 전수조사하는 것은 현실적으로 어렵다. 따라서 양적 연구에서는 연구자가 대상으로 삼은 설문대상자 중에서 표본을 추출하여 분석에 사용한다. 이때, 특정 지역과 집단 등에 편중되어 설문조사가 이루어지면 연구 결과를 일반화하는 데 문제가 생긴다.

곧 연구대상자를 편중되게 조사하면 연구 결과를 일반화하기에 무리가 따른다. 따라서 빈도분석을 하여 연구 결과를 일반화하는 데 문제가 없다는 것을 강조해야 한다.

3. 빈도분석에서 요구하는 기준치에는 어떤 것이 있을까?

빈도분석에서 요구하는 기준치로 정해진 것은 없다. 그렇지만 설문지를 구성할 때 주의해야 한다. 일반적 특성 즉, 인구통계학적 특성이 제대로 반영되도록 설계해야 한다.

만약 직장인의 직무만족에 대한 연구를 한다고 가정하자. 이때 성별이나 직급을 설문 문항에 구성하지 않아 별도의 빈도분석로 분석하지 않으면 연구 결과가 남녀 모두 적용된다고 자신할 수 있을까? 직무만족이 모든 직급에 동일하게 적용된다고 자신할 수 있을까?

따라서 학위논문에서 빈도분석이 가장 널리 사용되는 경우는 설문지에 구성된 일반문항(인구통계학적 특성)에 대한 빈도를 분석하는 것이므로 설문의 설계과정에서 잘 살펴봐야 한다.

4. 빈도분석한 표를 논문에 어떻게 표시할까?

빈도분석한 표에 대한 예시는 다음과 같은 형태가 된다. 표 스타일은 학교나 학과마다 약간 다를 수 있다. 그럴 때는 자신의 학과 스타일에 맞게 내용을 편집하면 된다.

빈도분석 결과표 예시

〈표 4-1〉 인구통계학적 분석 결과

구분		N(161)	%
성별	남자	80	49.7
	여자	81	50.3
연령대	20대	40	24.8
	30대	55	34.2
	40대	32	19.9
	50대	34	21.1
학력	고졸 이하	35	21.7
	전문대 졸	40	24.8
	대학 졸	56	34.8
	대학원 이상	30	18.6

5. 빈도분석한 표를 논문에 어떻게 작성할까?

빈도분석 작성 방법은 간단하다. 주의할 점은 논문에 표가 제시되면 해당 표를 본문에 설명해줘야 한다는 것이다. 그러나 설명 규칙은 존재하지 않는다. 아주 간단하게 한 줄로 제시할 수도 있고 구체적으로 제시할 수도 있다. 순서대로 제시하기도 하고 숫자가 높은 순으로 정리하기도 한다. 아래는 앞의 표에 대한 작성 예시이다.

빈도분석 본문 작성 예시

1. 인구통계학적 분석

분석 대상인 161명 응답자의 인구통계학적 특성을 살펴보면 다음과 같다. 성별은 남자 80명(49.7%), 여자 81명(50.3%)의 분포를 보임을 확인하였다. 연령대는 전체 응답자 중에서 30대가 가장 많은 55명(34.2%), 20대 40명(24.8%), 50대 34명(21.1%), 40대 32명(19.8%) 순임을 확인하였다. 학력의 경우, 고등학교 졸업 35명(21.7%), 전문대 졸업 40명(24.8%), 대학교 졸업 56명(34.8%), 대학원 이상 30명(18.6%)의 비중을 보였으며 전반적으로 분석을 위한 표본이 고른 분포를 보임을 확인하였다. 이처럼 인구통계학적 특성별로 표본의 추출이 고르게 되었으므로 본 연구의 결과를 일반화하는 데 무리가 없다고 판단하였다.

Q 61. 탐색적 요인분석을 어떻게 해석해야 할까요?

A 61. 탐색적 요인분석을 통해 타당도를 판단하는 기준 여섯 가지만 기억하세요.

1. 탐색적 요인분석은 무엇일까?

논문통계분석 서적을 보면 다음과 같은 문장으로 요인분석이 설명되어 있다.

"요인분석(Factor analysis)이란 등간척도나 비율척도로 이루어진 대상을 분석한다. 요인분석은 여러 변수들 간의 공분산과 상관관계 등을 이용하여 변수들 간의 상호관계를 분석하고 그 결과를 토대로 문항과 변수들 간의 상관성 및 구조를 파악하여 여러 변수들이 지닌 정보를 적은 수의 요인으로 묶어서 나타내는 분석 기법이다."

- (노경섭, 《제대로 알고 쓰는 논문 통계분석》, 한빛아카데미)

"일반적으로 요인분석이라고 하면, 통계적 알고리즘에 의해서 가장 유사한 변수들끼리 묶어서 요인을 만들어 주는 탐색적 요인분석을 의미하고, IBM SPSS Statistics에서 이 기능을 제공한다. 탐색적 요인분석에 대비되는 것이 확인적 요인분석이라고 하는 것이다."

- (허준,《허준의 쉽게 따라 하는 AMOS 구조방정식모형》, 한나래아카데미)

위에 기술된 내용을 읽더라도 탐색적 요인분석이 무엇인지 쉽게 이해되지 않는다. 익숙하지 않은 통계 용어로 설명되어 있고, 두리뭉실한 표현이라 이해하기가 어렵다.

그렇다면 지금부터 탐색적 요인분석을 다음과 같이 설명하겠다.

적성검사를 받아본 경험이 누구나에게 있을 것이다. 고등학교 진학하기 전, 고등학교 재학 시절, 혹은 대학 입한 전, 대학 입학 후에 적성검사를 받게 된다. 적성검사를 받게 되면 자신의 적성이 표나 그림으로 제시된다.

고등학교 1학년에 진학하여 2학년이 되기 전에 인문계(문과), 자연계(이과), 예체능계 가운데 하나를 선택해야 한다. 적성검사 문과, 이과, 예체능계를 선택하는 데 참고자료가 된다. 즉 적성검사라는 평가지가 자신의 적성이 어디에 가장 가까운지를 탐색하게 해준다.

1학년 1반의 학생 30명이 있다고 치자. 적성검사 결과 문과, 이과, 예체능계 중에서 1번 학생(문과), 2번 학생(이과), 3번 학생(예체능), 4번 학생(이과), 5번 학생(문과)라는 결과가 나왔다. 여기에서 문과, 이과, 예체능은 요인이다. 세 가지 요인 중서 각 문항(학생 번호)이 어느 요인에 속하는지를 탐색하는 것을 탐색적 요인이라고 한다.

탐색이란 낱말은 네이버 사전에서 "드러나지 않은 사물이나 현상 따위를 찾아내거나 밝히기 위하여 살피어 찾음"이다. 즉 설문지로 사용한 설문 문항이 어느 요인에 해당하는지를 밝혀주는 것이 탐색적 요인분석이다.

2. 왜 탐색적 요인분석을 하는 것일까?

탐색적 요인분석을 하는 이유로는 여러 가지가 있다.

①측정한 문항 수를 줄일 필요가 있을 경우

②변수들 내에 존재하는 구조를 발견하려는 경우

③동일한 개념을 측정한 변수들이 동일한 요인으로 묶이는지 확인하려는 경우

이중에서 ③은 타당성을 검증하는 것으로 측정 문항에 대해 동일한 요인끼리 묶이는지를 분석을 통해 확인한다.

탐색적 요인분석에 대한 이해를 위해 아래 그림처럼 예를 들면, 점심식사 후에 카페에서 딸기·바나나·키위 주스를 구매했는데 맛이 조금 이상하다. 그래서 자신이 구매한 주스가 정말 딸기·바나나·키위 주스가 맞는지 확인하기 위해 실험실에 성분의뢰를 했다고 하자.

①번 그림은 최초의 딸기·바나나·키위 주스이다.

②번 그림은 실험실에서 층을 구분하기 위해서 교반기로 충분히 회전시킨 상태이다.

③번 그림은 전체 4개의 층(딸기－바나나－키위－기타)으로 구분된 것이다. 전체 100% 중에 딸기(20%), 바나나(25%), 키위(30%)로 과일이 전체의 75%(총설명력)를 차지하는 것을 알 수 있다.

이처럼 설문조사에서는 여러 가지 요인을 동시에 측정한다. 연구자가 최초 설계한 의도와 동일하게 설문응답자들이 인식했는지 확인할 필요가 있다. 이를 위해서 탐색적 요인분석을 하는 것이며, 탐색적 요인분석을 통해서 부적절한 응답 문항은 제거할 수가 있다.

탐색적 요인분석 예시

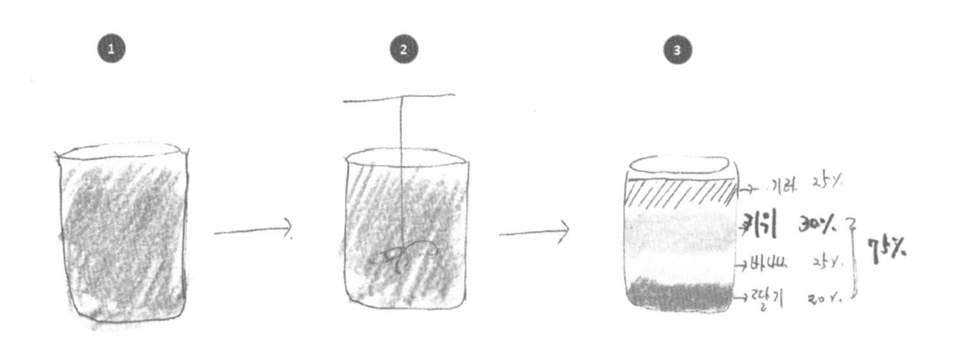

3. 탐색적 요인분석에서 요구하는 기준치에는 어떤 것이 있을까?

앞서 강조하였지만 통계는 약속이다. 정해진 기준에 의해서 판단하면 되는 것이다.

아래 표에 탐색적 요인분석을 통해 타당도를 판단하는 여섯 가지 기준을 제시하였다. 연구논문에 따라서 모두 제시되기도 하고 그중에서 4~5개만 제시되기도 있다.

탐색적 요인분석을 통한 타당도 판단 기준 6가지

기준	판단 지수	설명	기준치
1	공통성(communality)	각 변수를 설명하는 요인에 대한 개념의 설명력을 나타냄	0.4~0.5 이상
2	KMO(kaiser-meyer-olkin)	구체적으로 표본의 적합도를 나타냄	0.5~0.7 이상
3	구형성 검정 (Bartlett's test of sphericity)	변수 간의 독립적 관계를 제시	P 〈 0.05
4	고윳값(eigen value)	하나의 요인에 대한 변수들의 분산총합	1 이상
5	총설명력(variance explained)	하나의 요인으로 설명될 수 있는 분산 비율	60% 이상
6	요인적재값(factor loading)	해당 요인에 의해 변수를 어느 정도 설명하는 요인과 변수 간의 상관계수를 표시	0.3~0.5 이상

제시된 기준치는 여러 학위논문과 논문통계분석 저서에서 제시하고 있는 내용을 요약하여 제시한 것임.

4. 탐색적 요인분석한 표를 논문에 어떻게 표시할까?

SPSS를 통해서 탐색적 요인을 하면 여러 가지 표가 생겨난다. 그렇지만 여러 가지 표를 아래와 같은 형태로 새롭게 구성하여 제시해야 한다.

탐색적 요인분석 작성 예시

〈표 4-2〉 독립변수 탐색적 요인분석 결과

구분	판단 지수	공통성	성분			비고
			1	2	3	
지식	지식 1	.770				
	지식 2	.781	.843	.212	.160	
	지식 3	.737	.828	.208	.091	
기술	기술 1	.697	.470	.220	.654	
	기술 2	.743	.435	.279	.690	
	기술 3	.679	.443	.216	.660	
	기술 4	.831	.730	.511	.192	제거
태도	태도 1	.715	.111	.664	.511	
	태도 2	.623	.258	.746	.003	
	태도 3	.639	.171	.780	-.045	

아이겐값	6.818	4.277	2.690	
% 분산	35.886	22.510	14.157	
총 설명력	35.886	58.396	72.553	

Kaiser-Meyer-Olkin(.923), 유의확률(.000)

5. 탐색적 요인분석한 표를 논문에 어떻게 작성할까?

앞서 제시한 탐색적 요인분석을 통한 타당도 판단 기준을 활용하여 다음과 같이 정리하면 된다.

탐색적 요인분석 작성 예시

2. 탐색적 요인분석

본 연구에서는 선행연구에 기반하여 설문 문항을 추출하였기 때문에 탐색적 요인을 실시를 하지 않아도 무방하겠으나, 연구 내용의 독창성과 응답 과정에서 특이성으로 인해 선행연구와 차이가 발생할 수도 있다고 판단하여 탐색적 요인분석을 실시하였다. 그리고 부적합한 측정 문항을 사전에 제고함으로써 측정도구의 타당성을 확보하고자 하였다. 모든 측정변수는 구성요인을 추출하기 위하여 주성분 분석(Principle component analysis)을 사용하였으며, 요인적재치의 단순화를 위하여 직교 회전방식(Varimax)을 채택하였다.

탐색적 요인분석을 실시하기 전에 추출된 요인들에 의해서 각 변수가 얼마나 설명되는지를 나타내는 ①공통성(Communality)을 측정하였다. 분석결과 전체 측정 문항의 공통성은 0.4 이상임을 확인할 수 있었으며 이를 통해 공통성이 확보되었다고 판단하였다. 그리고 정성적 관점에서 일반적으로 ②KMO(Kaiser-Meyer-Olkin)와 ③Bartlett의 구형성 검정을 통해 표본의 적절성을 평가한 결과 KMO는 0.923이고 유의확률은 0.05 이하로 주요 요인분석을 수행하는 데 문제가 없다고 판단하였고 전체 상관관계 행렬이 요인분석에 적합하다고 판단하였다.

다음으로 본 연구의 문항 선택기준은 ④고윳값(Eitan value)이 모두 1.0 이상이었고 ⑤총설명력은 72.553%로 기준을 충족하였다. 마지막으로 ⑥요인적재값을 확인한 결과 기술 4(.192)가 기준치 0.4를 충족하지 못하여 제거를 하였다.

Q 62. 신뢰도 분석은 무엇일까요?

A 62. 연구자가 수집한 데이터를 분석에 사용해도 문제 없다는 것을 제시하고자 실시하는 분석입니다.

1. 신뢰도 분석은 무엇일까?

"신뢰성(Reliability)은 연구자가 어떤 연구문제에 대해 실시한 설문조사에 대하여 그 조사를 다시 반복한다고 가정할 때, 그 결과가 얼마나 원래 측정치와 일치할지를 나타내는 척도다."

- (노경섭, 《제대로 알고 쓰는 논문 통계분석》, 한빛아카데미)

논문통계분석 서적을 보면 위와 같은 문장으로 설명되어 있는데, 신뢰도 분석은 측정한 문항을 얼마나 믿고 신뢰해서 사용할 수 있는가를 확인하기 위한 분석이다.

2. 왜 신뢰도 분석을 하는 것일까?

설문조사를 진행하고 통계분석까지 마무리하여 논문을 완성했다고 치자. 논문 심사를 받는 과정에서 다음과 같은 질문을 받으면 뭐라고 대답할까?

"연구자는 분석을 다양하게 해서 결과를 제시했는데, 가설검정 결과가 선행연구자들의 결과와는 반대되는 게 좀 많네요. 분석에 사용된 데이터에 문제가 있어서 그런 건 아닌가요?"

이런 질문을 받게 되면 당황한다. 하지만 타당도와 신뢰도가 확인되었다면 연구 결과가 어떻게 나오더라도 문제가 없다. 아래와 같이 답하면 된다.

"교수님께서 말씀하신 사항은 잘 인지했습니다. 그러나 본 연구에서 가설 검증을 실시하기 전에 설문 문항에 대한 타당도와 신뢰도를 확인하는 과정을 거쳤습니다. 부적합한 설문 문항은 제거하고 타당도와 신뢰도가 확보된 문항을 사용했기 때문에 본 연구 결과는 문제가 없다고 판단할 수 있습니다. 연구 결과 해석에서 선행연구와 반대되는 결과가 나온 이유를 제시했습니다."

이처럼 설문조사에서 얻은 데이터는 반드시 신뢰도 검사를 거쳐야 한다. 비록 타당도의 경우에는 이미 선행연구에서 측정도구의 타당도가 확인되었으므로 생략할 수 있지만, 신뢰도는 반드시 다시 확인해야만 하는 점이 탐색적 요인분석 신뢰도의 차이이다.

3. 신뢰도 분석에서 요구하는 기준치에 어떤 것이 있을까?

신뢰도 분석 역시 신뢰도가 '있다' 또는 '없다'의 기준을 가지고 있다. 학위논문에서는 대부분 '크론바흐 알파계수(Cronbach alpha coefficient)를 기준으로 판단한다. 크론바흐 알파 계수는 0~1 사이의 값을 가진다. 값이 높을수록 신뢰도가 높다고 판단한다. 보통 사회과학에서는 0.6 이상이면 신뢰도에 문제 없는 것으로 간주한다. 하지만 학과 교수의 스타일에 따라 0.7 이상이 기준으로 적용되기도 한다.

4. 신뢰도 분석한 표를 논문에 어떻게 표시할까?

신뢰도 분석 결과는 별도로 제시하는 때도 있지만, 연구모형이 없는 논문에서는 3장의 연구도구에 작성한다. 기술통계분석과 같이 제시되거나 탐색적 요인분석과 같이 제시되기도 한다.

신뢰도 분석 작성 예시

〈표 4-3〉 신뢰도 분석 결과

구분		신뢰도 (Cronbach's α)
지식역량	지식 1	.931
	지식 2	
	지식 3	
기술역량	기술 1	.924
	기술 2	
	기술 3	
태도역량	태도 1	.900
	태도 2	
	태도 3	

5. 신뢰도 분석표를 논문에 어떻게 작성할까?

> **신뢰도 분석 작성 예시**
>
> 3. 신뢰도 분석
>
> 신뢰도를 확인하기에 앞서 탐색적 요인분석을 통해 타당도를 확인하였고 타당도가 확보되지 못한 기술 4는 제거하였다. 설문지의 각 항목 응답에 대한 신뢰도를 확인하였다. 그리고 신뢰도는 사회과학 통계에서 가장 널리 사용되는 크론바흐알파(Cronbach's α) 계수를 사용하였다. 일반적으로 사회과학연구에서는 크론바흐알파(Cronbach's α) 계수가 0.6 이상이면 비교적 신뢰성을 확보했다고 볼 수 있다. 따라서 본 연구에서도 0.6 기준으로 평가를 실시하였다. 그 결과 지식역량(.931), 기술역량(.924), 태도역량(.900)으로 모두 기준치를 상회한 것으로 나타났으므로 측정항목들이 신뢰할 수 있는 수준에서 측정되었다고 할 수 있다.

Q 63. 기술통계분석은 왜 하는 건가요?

A 63. 측정한 변수의 평균과 표준편차를 확인하고 정규분포 여부를 확인하기 위함입니다.

1. 기술통계분석은 무엇일까?

논문통계분석 서적을 보면 다음과 같은 문장으로 기술통계분석이 설명되어 있다.

"기술통계분석에서는 주로 수치형 자료(등간척도 및 비율척도)에 대한 요약을 위해 사용된다. 빈도분석의 경우 주로 명목·서열변수 같은 이산적 데이터를 분석할 때 사용하는 반면, 기술통계분석은 주로 등간·비율변수와 같은 연속적 데이터를 분석할 때 사용한다. 수치형 자료에서는 변수의 응답 값이 다양하므로 이에 대한 요약 값이 필요하다. 또한 변숫값의 표준화 점수(Z값)를 산출하여 저장할 수도 있다." - (김원표, 《SPSS 통계분석 강의》, 사회와 통계)

대략 짐작할 듯하면서도 이해하기 쉽지 않다. 기술통계분석을 통계분석 책에서 다루지 않는 경우도 많다. 그렇지만 의외로 기술통계분석이 여러 학위논문에 사용되고 있으며 측정 문항이나 측정 요인에 대한 평균, 표준편차, 왜도, 첨도를 표시한다.

2. 왜 기술통계분석을 하는 것일까?

먼저 기술통계분석표를 보면 평균과 표준편차가 표시된다. 이는 측정 문항이나 측정 요인에 대한 평균을 확인하고 표준편차를 확인함으로써 수준을 확인하는 것이다. 다시 말해 네 가지 선호하는 품목을 조사했다고 할 때 어떤 품목의 선호도가 가장 높은지 평균으로 확인하는 것이 기술통계분석이다.

물론 차이분석 등을 통해서 인구통계학적 특성(성별, 연령대, 학력 등)에 따른 평균을 확인할 수 있지만, 기술통계분석은 측정한 데이터에 대한 전체 평균과 표준편차를 확인하는 것이다.

기술통계분석을 하는 또 다른 중요한 이유가 있다. 정규분포 여부를 확인하기 위함이다. 정규분포란 종 모양으로 중앙을 기준으로 좌측과 우측이 대칭인 분포를 의미한다. 만약 자신이 수집한 데이터가 특정 문항의 응답 비율이 월등히 높거나 값들이 한쪽으로 치우쳐 있다면 정규분포가 의심될 수 있다.

따라서 기술통계를 통해 정규분포 여부를 확인하는 것이 '왜도'와 '첨도'이다.

'왜도'란 정규분포 그림의 절반을 접었을 때 좌측과 우측이 동일하지 않고 좌측이나 우측으로 삐져나오는 정도를 의미한다. '첨도'란 종 모양의 중앙 부분의 뾰족한 정도를 의미한다.

3. 기술통계분석에서 요구하는 기준치에 어떤 것이 있을까?

아래 표는 기술통계분석에서 제시되는 내용과 기준을 제시하였다. 기준치는 논문통계 책이나 학위논문에 작성된 내용에 따라 다소 차이가 있어서 범위로 제시하였다. 따라서 최종적으로 기준치를 적용할 때에는 학과에서 사용된 내용을 참고해서 제시하거나 특정 교재의 내용을 참고하면 된다.

기술통계분석에 제시되는 내용

NO	제시 내용	기준치
1	평균	기준치는 없음
2	표준편차	기준치는 없음
3	왜도	절댓값 기준으로 2~3보다 작으면 적합
4	첨도	절댓값 기준으로 4~10보다 작으면 적합

제시된 기준치는 여러 학위논문과 논문통계분석 저서에서 제시하고 있는 내용을 요약하여 제시한 것임.

4. 기술통계분석한 표를 논문에 어떻게 표시할까?

기술통계분석 작성 예시

〈표 4-4〉 기술통계 결과

구분		평균	표준편차	왜도	첨도
근무 환경	인적환경	3.781	.554	-.729	2.427
	물리적환경	3.409	.683	-.172	.793
	보상체계	3.692	.506	-.647	3.148
	근무촉진	3.741	.560	-.918	3.001
	근무억제	3.191	.558	-.140	.166
근무환경 전체		3.563	.389	-.383	1.623
직무성과		3.479	.559	-.741	2.700

5. 기술통계분석한 표를 논문에 어떻게 작성할까?

기술통계분석 작성 예시

4. 기술통계 분석

측정변수(근무환경, 직무성과)에 대하여 평균 및 표준편차, 첨도, 왜도를 확인하기 위해 기술통계분석을 하였다. 근무환경의 하위 요소 중에서 평균이 가장 낮은 것은 물리적 환경(M=3.409)으로 나타났고 가장 높은 것은 인적 환경(M=3.781)으로 확인되었다. 그리고 근무환경 전체는 평균이 3.563점으로 나타났다. 그리고 직무성과는 평균이 3.479로 확인되었다. 다음으로 연구 결과가 정규분포를 따르는지 확인하기 위해 첨도와 왜도를 확인하였다. 일반적으로 왜도의 절댓값이 2를 넘지 않았을 경우 정규성을 벗어나지 않는 것으로 볼 수 있다. 그리고 첨도는 절댓값을 기준으로 7을 넘지 않을 경우 정규분포 조건이 충족될 수 있다. 이러한 기준에 따라 응답 결과의 데이터는 정규분포를 따르는 것으로 확인되었다.

Q 64. 차이분석은 무엇인가요?

A 64. 변수에 대한 평균 차이를 의미합니다.

차이분석이란 평균 차이를 의미한다. 통계분석 서적에서는 차이분석을 소개할 때 t-test 분석과 구분해서 설명한다. 그렇지만 필자는 학위논문에서 가장 많이 쓰이는 차이분석의 종류를 요약하여 제시한다.

유형	유형 별 예시	분석방법
①	1학년 1반 중간고사 영어성적 vs 1학년 2반의 중간고사 영어성적 평균 비교	독립표본 t-test
②	1학년 1반의 중간고사 vs 1학년 1반의 기말고사 영어성적 평균 비교	대응표본 t-test
③	1학년 1반 vs 1학년 2반 vs 1학년 3반 중간고사 영어성적 평균 비교	일원변량분석(One way Anova)

①독립표본 t-test : 두 개의 독립표본 간 변수에 대한 평균 차이를 확인할 때 사용한다.

②대응표본 t-test : 동일한 집단(1개 집단)에서 시점에 따른 변수에 대한 평균 차이를 확인할 때 사용한다.

③일원변량분석(One way Anova) : 3개 이상의 독립표본 간 변수에 대한 평균 차이를 확인할 때 사용한다.

Q 65. 차이분석은 왜 하는 것인가요?

A 65. 측정하고자 하는 변수가 특정 집단의 특성에 따라서 평균 차이가 발생하는지를 살펴봄으로써 분석을 더 다양하게 하기 위해서입니다.

차이분석을 하는 이유는 측정하고자 하는 변수가 특정 집단의 특성에 따라 평균 차이가 발생하는지를 살펴봄으로써 분석을 더 다양하게 하기 위해서이다. 회귀분석을 사용할 경우, 통제 변인을 결정하기 위해서도 사용한다. 즉 집단에 따라서 종속변수에 차이가 발생하는 집단을 통제 변인에 사용하기 위해서도 사용한다.

다음 표를 보고 2개의 반에 평균 차이가 있는지 판단해 보자. 통계를 의식하지 않을 때에는 분명히 2개 반의 영어 평균과 수학 평균 점수에 차이가 있어 보인다. 그렇지만 통계상 차이가 있는지 육안으로 판단할 수 없다. 육안으로 평균 차이가 있다고 판단할 수 없으며 이런 경우 차이분석을 통해 유의수준을 판단해야 한다.

구분	1학년 1반	1학년 2반
영어 평균	70점	73점
수학 평균	83점	78점

학위논문에서 주로 사용되는 차이분석은 두 가지(독립표본 t-test와 일원변량분석)이며, 이를 중심으로 자세히 설명하겠다.

Q 66. 차이분석에서 요구하는 기준치에 어떤 것이 있을까요?

A 66. 독립표본 t-test와 일원변량분석에서 요구하는 기준치를 표로 정리하면 다음과 같습니다.

차이분석은 평균 비교 집단이 둘인지, 셋 이상인지에 따라 독립표본 t-test와 일원변량분석으로 구분된다. 각 분석에서 평균 차이 여부를 판단하는 기준은 동일하지만, 표시 방식이나 확인 방법은 조금씩 다르다.

차이분석에 요구하는 기준치

구분	독립표본 t-test	일원변량분석
유의수준 확인	t, p	F, p
차이 발생 판단 기준	95% 수준(p < 0.05)일 때	
차이가 발생하면	2개 집단 간에 평균차인가 있다고 바로 판단 가능	어떤 집단 간에 차이가 있는지 바로 확인이 불가능
평균 차이 확인 방법	집단 간 평균 점수 비교	사후분석을 통해 평균 점수 비교

유의수준이란 평균 차이 여부가 통계 기준에서 유의한가를 따지는 것을 의미한다. 전교생이

1천 명이라고 가정해 보자. 그중에서 '공부를 잘한다'와 '공부를 못한다'는 기준은 무엇일까?

보통 통계에서는 유의수준, 즉 공부를 잘한다고 인정할 수 있는 수준을 보통 95%로 정한다. 이는 전교생 1천 명 중에 50등 이내에 드는 비율이다. 다시 말해 (전교생 1천 명 중에) 전교 성적이 50등 이내에 든다고 하면 95% 수준에서 유의하다($p < 0.05$)라고 한다.

전교 성적이 10등 이내에 든다고 하면 99% 수준에서 유의하다($p < .01$)라고 한다.

전교 성적이 1등이라고 한다면 99.9% 수준에서 유의하다($p < .001$)라고 한다.

t값과 p값 표시 방법

t값	p값	표시 방법	의미
절댓값 $t \geq 1.96$	$p < 0.05$	*	95% 수준에서 유의하다.
절댓값 $t \geq 2.56$	$p < 0.01$	**	99% 수준에서 유의하다.
절댓값 $t \geq 3.30$	$p < 0.001$	***	99.9% 수준에서 유의하다.

Q 67. 독립표본 t-test를 구체적으로 이해하고 싶어요.

A 67. 예시 표를 통해서 독립표본 t-test에 대해 자세히 살펴보고 논문에 작성하는 예시를 참고하기 바랍니다.

①비교하고자 하는 변수를 나타내며, 표에서는 근무환경과 직무성과에 대한 평균을 비교했다.

②비교하고자 하는 집단을 나타내며, 표에서는 남자집단과 여자집단 간에 근무환경과 직무성과에 평균 차이가 있는지 분석하고자 했다.

③N은 표본의 수를 말하며 남자집단의 표본은 368명, 여자집단의 표본은 230명을 말한다.

④평균은 남자집단 368명에 대한 근무환경 평균점수가 3.448점이라는 것을 의미한다.

⑤t값을 보면 −2.688이므로 99% 수준에서 유의하다고 판단하여 **(두 개)를 표시하였다. t값의 부호가 (-)라는 것은 남자의 평균(위 값)보다 여자의 평균(아래 값)이 더 높기 때문이다. 반면 직무성과는 (+)이며 평균을 보면 위 값(남자)이 아래 값(여자)보다 높은 것을 알 수 있다. 따라서 독립표본 t-test의 t값 부호는 두 집단 간에 유의한 결과를 보였을 때, 어느 집단

이 더 높은 평균을 보이는지 빠르게 할 수 있는 것이 t값의 부호를 보는 것이다. 물론 평균을 직접 확인해서 비교해도 상관없다.

⑥p값은 0.007이며 p 〈 0.01(99% 유의수준)보다 적고 p 〈 0.001(99.9% 유의수준)보다 큰 값이므로 **(두 개)에 해당하는 구간이다.

⑦표의 결과에서 나타난 유의수준의 종류별로 아래에 별도로 *표시가 의미하는 통계 유의수준을 표시한다.

독립표본 t-test 결과표

성별에 따른 차이분석 결과

구분 ②		③ N	④ 평균	표준편차	⑤ t	⑥ p
① 근무환경	남자	368	3.448	.570	-2.688**	.007
	여자	230	3.563	.389		
직무성과	남자	368	4.040	.545	12.132***	.000
	여자	230	3.479	.559		

⑦ ** p<.01 *** p<.001

독립표본 t-test 결과를 논문의 본문에 작성한 예시이다.

독립표본 t-test 작성 예시

1. 남자와 여자 간의 차이분석 결과

먼저, 독립표본 t-test는 두 집단 간의 평균 차이를 확인하기 위한 방법이다. 독립표본t-test의 분석 시 유의확률을 기준으로 0.05보다 큰 경우에는 등분산이 가정됨을 기준으로 분석하고, 0.05보다 낮을 경우에는 등분산이 가정되지 않음으로 적용하였다. 또한 t 값은 집단 간의 평균 차이를 의미한다. 남자와 여자 간 측정 변인에 대한 평균 차이를 확인하기 위해 독립표본 t-test를 실시한 결과 근무환경(p〈0.001), 직무성과(p〈.001)에서 두 집단 간 평균 차이가 있는 것으로 확인되었다. 그리고 근무환경에 대한 평균은 여자집단이 더 높았으며 직무성과에 대한 평균점수는 남자가 더 높았다.

Q 68. 일원변량분석을 구체적으로 이해하고 싶어요.

A 68. 예시 표를 통해서 일원변량분석에 대해 자세히 살펴보고 논문에 작성하는 예시를 참고하기 바랍니다.

독립표본 t-test와 다른 부분만 설명하면 다음과 같다.

①F값은 독립표본 t-test의 t값과 같은 개념이다. 통계에서는 분석방법에 따라서 조금씩 다른 기호로 표시되는데, 일원변량분석에서는 t값을 F값으로 표시한다는 점을 유의하면 된다. 그리고 이 표시는 SPSS 결과에서 표시되는 값이다.

②사후분석 칸을 보면 근무환경에는 내용이 채워져 있고, 직무성과에는 내용이 없다. 빈칸의 경우 유의수준이 95% 수준을 벗어나는, 즉 p값이 0.05보다 작은 것이 아니라 크다는 것을 알 수 있다. 따라서 직무성과의 경우에 연령대에 따라서 직무성과에 대한 평균점수는 발생하지 않는다. 반면 근무환경은 유의수준이 99% 이내(p〈0.01)에 들기 때문에 사후분석에 별도 내용이 있는 것이다.

③일원변량분석에서 p값이 유의한 것으로 나타나면 어느 집단 간에 평균 차이가 발생했는지 확인해야 한다. 이를 위해서 사용하는 것이 사후분석이다. 사후분석은 다양하지만 가장 일반적으로 Scheffe 분석을 활용한다. 이 분석표를 보려면 논문통계 서적 등을 참고하면 된다. 표를 보면서 아래와 같이 별도로 정리해야 한다.

일원변량분석 결과표

(연령대에 따른 차이분석 결과)

구분	연령대	N	평균	표준편차	F ①	p	사후분석(Scheffe) ②
근무환경	20대(a)	118	3.544	.548	3.828**	.005	③ d<b,a
	30대(b)	126	3.472	.513			
	40대(c)	60	3.427	.650			
	50대(d)	53	3.187	.519			
	60대 이상(e)	11	3.516	.872			
직무성과	20대(a)	118	4.087	.567	1.877	.133	
	30대(b)	126	4.022	.582			
	40대(c)	60	3.957	.553			
	50대(d)	53	4.016	.368			
	60대 이상(e)	11	4.325	.495			

** p〈.01

Q1) 사후분석에서 표시된 d〈b, a는 어떤 의미인가요?

A1) d는 50대(d)를 의미합니다. 그리고 b는 30대(b)라고 표시가 되어 있지요? a는 20대(a)를 의미합니다. 표시를 보면 d와 b, a가 나누어져 있고 b, a 쪽으로 향하는 것을 확인할 수 있습니다. 이는 50대 그룹(d)이 30대(b)와 20대(a) 그룹과 근무환경을 인식하는 정도에서 차이가 있음을 말합니다. 근무환경을 인식하는 점수는 d보다 b와 a가 더 높다는 것을 의미하고, b와 a 중에서는 a가 더 높다는 것을 의미합니다.

일원변량분석(One way anova) 결과를 논문의 본문에 작성한 예시이다.

> **일원변량분석 작성 예시**
>
> 일원배치분산분석(One way ANOVA) 분석은 3개 이상 집단 간의 평균 차이를 분석하기 위한 방법이다. 유의확률을 기준으로 0.05보다 낮은 경우 집단 간 차이가 있는 것으로 해석한다. 그리고 차이가 발생한 집단을 확인하기 위해서 사후분석 옵션에서 Scheffe 검정을 실시하였다. 연령대에 따른 평균 차이가 있는지 확인하기 위해 일원변량분석을 한 결과 근무환경(p〈0.01)에서 차이가 발생하였고, 직무성과는 차이가 발생하지 않았다. 근무환경에 대한 차이를 확인하기 위해 사후분석(Scheffe)을 실시한 결과 50대 집단이 30대와 20대와의 평균 차이가 발생하는 것으로 확인되었다. 구체적으로 근무에서 50대의 집단에 비해 20대와 30대 집단 응답자가 근무환경이 더 좋다고 인식하고 있는 것으로 분석되었다. 반면 직무성과는 집단 간 차이가 유의하지 않았으며 이를 통해 연령대에 따른 직무성과에 대한 차이가 없는 것을 알 수 있었다.

Q 69. 상관관계분석은 무엇인가요?

A 69. 변수 간에 얼마나 관련성이 있는지를 살펴보는 것입니다.

논문통계분석 서적을 보면 다음과 같은 문장으로 상관관계분석이 설명되어 있다.

"상관분석이란 연속형(등간 데이터, 비율 데이터) 속성을 가진 2개 변수들 간의 상호 선형적

관계를 살펴보는 분석을 말한다. 이들 2변수 사이의 관계의 강도를 상관관계라고 정의한다. 또한 상관분석은 상호 간의 관계이지 인과관계를 정확하게 의미하는 것은 아니다."

- (허준, 《허준의 쉽게 따라 하는 Amos 구조방정식 모형》, 한나래아카데미)

쉽게 이해되지 않는 것은 필자만이 아닐 것으로 생각한다. 아래 예시를 보자.

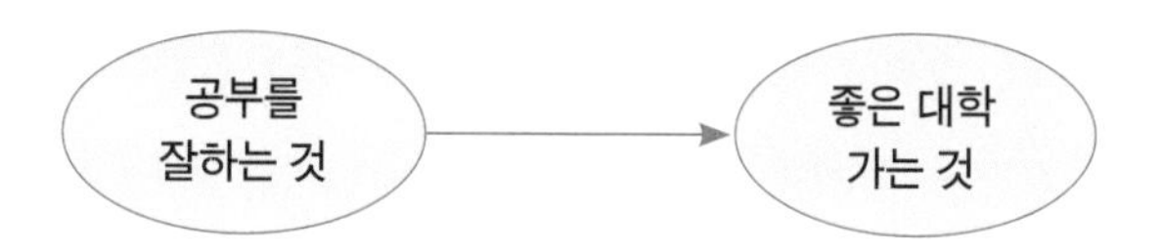

위의 예시에서 공부를 잘하는 것과 좋은 대학을 가는 것이 관련성이 있을까? 필자는 관련성이 높을 것으로 생각한다. 그렇다면 두 변수(공부와 좋은 대학)는 상관관계가 있다고 할 수 있다.

즉 상관관계는 얼마나 관련성이 있는가를 따지는 것이다. 화살표를 보면 양쪽으로 이어져 있는 것을 알 수 있다.

Q1) 상관관계와 인과관계의 차이는 뭔가요?

A1) 인과관계는 원인과 결과를 이야기하는 것이다. 그림으로 나타내면 화살표의 방향이 왼쪽에서 오른쪽으로 이어진다. 즉 '공부를 잘하면 좋은 대학 갈까?'를 분석하는 것을 말한다.

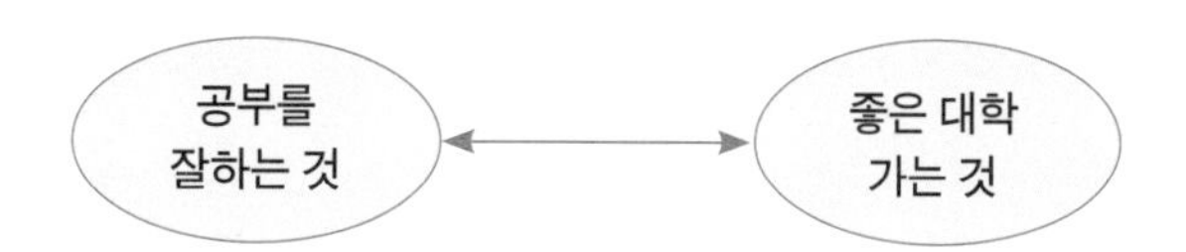

양적 연구에서 인과관계 연구를 위해서 연구모형을 만들고 가설을 수립한다. 화살표가 가설에 해당된다. 인과관계에서는 조사하는 표본의 특성에 따라서 반드시 공부를 잘한다고 해서 좋은 대학으로 가지 않는다는 결과가 나올 수도 있다. 이는 좋은 대학을 가는 것에 여러 가지 원인이 영향을 미칠 텐데, 그중에서 공부를 잘하는 것은 영향을 미치지 않을 수도 있다는 것을 의미한다.

Q 70. 상관관계분석은 왜 하는 것일까요?

A 70. 변수 간의 유의한 관계가 있는지 확인하고 다중공선성이 의심되는지 확인하기 위해 합니다.

그렇다면 상관관계 분석은 왜 하는 것일까? 사실 이러한 이야기를 논문통계분석 책에서 이야기하는 경우가 드물다. 필자는 상관관계 분석을 하는 이유를 크게 두 가지로 제안한다.

①연구에서 사용하고자 하는 변수들 간에 얼마나 관련성 있는 연구모형이 구성되었는지 확인하기 위함이다.

연구모형 예시

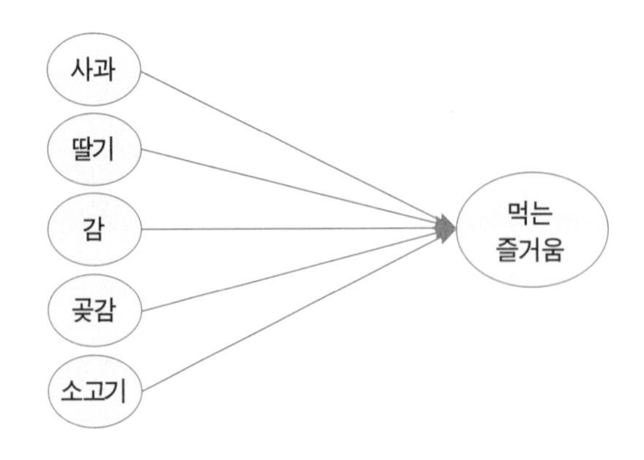

위의 연구모형 예시에서 변수 간에 관련성이 낮은 변수는 무엇일까?

아마 소고기라는 것을 쉽게 발견할 수 있을 것이다. 이렇게 연구모형이 구성된 경우 상관관계분석을 한다면 다른 변수와 소고기 간에 상관관계가 유의하지 않게 나올 것이다. 이처럼 상관관계를 분석하는 이유는 연구모형이 얼마나 관련성 있는 것으로 구성됐는지 확인하기 위함이다.

②과도하고 높은 상관관계가 있는 것이 없는지 확인하기 위함이다.

위에 제시한 연구모형 예시에서 상관관계가 높은 것은 무엇일까? 감과 곶감을 들 수 있다. 응답자들은 감과 곶감을 비슷하게 느낄 것이다. 그렇다면 이 경우에는 상관관계가 너무나도

높게 나타날 것이다. 사실 상관관계가 없는 것, 즉 유의하지 않은 것은 크게 문제되지 않는다. 반면에 상관관계가 너무 높게 나타났을 때는 다중공선성이 의심된다. 다중공선성이란 '콩인지 메주인지 구분하기 어려울 정도로 비슷한 경우'에 표현하는 통계 용어이다. 따라서 상관관계 분석에서 너무 높은 상관계수를 보일 경우에는 둘 중 하나의 변수를 제거해야 한다.

Q 71. 상관관계분석에서 요구하는 기준치에 어떤 것이 있을까요?

A 71. 표로 정리한 내용을 참고해 주세요.

학위논문에서 상관관계분석은 통상 피어슨 상관관계 분석을 의미한다. 상관관계는 상호 간의 관계를 의미한다. 따라서 자신과 자신의 관계는 1이며, 반대로 자신과 정반대의 관계는 –1이다. 상관계수는 최소(-1)에서 최대(+1)로 이루어져 있다.

상관관계에서 표현되는 내용

NO	제시 내용	기준치
1	*	변수와 변수 간에 상관관계가 있다(유의하다)는 의미임
2	r	소문자 r은 상관계수를 표시하는 기호임

그다음 상관계수의 크기이다. 학위논문 서적을 보면 상관계수의 크기가 어느 정도이면 높고 어느 정도이면 낮은지 그 명확한 기준이 없는 경우가 많다. 학위논문에서도 상관관계가 높고 낮음의 정도가 다양하게 제시된다.

상관관계 크기

NO	구분	기준치
1	Large	$r \leqq \pm 0.46$
2	Middle	$0.29 \leqq r < 0.46$
3	Small	$0.10 \leqq r < 0.29$

- 출처 : 이일현, 《EasyFlow 회귀분석》, 한나래아카데미

Q 72. 상관관계분석을 구체적으로 이해하고 싶어요.

A 72. 예시 표를 통해서 상관관계분석을 자세히 살펴보고 작성 예시를 참고하세요.

①근무환경 간의 상관계수는 1이다. 자신과 자신과의 관계가 1이라는 것을 의미한다.

②근무환경과 조직몰입과의 관계는 0.334로 중간 정도의 상관관계를 보인다(*가 있으므로 유의함). 이는 근무환경이 1만큼 올라갈 때 조직몰입도가 0.334만큼 올라간다고 해석할 수 있다.

③근무환경과 이직 의도와의 관계는 -.462로 높은 수준의 상관관계를 보인다(*가 있으므로 유의함). 근무환경이 1만큼 좋아지면 이직 의도는 0.462만큼 떨어진다는 것으로 해석할 수 있다.

상관관계분석 작성 예시

상관관계 분석 결과

	근무환경	근무만족	조직몰입	이직의도
근무환경	① 1			
근무만족	.686**	1		
조직몰입	② .334**	.292**	1	
이직의도	③ -.462**	-.308**	-.441**	1

** p<.01

상관관계분석 작성 예시

변수 간의 상관관계를 확인하기 위해 피어슨 상관관계 분석을 실시하였다. 상관관계분석은 변수들 간의 관련성을 분석하기 위해 분석이 된다. 즉, 하나의 변수가 다른 변수와 어느 정도 밀접한 관련성을 가지는지를 알아보기 위함이. 그리고 상관관계 분석에서 가장 널리 사용되는 Pearson 상관관계 분석을 실시하였다. 상관관계는 최대 1부터 최소 -1까지이다. 분석 결과 근무환경은 근무만족(r=.686, p<.01)과 높은 상관관계를 보이는 것으로 확인되었다. 그리고 근무환경과 조직몰입(r=.334, p<.01)은 중간수준의 상관관계였으며 근무환경과 이직 의도(r=-.462, p<.01)는 높은 수준의 음(-)의 상관관계로 밝혀졌다. 근무만족은 조직몰입(r=.292, p<.01)과 중간크기의 상관관계를 보였고 근무만족과 이직의도(r=-.308, p<.01) 역시 중간수준의 음(-)의 상관관계를 보이는 것을 알 수 있었다. 마지막으로 조직몰입은

이직의도(r=-.441, p<.01)과 중간수준의 상관관계를 보였고 유의한 부적(-) 상관관계를 확인할 수 있었다. 이를 통해 측정하고자 하는 변수 간에는 모두 유의한 상관관계가 있는 것을 알 수 있었다.

Q 73. 확인적 요인분석은 무엇인가요?

A 73. 탐색적 요인분석과 달리 선행연구 등을 바탕으로 변수들 간의 관계가 정립된 경우에 사용하는 방법입니다. AMOS 등 전문 분석 S/W를 통해 분석합니다.

앞서 탐색적 요인분석을 소개했다. 요인분석 중에 두 번째는 확인적 요인분석이다. 탐색적 요인분석과 확인적 요인분석의 차이는 무엇일까?

①탐색적 요인분석은 SPSS에서 실시하고, 확인적 요인분석은 AMOS 등 전문 분석 S/W로 확인한다.

②탐색적 요인분석은 측정하고자 하는 문항과 해당 요인 간 체계적 정리나 이론이 정립이 안 된 경우에 사용하지만, 확인적 요인분석은 연구자가 이론적 근거나 선행연구 등을 바탕으로 변수들 간의 관계가 정립된 경우에 사용한다. (참조: 허준, 《허준의 쉽게 따라 하는 Amos 구조방정식 모형》, 한나래아카데미)

③다시 말해 탐색적 요인분석은 1학년 1반 학생 중에서 각 학생의 적성이 무엇인지 찾아주는 것이다. 확인적 요인분석은 2학년 1반 인문계(문과) 학생들을 대상으로 각 학생이 인문계(문과) 적성에 맞는지 확인하는 분석이라 할 수 있다.

Q 74. 확인적 요인분석은 왜 하나요?

A 74. 구조방정식 모형으로 가설을 검정하기 위해서 반드시 확인적 요인분석을 해야 합니다.

확인적 요인분석을 하는 이유는 간단하지만 명료하다.

①심사자 요청에 따라서 하는 경우가 있다. 탐색적 요인분석을 통해 요인에 대한 타당성이 부족하다고 판단될 경우 추가로 확인적 요인분석을 하라는 요청을 받게 된다. 인과관계 연구

를 하지 않은 경우에도 확인적 요인분석이 시행된다.

②AMOS를 사용하여 구조방정식 모형으로 가설을 검정하기 전에 반드시 거쳐야 한다.

Q 75. 확인적 요인분석의 진행 순서는 어떻게 되나요?

A 75. 크게 3단계로 진행됩니다.

①모형적합도 확인

모형적합도는 크게 세 가지로 구분할 수 있다. 모형적합도로 제시되는 값은 매우 많다. 하지만 대표적으로 사용되는 지수를 아래 표로 제시하였다. 모든 기준이 권장 수준에 적합하지 않더라도 연구자가 판단하여 일부 기준에 충족한다면 모형적합도가 확보되었다고 간주하기도 한다. 하지만 모형적합도가 기준에 적합하지 않을 경우에는 다음 단계로 넘어가면 안 된다. 즉 모형적합도를 개선하는 절차를 진행해야 하며, 이는 통계분석 서적에서 확인하기 바란다.

유형	적합지수	권장수준	적합 여부
절대 적합지수	x^2	〉0.05	
	GFI	0.9 이상, 1.0에 가까울수록	적합
	RMR	0.05 이하, 0에 가까울수록	적합
	RMSEA	0.05 ~ 0.08	적합
증분 적합지수	NFI	0.9 이상, 1.0에 가까울수록	적합
	NNFI(TLI)	0.9 이상, 1.0에 가까울수록	적합
간명 적합지수	AGFI	0.9 이상, 1.0에 가까울수록	적합
	CFI	0.9 이상, 1.0에 가까울수록	적합

- 출처 : 김원표, 《Amos를 이용한 구조방정식 모델 분석》, 사회와 통계

②집중타당성 확인

모형적합도가 확인되었다면 다음 단계는 집중타당성을 확인하는 단계이다. 집중타당성은 개념타당성과 수렴타당성으로 구분된다. 먼저 개념타당성은 표준화값을 확인하며 AMOS 결과에서 확인할 수 있다. 반면 수렴타당성은 평균추출지수와 개념 신뢰도를 확인하되 정해진 공식에 따라 별도 계산한 후 제시되어야 한다.

유형	구분	지수	기준	비고
집중 타당성	개념 타당성	표준화값	0.5 이상(0.7 이상이면 바람직)	AMOS에서 확인 가능함
	수렴타당성	평균추출지수(AVE)	0.5 이상	수작업으로 계산해야 함
		개념 신뢰도(C.R값)	0.7 이상	수작업으로 계산해야 함

③판별타당성 확인

확인적 요인분석의 마지막 단계는 판별타당성을 확인하는 것이다. 판별타당성 역시 공식에 의해 계산해야 한다.

유형	기준	비고
판별타당성	평균분산추출(AVE)값 > 상관계수^2	수작업으로 계산해야 함
	(상관계수±2X표준오차) ≠ 1	

Q 76. 확인적 요인분석표를 논문에 어떻게 작성할까요?

A 76. 확인적 요인분석을 논문에 제시하는 표와 작성 내용을 참고해서 정리해 보세요.

①모형적합도 및 집중타당성

구분		지수	비표준 적재치	표준 적재치	S.E.	C.R.	P	개념 신뢰도	AVE
관계 혜택	→	관계혜택5	1	0.877				0.887	0.581
	→	관계혜택4	0.832	0.792	0.044	19.111	***		
	→	관계혜택3	0.723	0.765	0.049	14.677	***		
	→	관계혜택2	0.882	0.832	0.042	20.786	***		
	→	관계혜택1	0.87	0.794	0.045	19.191	***		
판매자_의존성	→	전문성4	1	0.796				0.882	0.575
	→	전문성3	1.06	0.907	0.052	20.503	***		
	→	전문성2	1.124	0.893	0.056	20.117	***		
	→	전문성1	0.936	0.756	0.058	16.121	***		

χ2=615.346, d.f=3335, p=.000, CMIN/DF=1.837, GFI=.897, NFI=.918, NNFI(TLI)=.956, CFI=.961, RMSEA=.057, RMR=.032, AGFI=.875

②판별타당성

	관계혜택	판매자 의존성	AVE
관계혜택	1		0.581
판매자 의존성	0.349**	1	0.575

확인적 요인분석 작성 예시

지금까지 SPSS를 활용하여 빈도분석, 타당도분석, 신뢰도분석, 상관관계분석을 실시하였다. 지금부터 AMOS 21.0을 사용하여 확인적 요인분석과 구조방정식 분석을 실시하여 가설 검정을 실시하고자 한다. 본 연구에서의 연구가설을 검정하기에 앞서 모형에 따른 확인적 요인분석을 실시하였다. 확인적 요인분석은 이론적인 배경을 바탕으로 설정된 변수와 도출한 측정 문항을 미리 설정한 후 요인분석을 실시하는 경우를 말한다(김원표, 2008). 확인적 요인분석에서는 연구모형의 적합도를 평가해야 한다. 확인적 요인분석뿐만 아니라 AMOS를 활용한 구조방정식 모형을 평가할 때에는 절대 적합지수, 증분 적합지수, 그리고 간명 적합지수를 활용한다(허준, 2014). 확인적 요인분석을 실시한 후 모형적합도를 확인한 결과 GFI(.897), AGFI(.875), NFI(.918), TLI(.956), CFI(.961), CMIN/DF(1.837)로 모형적합도가 기준에 부합함을 확인하였다.

확인적 요인분석에서 모형적합도를 충족하게 되면 집중타당도 검증을 실시하여야 한다. 타당성은 주로 3가지로 개념타당성, 수렴타당성, 그리고 판별타당성으로 나눌 수 있다(김원표, 2008).

먼저 집중타당도의 첫 번째로 개념타당성을 확인하였다. 개념타당성은 표준적 재치의 값을 기준으로 0.5 이상, C.R이 1.96 이상이면 개념타당성을 확보했다고 할 수 있다(김원표, 2008). 본 연구의 분석 결과를 살펴보면 표준 적재치의 최솟값이 관계지속기대3(.619)로 확인되었고 모든 C.R값이 1.96 이상으로 개념타당성이 확보되었음을 알 수 있었다.

둘째, 수렴타당성으로 이는 잠재변수를 구성하는 관측변수들의 설명력을 확인하는 것이다. 수렴타당성은 개념신뢰도(CR)와 분산추출지수(AVE)를 이용하는데 개념신뢰도(CR)는 0.7 이상일 때, 분산추출지수(AVE)는 0.5 이상일 때 수렴타당성을 확보했다고 판단한다. 〈표

4-6〉에 제시된 바와 같이 개념신뢰도는 최솟값이 커뮤니케이션(0.766), 평균분산추출(AVE) 최솟값이 신뢰(0.540)로 기준치에 부합하여 수렴타당성이 확보되었다고 판단할 수 있다.

판별타당성이란 각기 다른 잠재변수들 간에 차이를 표시하는 정도를 말한다(김원표, 2008). 판별타당성의 첫 번째 조건은 (AVE값) 〉(상관계수)^{2}를 충족해야 한다. 두 번째는 (상관계수 ± 2 × 표준오차) ≠1을 충족해야 한다. 즉, 표준오차에 2를 곱하고 상관계수에 더하거나 뺐을 때, 그 값이 1을 포함하지 않아야 함을 의미한다(허준, 2013).
위와 같은 두 가지 기준을 통해 판별타당성을 확인한 결과, 1이 포함되지 않았음을 확인할 수 있었다. 그리고 평균분산추출 값이 모두 큼을 알 수 있었다. 이를 통해 판별타당성이 확보되었음을 판단하였고 부트스트래핑을 통해 유의성을 확인한 결과 통계적으로 모두 유의(p〈.01)하였다.

24일 차 고급통계 쉽게 이해하기

Q 77. 단일회귀분석 결과 해석은 어떻게 하나요?

A 77. 아래 제시한 내용에 따라 정리해 보세요.

1. 결과표 예시

단일회귀분석이란 독립변수가 1개인 경우를 의미한다. 단일회귀분석 결과표를 예시로 확인하고, 주요 통계 관련 용어를 살펴보자.

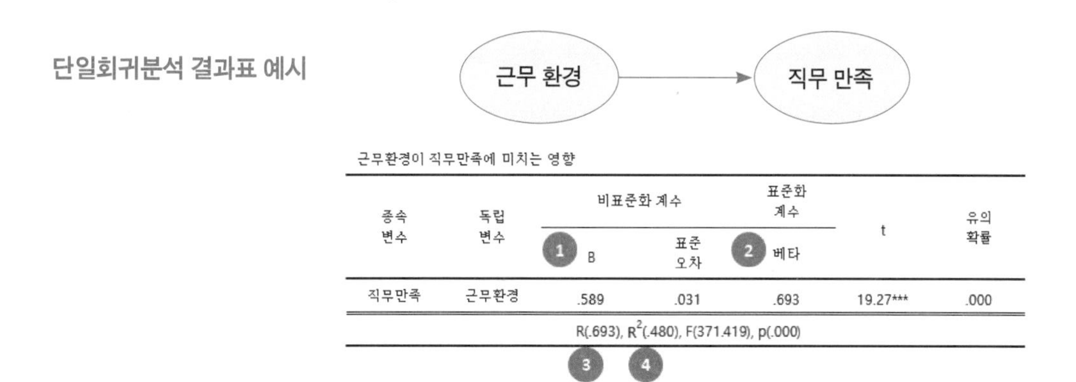

근무환경이 직무만족에 미치는 영향

종속 변수	독립 변수	비표준화 계수		표준화 계수	t	유의 확률
		① B	표준 오차	② 베타		
직무만족	근무환경	.589	.031	.693	19.27***	.000
		R(.693), R^2(.480), F(371.419), p(.000)				
		③	④			

①B : 비표준화 계수를 의미한다. 부호를 보면 (+)이고 회귀계수가 .589이다. 이는 근무환경이 올라갈수록(+) 직무만족이 높아진다는 것을 의미한다.

②베타(β) : 표준화 계수를 의미한다. 표준화 계수는 1을 기준으로 비표준화 계수를 표준화 계수로 변경한 것이다. 독립변수가 여러 가지면 어떤 영향력이 더 강한지를 비교할 때 비표준화 계수(B) 단위가 일치하지 않아 부정확할 수 있다. 따라서 표준화 계수를 비교하면 영향력을 비교할 수 있다. 근무환경이 직무만족에 미치는 영향력이 0.693이라는 의미이다.

③R : 상관계수이다. 앞서 상관관계분석에서 소문자(r)로 표시되었으나 회귀분석결과에서는 대문자로 표시된다. 근무환경과 직무만족은 상관관계가 0.693으로 높은 상관관계를 가진다.

④R^2 : 설명력이다. 독립변수에 의해서 종속변수가 설명되는 설명력이 몇 %인지를 의미한다. 직무만족에 영향을 미치는 여러 요인 중에서 근무환경이 48% 설명력을 가진다는 의미이다.

Tip 설명력(R^2)에 대해서 : 현재 여러분을 힘들게 하는 것이 무엇인지 세 가지만 제시해 주세요. 예를 들자면 논문 걱정, 경제적 문제, 친구 문제라고 하겠습니다. 그렇다면 전체 걱정 중에 이 세 가지는 몇 %를 차지하나요? 만약 50%를 차지한다면 설명력은 50%입니다. 다시 말해 독립변수(논문 걱정, 경제적 문제, 친구 문제)가 종속변수(나의 걱정)를 설명하는 것이 50%라는 의미입니다. 설명력이 높으면 높을수록 독립변수가 종속변수를 더 많이 설명한다고 이해할 수 있습니다.

2. 결과 작성 예시

단일회귀분석 작성 예시

매개변수와 종속변수와의 관계를 위해 회귀분석을 실시하였다. 상관관계(R)는 .693으로 높은 상관관계를 확인할 수 있었다. 그리고 R2값을 살펴본 결과 .480으로써 근무환경이 직무만족을 설명하는 설명력은 48.0%임을 확인할 수 있었다.

마지막으로, 근무환경이 직무만족에 영향을 미치는 것으로 확인되었고(p〈.001), 비표준화 계수의 부호를 통해 근무환경이 강화될수록 직무만족은 높아진다는 것을 확인할 수 있었다.

Q 78. 다중회귀분석 결과는 어떻게 해석하나요?

A 78. 아래 제시한 내용을 따라 정리해 보세요.

1. 결과표 예시

다중회귀분석이란 독립변수가 2개 이상인 경우를 의미한다. 다중회귀분석 결과표를 예시로 확인하면서 주요 통계 관련 용어를 살펴보도록 하자. 중복된 통계 관련 용어는 생략하였으므로 앞서 설명한 내용을 참고하기 바란다.

다중회귀분석 결과표 예시

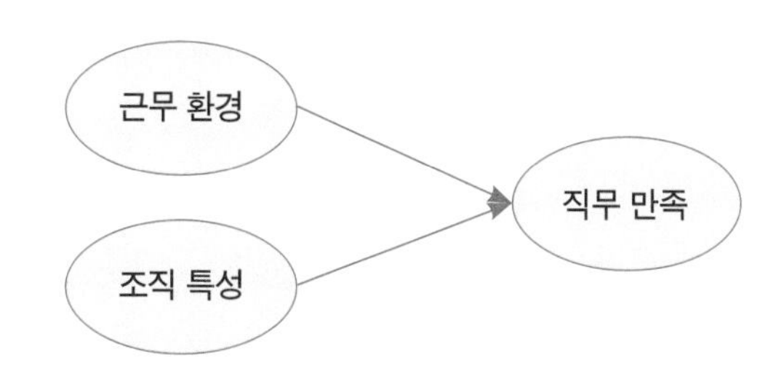

근무환경과 조직특성이 직무만족에 미치는 인과관계

종속 변수	독립 변수	비표준화 계수		표준화 계수	t	유의 확률	① 공선성 통계량	
		B	표준 오차	베타			공차	VIF
직무만족	근무환경	.619	.045	.561	13.89***	.000	.851	1.175
	조직특성	.233	.047	.202	4.998***	.000	.851	1.175
② Durbin-Watson(1.981), R(.666), R^2(.443), F(159.667), p(.000), ③								

***p<[illegible]

①공선성 통계량 : 다중공선성 여부를 확인하는 것이다. 다중공선성은 변수 간 상관관계가 너무 높은 경우에 발생되고, '콩'인지 '된장'인지 구분이 잘 안 될 경우라고 이해하기 쉽게 표현할 수 있다. 인과관계 분석에서는 다중공선성이 발생하게 되면 문제가 되므로 반드시 다중공산성 여부를 확인해야 한다. 대표로 공차와 VIF가 있는데 공차 0.1 이상, VIF 10 미만이면 다중공선성이 없는 것으로 판단한다.

②Durbin-Watson : 회귀분석에서는 자기상관이라는 것을 측정하는데 이를 판단하는 것이 Durbin-watson이다. 0에서 4까지 값을 가지는데 2에 가까우면 자기상관이 없다는 뜻이다. 즉 2에 가까워야 좋다는 의미이다.

③p값 : 다중회귀분석에서 표시되는 p는 F값과 연결된 것이다. p값이 0.05보다 적을 경우에는 여러 가지 독립변수 중에서 한 가지 이상은 종속변수에 영향을 미치리라는 것을 미리 보여주는 것으로 이해하면 된다.

2. 결과 작성 예시

다중회귀분석 작성 예시

근무환경과 조직특성이 근무환경에 미치는 영향을 확인하기 위해 다중회귀분석을 실시하였다. 우선 Durbin–Watson을 체크한 결과 1.981로 2에 근접하여 자기상관이 거의 없는 것으로 확인되었다. 그리고 p값이 .000으로 .05보다 작아 독립변수 중에서 종속변수에 유의한 영향을 주는 변수가 있을 것으로 예상하였다. 독립변수와 종속변수와의 상관관계(R)는 .666으로 높은 상관관계를 확인할 수 있었다. 그리고 변수 간 다중공선성을 확인하기 위해 공차와 VIF를 확인한 결과, 공차는 모두 0.1 이상, VIF 10 미만으로 다중공선성이 없는 것을 확인할 수 있었다.

이어 분석한 결과의 계수표를 이용하여 어떤 변수가 매개변수에 영향을 미쳤는지를 확인하였다. 그 결과 근무환경과 조직특성 모두 근무환경에 유의한 영향($p<.001$)을 미치는 것으로 확인되었다. 그리고 유의한 영향을 주는 변수가 어떤 영향을 주는지 알아보기 위하여 비표준화 계수인 B값을 확인해 보았다. 그 결과 근무환경 요인(B=.619), 조직특성 요인(B=.233)으로 나타났으며 모두 양수(+)로 확인하였다. 따라서 근무환경이 향상될수록, 조직특성이 강화될수록 직무만족은 높아진다는 것을 확인할 수 있었다. 그리고 근무환경(β=.561)이 조직특성(β=.202)보다 직무만족에 더 많은 영향을 미치는 것을 확인할 수 있었다.

더불어 독립변수가 종속변수를 얼마나 설명하고 있는지 확인하기 위해 R^2값을 살펴본 결과, .44.3%임을 확인할 수 있었다.

Q 79. 조절회귀분석 결과는 어떻게 해석하나요?

A 79. 아래 제시한 내용을 따라 정리해 보세요.

1. 결과 표 예시

조절회귀분석이란 독립변수와 종속변수 간에 조절역할을 하는 변수가 있는 것을 말한다. 조절변수는 범주형과 연속형이 있으며, 조절회귀분석을 실시할 때에는 다중공선성을 제거하기 위해 평균 중심화를 실시해야 하는 등의 과정이 있다. 그리고 독립변수와 조절변수 간의 상호작용항을 별도로 계산해야 한다. 이러한 세부 방법은 논문통계분석 서적을 참고하기 바란다.

조절회귀분석 결과표 예시

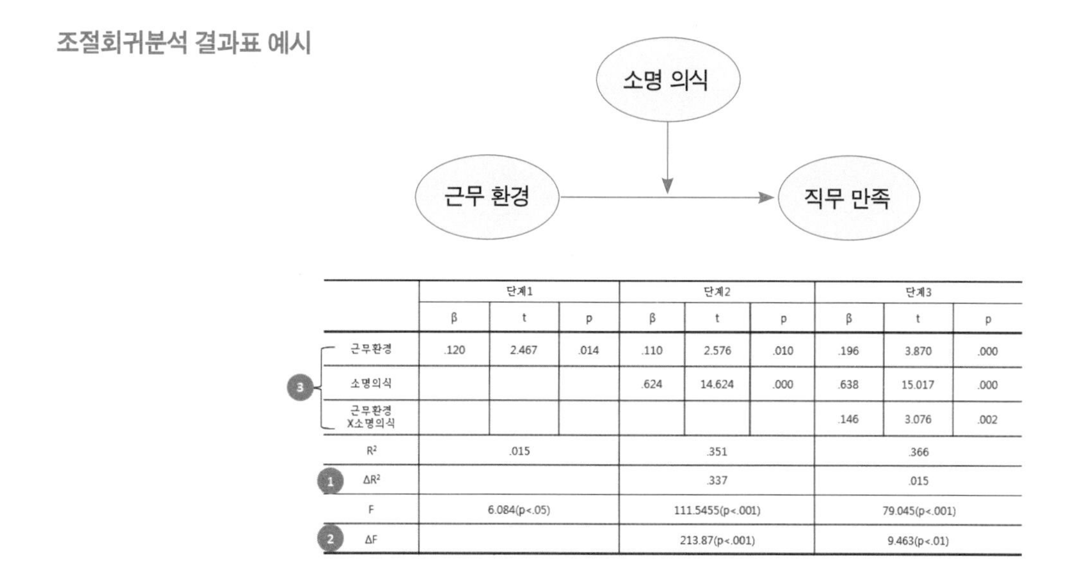

		단계1			단계2			단계3		
		β	t	p	β	t	p	β	t	p
③	근무환경	.120	2.467	.014	.110	2.576	.010	.196	3.870	.000
	소명의식				.624	14.624	.000	.638	15.017	.000
	근무환경 X소명의식							.146	3.076	.002
	R^2	.015			.351			.366		
①	ΔR^2				.337			.015		
	F	6.084(p<.05)			111.5455(p<.001)			79.045(p<.001)		
②	ΔF				213.87(p<.001)			9.463(p<.01)		

① $\triangle R^2$: 설명력의 변화량을 의미한다. 조절회귀분석은 3단계로 구성된다. 1단계에 비해서 2단계와 3단계의 설명력이 변화해야 한다. 그래야 조절 효과가 있다고 판단한다.

② $\triangle F$: F 변화량의 의미한다. 설명력과 마찬가지로 조절회귀분석에서는 1단계에 비해서 2단계와 3단계의 F 변화량이 있어야 하고 유의한 수준 내(p〈.0.05) 변화가 있어야 조절 효과가 있다고 판단한다.

③조절 효과를 분석하기 위해서는 1단계에는 독립변수만 투입, 2단계에는 조절변수만 투입, 3단계에서는 독립변수와 조절변수의 상호작용항을 투입한다.

2. 결과 작성 예시

조절회귀분석 작성 예시

1단계에서는 독립변수가 종속변수에 미치는 영향을 확인하기 위한 분석으로 근무환경이 직무만족에 유의한(β=.120, p<.05) 영향을 미치는 것으로 확인되었다. 조절변수가 투입된 2단계에서는 소명의식이 추가되어 설명력(R^2)이 35.1%로 증가하였으며 직무만족에 유의한 영향(β=.624, p<.001)을 미치는 것으로 나타났다. 상호작용항을 투입하여 소명의식의 조절 효과를 검정하는 3단계에서는 설명력(R2)이 36.6%로 증가하였으며 근무환경과 소명의식 상호작용변수가 직무만족에 유의한 영향(β=.146, p<.01)을 미치는 것으로 나타났다. 또한 F변화량이 2단계에서 213.87(p<.001), 3단계에서는 9.463(p<.01)로 나타나 통계적으로 유의한 변화량을 나타냈다. 따라서 소명의식이 근무환경과 직무만족 간에 조절 효과를 가질 것을 확인할 수 있었다.

Q 80. 매개회귀분석 결과 해석은 어떻게 하나요?

A 80. 아래 제시한 내용에 따라 정리해 보세요.

매개회귀분석이란 독립변수와 종속변수 사이에 매개변수가 존재하며 매개변수가 매개역할을 하는지 확인하는 분석을 말한다. 그리고 매개회귀분석에서는 Baron & Kenny(1986)이 제안하는 3단계 과정을 가장 널리 사용한다.

①Baron & Kenny(1986)가 제안한 매개회귀분석의 절차이다.

1단계는 독립변수와 매개변수의 관계를 검정한다. 이때 반드시 독립변수가 매개변수에 유의한 영향을 미쳐야만 한다. 만약 그러지 못하면 매개효과가 없다고 판단하게 된다. 즉 다음 단계를 진행한다 해도 결국 1단계가 유의미하지 못했으므로 매개효과는 없다고 판단한다.

2단계는 독립변수와 종속변수의 관계를 검정한다. 마찬가지로 독립변수는 종속변수에 유의한 영향을 미쳐야만 한다. 만약 그러지 못하면 다음 단계를 진행한다 해도 2단계가 유의미하지 못하므로 매개효과는 없다고 판단한다.

3단계는 독립변수와 매개변수가 종속변수에 영향을 미치는지 다중회귀분석으로 확인하는 것이다. 이때 매개변수는 반드시 종속변수에 유의한 영향을 미쳐야 한다. 반면 독립변수는 종속변수에 영향을 미치든지 미치지 않든지 상관없다. 즉 종속변수에 영향을 미쳐도 되고 미치지 않아도 된다.

추가로 3단계의 β값보다 2단계의 β값이 더 커야 한다.

②만약 독립변수가 종속변수에 영향을 미친다고 하면 부분매개라고 하고, 독립변수가 종속변수에 영향을 미치지 않는 것으로 나오면 완전매개라고 한다.

1. 결과표 예시

매개회귀분석 결과표 예시

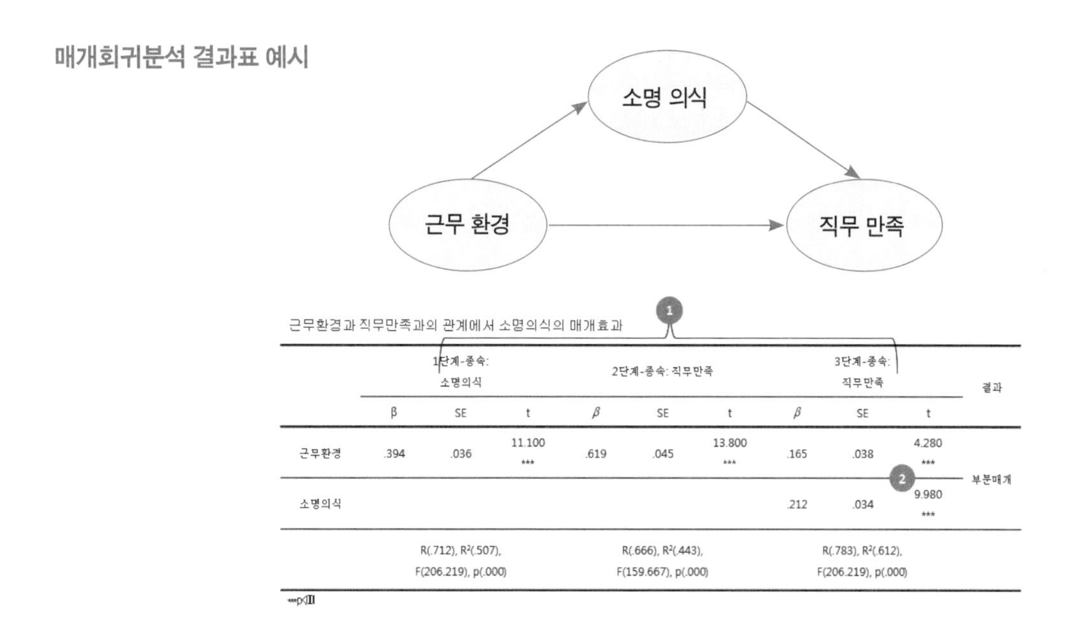

근무환경과 직무만족과의 관계에서 소명의식의 매개효과

	1단계-종속: 소명의식			2단계-종속: 직무만족			3단계-종속: 직무만족			결과
	β	SE	t	β	SE	t	β	SE	t	
근무환경	.394	.036	11.100***	.619	.045	13.800***	.165	.038	4.280***	부분매개
소명의식							.212	.034	9.980***	
	R(.712), R²(.507), F(206.219), p(.000)			R(.666), R²(.443), F(159.667), p(.000)			R(.783), R²(.612), F(206.219), p(.000)			

***p<III

2. 결과 작성 예시

매개회귀분석 작성 예시

매개효과 분석은 Baron과 Kenny(1986)가 제시한 3단계 분석을 실시하였으며 다음 세 가지 단계가 충족되어야 한다(이일현, 2015).

1단계에서 독립변수(근무환경)가 매개변수(소명의식)에 유의한 영향을 미쳐야 한다. 분석 결과 유의(p〈.001)한 영향을 미치는 것으로 확인되었다. 2단계에서 독립변수(근무환경)가 종속변수(직무만족)에 유의한 영향을 미쳐야 한다. 분석 결과 유의(p〈.001)한 영향을 미치는 것으로 확인되었다. 3단계에서 독립변수(근무환경)와 매개변수(소명의식)는 종속변수(직무만족)에 유의한 영향을 미쳐야 한다. 분석 결과 근무환경과 소명의식 모두 종속변수인 직무만족에 유의(p〈.001)한 영향을 미치는 것으로 확인되었다. 마지막으로 3단계의 베타값보다 β(.165)보다 2단계의 β(.619)가 더 큰 것으로 확인되었다. 이를 통해 근무환경과 직무만족 간에 소명의식은 매개효과를 가진다는 것을 알 수 있었고 부분매개 효과를 가지는 것으로 나타났다.

Q 81. 구조방정식분석 결과는 어떻게 해석해야 하나요?

A 81. 아래 제시한 내용을 따라 정리해 보세요.

AMOS를 활용하여 구조방정식에 대한 결과를 해석하는 방법이다. 결과 해석에서 회귀분석과 크게 차이는 없으나 AMOS를 활용한 구조방정식 분석은 분석하고자 하는 연구모형대로 연구자가 직접 모형을 AMOS에서 만든 후에 전체적으로 분석 결과를 확인할 수 있는 점에서 차이가 있다.

1. 결과표 예시

①경로 : 다음 연구모형의 화살표 방향을 의미하는 것이다. 이는 곧 연구가설이 될 수 있다.

②CR : 회귀분석의 t값과 동일하다. 회귀분석에서 t값이 1.96 이상이면 95% 수준에서 유의하다고 하는 것처럼 동일한 수치적 개념을 가지면 표현하는 기호만 변경되었다고 이해하면 된다.

구조방정식 결과표 예시

이상희(2020), 숭실대학교 대학원 박사학위 논문

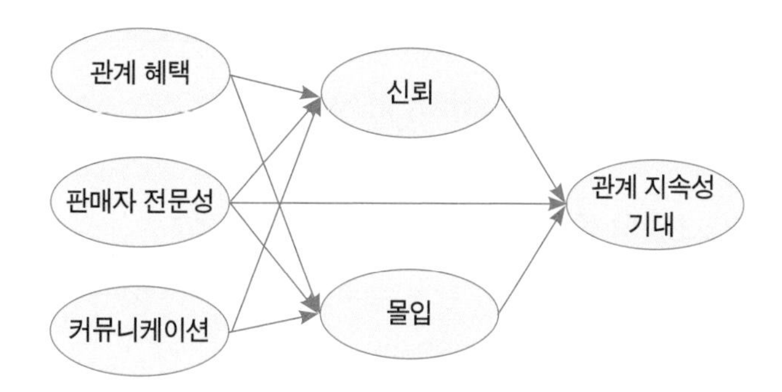

1 경로			비표준화	표준화	S.E.	2 C.R.	결과
관계 혜택	→	몰 입	0.15	0.155	0.066	2.495*	유의
	→	신 뢰	0.155	0.213	0.062	4.74***	유의
	→	관계지속기대	0.076	0.123	0.044	1.746	유의안함
판매자전문성	→	몰 입	-0.095	-0.101	0.078	-1.222	유의안함
	→	신 뢰	0.097	0.129	0.073	2.143*	유의
	→	관계지속기대	-0.054	-0.084	0.051	-1.047	유의안함
커뮤니케이션	→	몰 입	0.109	0.127	0.072	1.513	유의안함
	→	신 뢰	0.13	0.188	0.067	2.026*	유의
	→	관계지속기대	0.065	0.112	0.047	1.378	유의안함
신 뢰	→	몰 입	0.862	0.689	0.084	10.304***	유의
	→	관계지속기대	0.32	0.377	0.066	4.829***	유의
몰 입	→	관계지속기대	0.238	0.351	0.05	4.719***	유의

* *p*〈.05, ** *p*〈.01, *** *p*〈.001

2. 결과 작성 예시

구조방정식 결과 작성 예시

H1. 관계혜택은 소비자의 몰입에 정(+)의 영향을 미칠 것이다.

관계혜택이 몰입에 영향을 미치는 회귀계수는 .15이고, 표준오차는 .066, CR(Critical Ratio)=2.495〉t=〔±1.96〕이므로 유의(p〈.05)함을 알 수 있다. 따라서 가설 1은 채택되었으며 소비자와의 관계혜택이 강화되면 몰입이 향상된다는 것을 확인할 수 있었다.

05 결론 작성하기

25일 차 5장 결론 하루 만에 작성하기

Q 82. 5장의 목차는 어떻게 구성해야 할까요?

A 82. 5장의 목차는 학교 및 학과마다 조금씩 다릅니다. 하지만 연구결과에 대한 요약, 시사점, 한계점으로 작성됩니다.

5장 작성방법을 설명에 앞서 이에 대한 이해가 필요하다. 이를 위해 5장의 여러 선행연구를 통해 제목을 살펴보면 아래와 같이 대부분 '결론'으로 제시됨을 알 수 있다. 또 '결론 및 시사점'으로도 제시되기도 한다. 따라서 가장 널리 사용되는 '결론'이란 용어를 사용하고자 한다.

제5장 결 론 › 제1절 연구결과 요약 › 제2절 연구함의 및 정책제언 › 제3절 연구한계 및 향후과제	제 5 장 결 론 제 1 절 연구의 요약 제 2 절 연구의 한계점 및 향후 연구 방향
· 제 5 장 결 론 제 1 절 연구결과의 요약 및 시사점 제 2 절 연구의 한계점과 향후 연구방향	제5장 결론 제1절 연구 결과 요약 제2절 정책적 제언 제3절 향후 과제

목차를 살펴보면 조금씩 다름을 알 수 있다. 하지만 결론은 크게 세 가지로 구분해서 작성된다. 그리고 학교나 학과에서 요구하는 목차에 맞춰 구성하면 된다.

첫째, 연구결과의 요약 제시

둘째, 연구의 시사점 제시

셋째, 연구의 한계 및 제언 제시

Q 83. 5장 결론 작성에 규칙이 있나요?

A 83. 결론을 세 가지 구분해서 부분별로 작성하는 방법을 제시했으니 참고하여 따라 해보세요.

결론을 세 가지로 구분해서 작성한다 해도 해당 부분에 작성해야 할 내용이 무엇인지 이해하는 것이 필요하다. 따라서 결론에서 작성해야 할 내용을 제시함으로써 연구자들이 더 쉽게 작성하는 데 도움을 주고자 한다.

비록 학과의 특성에 따라 결론의 목차는 다르다고 하지만, 세 가지로 구분하고 세부 내용을 작성한다면 목차에 따라 쉽게 내용 이동이 가능할 것이다.

세부 작성 내용을 소개하기 전에 그림으로 먼저 간략하게 제시한다.

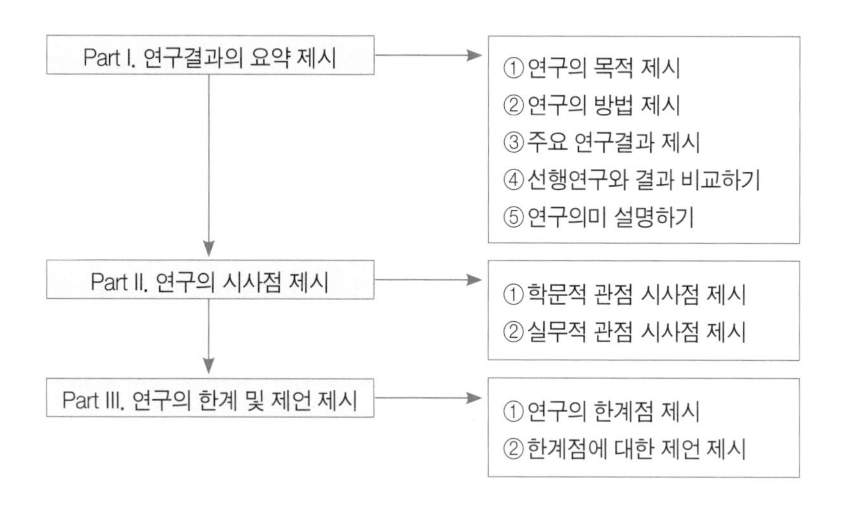

지금부터 제시한 방향에 맞춰 작성 방법을 설명하고 예시를 들어 이해를 높이고자 한다.

Q 84. <Part I> 연구결과 요약 부분은 어떻게 작성하나요?

A 84. 연구결과 요약을 다섯 가지로 구분해서 설명했으니 따라 해보세요.

5장 결론 작성의 첫 번째 부분은 연구결과를 요약하는 것이다. 이는 다섯 가지로 나누어서 작성된다.

①연구의 목적 제시 : 5장 결론을 작성하면서 가장 먼저 해당 연구의 목적이 무엇인지 간략하게 작성한다.

Tip 결론에서 연구의 목적, 연구의 방법 등을 기술하는 이유

A) 결론에서는 1장부터 4장까지 연구에 관한 내용을 요약합니다. 이를 위해서 연구의 분석 결과만 제시하는 것이 아니라 연구를 하게 된 배경, 연구의 목적, 연구의 방법 등을 간략하게 제시합니다. 연구의 결과를 더욱더 명확하게 이해할 수 있도록 작성한다고 생각하면 됩니다.

②연구의 방법 제시 : 연구의 목적을 위해서 연구에서 진행한 내용을 요약해서 작성한다. 주로 작성하는 내용은 선행연구의 내용, 연구대상, 연구절차, 연구방법 등이다.

지금까지 설명한 연구결과의 요약 제시 부분에서 ①연구의 목적 제시 ②연구의 방법 제시는 샘플 논문에서 확인할 수 있다.

1 본 연구의 목적은 국내 양돈농가의 근무환경을 종합적으로 고찰하고 근무환경이 직무만족을 매개로 직원의 이직의도와 직무성과에 미치는 영향을 실증분석하기 위함이다. 2 위해 전국에 있는 양돈농가를 중심으로 설문조사를 하였다. 설문조사를 하기 위해 농장대표용 설문지와 농장 직원용 설문지를 별도로 구성하였다. 그리고 농장 직원용 설문지는 한국, 태국, 네팔, 베트남, 캄보디아 5개 언어로 작성하여 온라인 및 오프라인을 통해 설문조사를 하였다.

설문은 총 598명의 설문을 분석하였으며, 나라별로는 농장대표 230명, 한국직원 180명, 네팔직원 85명, 베트남직원 40명, 태국직원 39명, 캄보디아직원 24명이 응답하였다. 그중 온라인 설문응답의 비율이 86%를 차지하였으며, 농장대표는 100% 온라인으로 참여하였다. 설문조사 결과는 SPSS 24.0과 AMOS 21.0을 사용하여 분석하였으며 주요 연구 결과를 제시하면 다음과 같다.

안기홍(2020), 양돈농가의 근무환경이 직원의 이직의도와 직무성과에 미치는 영향에 관한 연구, 건국대학교 대학원 박사학위 논문

앞에 제시한 논문을 보면 연구의 목적을 제시하고 해당 목적을 달성하기 위한 방법(연구대상, 선행연구 고찰, 연구가설과 모형설정, 설문조사 방법, 분석 프로그램 소개 등)을 소개한다.

③주요 연구결과 제시 : 연구의 목적과 방법에 대한 간략한 소개가 끝나면 자신의 연구에서 시행된 주요 연구결과를 하나씩 제시한다.

Tip 연구의 결과에서 제시할 내용

A) 연구의 결과에서 반드시 제시해야 하는 것은 연구가설의 결과, 또는 연구문제에 대한 결과입니다. 즉 연구가설과 연구문제에 대해서는 반드시 연구의 결과를 요약해서 제시해야 합니다. 추가로 분석한 내용 중에서 연구자가 중요하다고 생각되는 부분(차이분석의 결과, 상관관계분석의 결과 등)을 제시해도 됩니다.

④선행연구와 결과 비교하기: 하나씩 제시된 연구결과에 대해서 선행연구와 비교하여 자신의 연구결과가 선행연구와 일치하는지 반대하는지 그 결과를 제시한다.

Tip 연구의 결과를 선행연구와 비교하는 이유

A) 양적 연구 특히 인과관계 연구에서 선행연구에 근거하여 연구모형이 만들어지고 가설이 수립됐습니다. 인과관계 연구는 발명하는 연구가 아니라 증명하는 연구입니다. 따라서 자신의 연구를 위해서 연구가설을 수립할 때 근거가 된 선행연구와의 결과를 비교하는 것이 반드시 필요합니다.

Tip 선행연구와 반대되는 결과가 나오면 나쁜 것인가요?

A) 아닙니다. 동일한 가설을 수립하여 연구를 진행했다 해도 연구대상의 특성, 연구 범위의 특성 등 여러 요인에 의해서 반대 결과가 나타날 수 있습니다. 기존 연구와 반대되는 결과를 밝혔다는 것이 새로운 의미가 될 것입니다. 다만, 기존 선행연구자와 비교해서 연구결과가 반대로 나타났을 때에는 반드시 원인을 밝혀서 제시해야 할 것입니다.

예를 들어 연구가설을 "많이 먹으면 살이 찔 것이다."라고 정했다고 합시다. 이러한 가설을 수립한 것은 여러 선행연구를 인용하여 그 근거를 제시한 것입니다. 연구결과에서는 많이 먹어도 살이 찌지 않는 것으로 나타날 수 있습니다. 이는 여러 선행연구의 결과와 반대되는 결과입니다. 먹는 음식의 종류가 다를 수 있고, 먹은 후에 활동량이 많을 수도 있기 때문입니다. 따라서 많이 먹더라도 먹는 음식의 종류와 활동량이 많아지면 살이 찌지 않는다는 것을 밝혔다는 점에서 의미 있는 연구가 될 것입니다.

⑤연구 의미 설명하기 : 다음 단계는 연구의 결과가 가지는 의미를 해석하는 것입니다. 연구가설이 채택되거나 기각되더라도 해당 가설이 의미하는 바를 간략하게 제시할 필요가 있습니다.

1 첫째, 블록체인 특성(가설1-1), 물류내부환경(가설2-1), 물류외부환경(가설3-1)은 지각된 용이성을 매개로 수용의도에 영향을 미칠 것이라는 가설은 모두 기각되었다. 세부적으로 블록체인의 특성, 물류외부환경, 물류내부환경이 향상될수록(개선될수록) 지각된 용이성에 긍정적인 영향을 미치는 것으로 확인되었다. 하지만 지각된 용이성이 향상된다고 하더라도 수용의도가 높아지지 않는다는 결론으로 인하여 경로가설의 결과가 기각되었다. 2 이러한 결과는 김정석(2016)의 연구결과에서 블록체인 특성이 성과기대, 노력기대에 영향을 부분적으로 미친다는 결과와 유사하다고 할 수 있다. 하지만 지각된 용이성이 수용의도로 가지 않는 결과는 Davis(1986)가 지각된 용이성이 수용의도에 영향을 미친다는 기술수용모델의 결과와 반대되는 결과이다. 뿐만 아니라 기술수용모델을 통해 연구를 실시한 다양한 연구자의 연구결과(이미숙, 2008 ; 신성원, 2008 ; 곽비송, 2013)와 반대되는 결과라 할 수 있다. 하지만 박철우(2014)가 기술혁신제품의 수용의도에 미치는 영향연구에서 설정한 기술수용모델의 연구경로와 일치하는 결과이다. 그는 연구에서 지각된 사용용이성이 수용의도로 가는 경로는 유의하지 않음을 밝혔고 그에 대한 이유로 현재 사용자들이 현재 정보기술에 대한 불편함을 느끼지 않고 있는 상황에서 새로운 정보기술의 습득이 용이하다고 해서 수용하지는 않을 것이라는 해석을 하였다. 3 이는 블록체인의 기술이 사용하기 편리하고 쉽다고 하더라도 현재 사용하는 물류시스템이 불편함이 없는 상황에서 새롭게 편리한 기술이라고 하더라도 수용하려고 하는 의도에는 직접적인 영향이 없을 것으로 해석할 수 있다. 선행연구자들의 연구결과 뿐 아니라 심층인터뷰의 결과를 통해서도 블록체인 기술이 우수하다고 하더라도 현재 사용하고 있는 물류시스템에 대한 불편을 느끼지 못하고 있으며 이에 따라 비록 블록체인 기술이 사용하기 용이하다고 하여 수용하지 않을 것이라는 것을 확인할 수 있었다. 따라서 물류산업 전체를 대상으로 일시적으로 도입하기 보다는 점진적인 도입을 통한 확대 방안을 모색하여야 할 것이다.

지금까지 설명한 ③주요 연구결과 제시 ④선행연구와 결과 비교하기 ⑤연구 의미 설명하기를 샘플 논문에서 확인해 보자.

김성영(2018).
블록체인 수용의도 및
기술도입 활성화를 위한 연구 :
물류산업을 중심으로,
인천대학교 대학원 박사학위 논문

위에 제시한 논문에서 연구가설에 대한 결과, 연구의 결과가 선행연구와 일치하는지 반대되는지 여부, 반대일 경우 반대로 나타난 이유, 연구결과에 대한 의미 해석을 확인할 수 있다.

Tip 선행연구와 결과가 반대일 경우 작성 요령

A) 세 가지 방법을 사용할 수 있습니다.

①가장 우선 고려할 것은 많은 선행연구와 반대되는 결과를 선행연구에서 찾는 것입니다. 즉 자신의 결과와 일치하는 선행연구를 찾아서 제시하는 것입니다.

②두 번째는 인터뷰하는 방법입니다. 해당 분야의 전문가와 인터뷰할 수도 있고 설문 대상자 중에서 인터뷰할 수도 있습니다. 인터뷰하기 전에 연구결과를 설명하고 자신의 연구결과가 선행연구와 반대되는 결과임을 밝혀줍니다. 왜 이러한 결과가 나타났는지에 대해서 원인을 확인한 후 제시하는 것입니다.

③세 번째는 연구자의 생각을 적는 것입니다. 물론 이 방법을 사용했을 때에는 논리적이지 못하고 비약적이라는 지적을 받을 수 있습니다. 그렇지만 자신과 관련한 선행연구가 충분하지 않고 연구자가 해당 분야에 전문가라고 한다면 충분히 설득력 있는 내용을 도출할 수 있을 것입니다.

Q 85. <Part II> 연구의 시사점 부분은 어떻게 작성하나요?

A 85. 연구의 시사점을 두 가지로 구분해서 설명했으니 따라 해보세요.

연구의 결과가 마무리되고 나면 연구결과가 가지는 시사점을 제시해 주어야 한다. 연구의 시사점은 다양하게 제시된다.

첫째, 시사점에 대한 별도 구분 없이 제시한다.

둘째, 가설의 결과마다 시사점을 도출해서 제시한다.

셋째, 학문적 시사점과 실무적 시사점으로 구분하여 제시한다.

넷째, 학문적, 실무적, 정책적 시사점으로 구분해서 제시한다.

시사점을 제시해 주는 것까지 학과 및 지도교수의 스타일을 따르는 경우도 있지만, 대부분은 연구자가 결정해서 제시한다. 여러 가지 구분 방법 중에서 정책적 시사점은 향후 방향성 논의를 위해 제언하는 단계에서 주장하는 내용이 다소 포함될 수 있다. 따라서 필자는 학문적 관점과 실무적 관점으로 나누어서 제시한다.

①학문적 관점 시사점 제시 : 학문적 관점에서 시사점을 제시하는 방법이다. 시사점을 제시할 때는 학문적, 실무적 관점과 마찬가지로 선행연구에서 어떤 내용을 주로 제시했는지 확인해야 한다.

첫째, 기존 연구에서 잘 사용하지 않은 변수를 사용했다면 그 변수를 사용하여 구조적 관계를 규명한 것이 학문적 관점에서 시사점이라고 제시한다.

둘째, 지금까지 관련 분야 연구에서 사용하지 않은 변수를 사용했다면 새로운 변수를 제시했다는 것을 학문적 관점에서 시사점으로 제시한다.

셋째, 지금까지 많은 분야에서 실증분석이 되었지만 연구자의 연구 분야에서 시도되지 않았던 내용이라고 한다면 새로운 분야에 적용했다는 것을 시사점으로 제시한다.

주로 연구모형의 차별성, 연구방법의 차별성, 연구대상의 차별성, 연구 변수의 차별성 등을 중심으로 학문적으로 밝혔다는 것을 시사점으로 제시하면 된다.

먼저 학문적 관점에서 본 시사점이다.	1. 학문적 시사점
첫째, 본 연구는 지금까지 양돈 농가를 대상으로 처음으로 근무환경, 직무만족, 이직의도, 직무성과에 대해 연구를 하고 실증 분석을 했다는 점에서 학문적 의의가 있다. 따라서 후속 연구에서는 양돈농가의 직무성과를 향상하고 이직의도를 낮추기 위한 다양한 변인 연구가 필요하다는 점을 제시했다는 점에서 의미를 가진다.	첫째, 기존의 선행연구에서 이루어진 상사의 비인격적 감독에 관한 설문 방식은 크게 두 가지로 구분할 수 있었다. 한 가지는 부하의 입장에서 보는 설문문항을 확인하고 자신들이 인지하는 상사나 조직에 대한 인식수준을 측정하는 방식이다. 다른 한 가지는 상사와 부하를 1:1로 구성하여 설문조사를 실시하는 방식이다. 하지만 본 연구에서는 팀장 1명에 팀원을 최대 7명까지 구성하여 설문조사를 실시함으로써 위의 두 가지에서 발생 가능한 오류를 최소화함으로써 연구의 결과를 일반화하는데 노력했다는 점에서 학문적인 시사점이 있다고 할 수 있다. 이러한 연구의 방식은 향후 조직 관리와 관련한 연구에서 다양하게 적용함으로써 기존의 연구 결과와의 차이를 확인하고 새로운 연구의 형태로 제시될 수 있다는 점에서 의의를 지닌다고 할 것이다.

②실무적 관점 시사점 제시

첫째, 연구의 결과 중에서 실무적으로 활용될 수 있는 연구결과를 제시함으로써 결과의 내용을 실무적으로 활용 가능하다고 강조한다.

둘째, 기존에 잘 밝혀지지 않은 데이터를 조사 분석함으로써 해당 내용이 실무에 유용하게 사용될 수 있음을 실무적 시사점으로 제시한다.

셋째, 연구결과를 실무적으로 적용하는 데 필요한 프로그램의 내용과 세부 실행 방안이 필요하다는 것을 제시한다.

실무적 관점의 시사점은 연구결과를 통해서 밝혀진 내용을 실무적으로 실행해야 할 내용으로 제시하면 된다.

다음으로 실무적 관점에서 본 시사점이다.	2. 실무적 시사점
본 연구에서는 양돈농가 대표와 직원의 응답을 근거로 양돈과 관련한 의미 있는 지표들을 도출하였다. 그리고 연구결과에서 현재 양돈농가에서 60%에 가까운 외국직원들이 가장 어려워하는 부분은 언어 문제와 의사소통인 것으로 나타났다. 가족에 대한 그리움과 외로움도 어려움에 속한다고 하지만 농장의 입장에서 직접적이고 신속하게 해결해줄 수 있는 것은 아니다. 외국 직원들이 더 안정적으로 근무하기 위해서 농장대표는 직원과 보다 원활하게 의사소통할 수 있도록 노력해야 한다는 것을 제시했다는 점에서 실무적 의의가 있다.	첫째, 부하의 소명의식의 조절효과에 대한 연구 결과를 통해 모든 부하직원이 상사의 비인격적 감독이 높아진다고 해서 정서적 조직몰입이 낮아진다는 것이 아니라 부하직원이 어떠한 마음가짐과 소명의식을 가지고 있는지에 따라 달라진다는 것을 확인할 수 있었다. 이는 부하직원 스스로 조직에 대한 업무 자체에서 보람과 성취감을 갖기 위한 마음가짐과 노력이 필요하다는 것을 강조하는 것이라 할 수 있다. 그러므로 회사는 구성원들의 성취감을 높이기 위해 HR제도를 개선과 복리후생의 질을 향상 시킬 수 있도록 노력하고, 구성원은 회사에 소속되어 있는 사명감가지고 개인적인 만족감을 높일 수 있도록 노력해야 할 것이다.

Q 86. <Part III> 연구의 한계 및 제언 부분은 어떻게 작성하나요?

A 86. 연구의 한계 및 요약을 두 가지로 구분해서 설명했으니 따라 해보세요.

논문 본문의 제일 마지막 부분을 작성하는 방법이다. 주로 연구의 한계점과 제언으로 제시된다.

①연구의 한계점 제시 : 모든 연구는 완벽하지 못하다. 따라서 자신이 연구하는 과정에서 부족했다고 느끼는 부분을 연구의 한계점으로 제시하면 된다. 학위논문 심사과정에서 지적사항으로 나왔지만 반영하기 어려운 부분도 연구의 한계점으로 제시한다.

아래는 주로 많이 제시되는 연구의 한계점이다.

첫째, 표본의 한계를 든다. 연구에 사용한 표본의 수가 적거나 지역적으로 한정되었거나 하는 이유로 연구결과를 일반화하는 데 한계를 가진다고 제시한다.

둘째, 연구방법에 대한 한계를 든다. 연구에서는 구조화한 설문지로 양적 연구를 함으로써 다양한 변수로 발생하는 인과관계를 밝히지 못했다는 한계를 제시한다.

셋째, 조사방법에 대한 한계를 든다. 특정 시점에 대한 횡단적 연구를 실시했지만 연속적으로 종단 연구를 하지 못했다는 점을 한계로 제시한다.

넷째, 분석 방법에 대한 한계를 든다. 추가로 살펴보라고 한 지적사항을 제대로 반영하지 못한 것을 한계점으로 제시한다.

이외에도 다양한 연구의 한계점이 제시되는데, 자신의 연구 특성에 맞는 한계점을 제시하면 될 것이다.

②제언 제시 : 제언은 주로 연구의 한계점에 대하여 제언하는 것이다. 표본의 한계를 제시했다면 후속연구에서는 표본 한계를 극복하는 연구를 할 것을 제언한다. 연구방법에 대한 한계점을 제시했다면 후속연구에서는 질적 연구를 통해서 다양한 변수를 도출할 것을 제언한다. 조사방법의 시점에 대한 한계를 제시했다면 후속연구에서는 종단 연구를 할 것을 제언한다. 마찬가지로 분석 방법에 대한 한계점을 제시했다면 후속연구에서는 이와 같은 연구방법을 진행할 것을 제언한다.

06 마무리

26일 차 논문 마무리하기

Q 87. 초록 작성에서 유의할 점은 무엇인가요?

A 87. 몇 가지 유의사항이 있습니다.

초록은 논문에 대한 줄거리이다. 줄거리가 너무 길거나 구체적이면 오히려 전체 논문을 이해하기 어렵다. 반대로 너무 간략하면 논문 전체 내용을 이해하기 어려워진다.

따라서 초록을 작성할 때 몇 가지 유의사항이 있다.

①전문용어 지양

②약어 지양

③본문에 없는 내용 지양

④선행연구의 논의 지양

⑤방법론에 대한 필요 이상의 자세한 내용 지양

⑥초록에 논문의 모든 정보를 담으려 하지 말 것(본문에 중요한 정보가 있다는 것만 알려 줄 것)

Q 88. 초록 작성은 어떻게 하나요?

A 88. 초록 작성은 5단계로 구분할 수 있습니다.

초록은 2페이지 이내로 작성하되 전체 연구내용의 줄거리가 담겨야 한다. 다음과 같은 내용으로 구성한다.

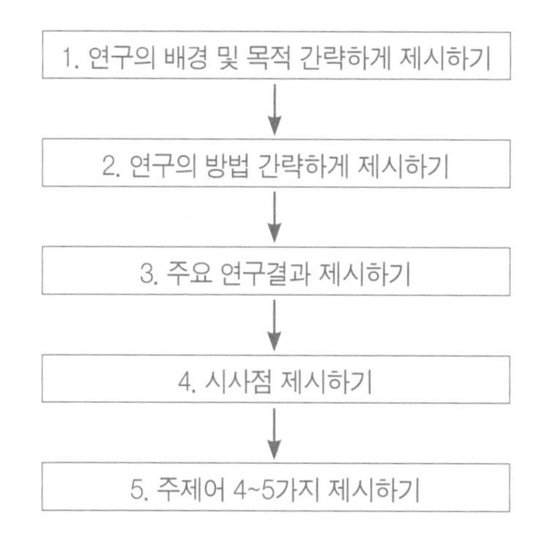

첫 번째 단계는 연구의 배경과 목적을 간략히 제시하는 것이다. 연구의 배경은 생략할 수 있지만, 연구의 목적은 반드시 제시해야 한다.

두 번째 단계는 연구의 목적을 달성하기 위해 연구의 방법을 간략하게 제시하는 것이다.

세 번째 단계는 연구에 대한 주요결과를 제시하는 것이다. 연구결과만 간단하게 제시한다.

네 번째 단계는 연구의 시사점과 관련한 내용을 간략하게 제시하는 것이다.

다섯 번째 단계는 논문과 관련된 핵심주제어 4~5가지 제시하는 것이다.

여기서 유의할 점은 전문용어와 약어 사용을 지양해야 하는 것이다. 본문에 없는 내용은 작성하지 말고 방법론을 필요 이상으로 자세하게 설명하는 것도 피해야 한다. 선행연구는 반드시 논의해야 한다.

싱글족의 관계지속성 기대에 영향을 미치는 관계마케팅 요소에 관한 연구

①본 연구는 기업이 고객과의 관계를 강화하고 충성도를 향상시키고 지속적인 관계를 유지하기 위한 방안을 제시하기 위해 20, 30대의 싱글족을 대상으로 운동 등 여가활동을 즐길 수 있는 시설을 이용하는 과정에서 느끼는 소비자 관점에서 관계혜택, 판매자 관점에서의 판매자의 전문성, 그리고 양자 관점에서의 커뮤니케이션을 측정하였다. 그리고 몰입, 신뢰, 관계지속성 기대와의 구조적인 관계를 살펴봄으로써 학문적 관점에서 구조관계를 밝히고 실무적 관점에서 시사점을 제시하고자 하였다.

②본 연구의 목적을 위해 이론적 배경에서는 싱글족에 대한 개념과 관련 연구동향을 살펴보았다. 그리고 관계마케팅, 관계혜택, 판매자 전문성, 커뮤니케이션, 신뢰, 몰입, 관계지속성 기대에 대한 개념과 관련 선행연구를 살펴본 후 연구모형과 연구가설을 수립하였으며 주요 연구결과는 다음과 같다.

③첫째, 관계혜택과 관련된 가설1~가설3의 결과이다. 가설 검정 결과 관계혜택은 몰입에

긍정적인 영향을 미칠 것이라는 가설1은 채택되었다. 그리고 관계혜택의 강화는 신뢰를 높일 것이라는 가설 2 역시 채택되었다. 반면 관계혜택의 강화가 관계지속 기대를 강화시킬 것이라는 가설 3은 기각되었다. 둘째, 판매자의 전문성과 관련된 가설 4~가설 6의 결과이다. 가설 검정 결과 판매자의 전문성은 소비자의 신뢰에 영향을 미칠 것이라는 가설 5는 채택되었다.

(중략)

④본 연구에서는 고객 관점의 변수, 판매자 관점에서의 변수, 양자 관점에서의 변수를 활용하여 성과를 규명하였다는 점에서 기존 연구와의 차별성을 갖는다고 할 것이다.

⑤주제어: 싱글족, 관계마케팅, 관계혜택, 판매자 전문성, 관계지속성 기대

이상희(2020), 싱글족의 관계지속성 기대에 영향을 미치는 관계마케팅 요소에 관한 연구, 숭실대 대학원 박사학위 논문

Q 89. 참고문헌 작성은 어떻게 하나요?

A 89. 학교에서 제시한 규정을 준수해야 합니다. 그렇지만 일부 학교에는 참고문헌 작성에 대한 구체적 가이드라인이 없습니다. 이럴 때는 참고문헌을 통일되게 작성하면 좋습니다.

논문에서 참고문헌에 대한 유형은 크게 두 가지이다.

첫 번째는 시카고 방식이다. 시카고대학 출판부(University of Chicago Press)에서 규정한 논문 참고문헌 표기법으로 사회과학이나 자연과학 분야에서 주로 사용된다.

두 번째는 APA 방식이다. APA(American Psychological Association) 방식은 미국심리학회에서 규정한 참고문헌 표기법이다. 심리학회에서 규정한 만큼 심리학, 교육학 같은 사회과학 분야에서 많이 사용한다.

이와 별개로 학교마다 별도의 참고문헌 작성 규칙을 제시한다.

다음은 몇몇 대학교의 학위논문 서식에 대한 규정집에서 발췌한 내용이다.

①A대학교는 인용자 처리와 참고문헌 작성 규정을 매우 구체적으로 안내한다.

A대학교 대학원 학위논문 작성법

<본문 주와 참고문헌 양식>

단행본

구분		본문 내 인용 (예시)	참고문헌 목록 (예시)
설명		(저자, 연도: 면)	저자명. (발행년). 서명(판차), 발행지: 발행사.
1인 저자	한글	(박천오, 2016: 25)	박천오. (2016). 「한국 정부관료제론」, 경기도: 법문사.
	영문	(Huntington,1973: 120)	Huntington, Samuel P. (1973). *Political Order in Changing Societies.* New Haven: Yale University Press.
2인 공저자	한글	(조석준·임도빈, 2010)	조석준·임도빈. (2010). 「한국 행정조직론」, 경기도: 법문사.
	영문	Almond & Powell, 1978)	Gabriel A. and G. Bingham Powell. (1978). *Comparative Politics.* Boston: Little Brown.
3인 이상 단체 저자	한글	(박동서 외, 2003)	박동서·함성득·정광호. (2003). 「장관론」, 서울: 나남.
	영문	(Steffen, et al., 1985)	Steffen, W. Schmide, Mack C. Shelley, and Barbara A. Bardes. (1985). *American Government and Politics Today.* St Paul New York: West Publishing Company
번역서	영문	(Berry & Wilcox, 2009/2012)	Berry, Jeffery M. and Clyde Wilcox.(2012). 「이익집단사회」, (박응격 역).경기: 법문사.(원서출판 2009)
단행본 일부분 (석,박사 학위논문포함)	한글	(전영평, 2002: 78-85)	전영평. (2001). 여성차별과 문화적 분석. 박종민 편. 「정책과 제도의 문화적 분석」, 78-104. 서울: 박영사
	영문	(Sorenson et al., 2004: 869-870)	Sorenson, Georgia J, Geothals R. Goethals.(2004). Leadership Theories Overview. in George R. Goethals et al.(Eds.), *Encyclopedia of Leadership.* 867-874. California, Thousand Oaks: Sage Publication

②B대학교는 인용자 처리에 대한 종류별 작성 순서를 안내하며, 본문에서 인용자 처리 시 각주와 내주 처리를 간단히 안내한다.

B대학교 대학원 학위논문 작성법

7) 참고문헌

가. 동양서와 서양서로 분류하여 ①단행본, ②학술지, ③학위논문, ④세미나 · 인터뷰자료, ⑤신문, 주간지, 월간지, ⑥웹자료 순으로 한다.

나. 동양문헌은 한국문헌, 일본문헌, 중국문헌 순으로 나열하고 서양문헌을 기재한다.

다. 가와 나는 순서대로 나열하되 **동양, 서양문헌, 단행본, 학회지, 학위논문 등의 문구는 기재하지 않는다.**

라. 국내문헌은 '가나다', 일본문헌은 '히라가나' 서양문헌은 성을 앞에 적고 알파벳순으로 한다.

마. 한 문헌의 길이가 두 줄 이상이 될 경우 둘째 줄 부터는 동일하게 4칸 들여쓰기 한다.

바. 작성 방식

단행본 : 저자, 『서명』, 출판지 : 출판사, 출판년도.
or 저자. 출판년도. 『서명』. 출판지 : 출판사.
학술지 : 저자, 「논문제목」, 『학술지명』, 권(호), 출판년도.
or 저자. 출판년도.「논문제목」. 『학술지명』. 권(호).
학위논문 : 저자, 『논문명』, 수여기관 학위명, 출판년도.
or 저자. 출판년도. 『논문명』. 수여기관 학위명.
신문기사 : 저자명, 「제목」, 『신문명』, 면수, 년.월.일.
or 저자명. 년.월.일.「제목」. 『신문명』. 면수.
전자문헌 : 저자명, 「제목」, 날짜, 사이트주소(검색일자).

- 위의 두 방식은 '①출판연도의 위치'와 '②구두점의 기입'이 다르다.
  - ① 각주 사용을 기준으로 한 목록에서는 출판연도가 맨 뒤에 위치하지만 내주 사용을 기준으로 한 목록에서는 저자명 다음에 출판연도가 위치한다.
  - ② 각주 사용을 기준으로 한 목록에서는 출판지 다음에 오는 쌍점(:)을 제외하면 모두 쉼표(,)로 연결되고 해당 목록 작성의 맨 끝에만 마침표(.)를 사용한다.
    그러나 내주사용을 기준으로 한 목록에서는 영문 저자명의 경우 성 다음에 오는 쉼표(,)와 출판지 다음에 오는 쌍점(:)을 제외하면 모두 마침표(.)를 사용한다.

③C대학교는 참고문헌에 대한 기준을 간략하게 제시한다.

C대학교 대학원 학위논문 작성법

제4절 참고문헌과 초록 작성

1. 참고문헌 작성

가. 각 개체 사이에 한 줄을 띄어 표기한다.

나. 각주는 첫째 줄을 1.5cm 들여 쓰는 것에 반해 참고문헌은 둘째 줄부터 들여 쓴다.

다. 참고문헌에 인용자료 배열순서는 국문서적, 국역서적, 원서 순으로 하며, 국문서적과 국역서적은 저자명의 가나다 순서로, 영문서적 등의 원서는 저자명의 ABC 순서로 나열한다. 국역서의 저자명은 알파벳으로 적고 ABC 순으로 나열하고, 서명을 포함한 다른 내용은 한글로 기재한다.

라. 동일한 저자의 여러 책을 나열할 경우 저자의 이름은 첫 번째 개체에만 기록하며, 나머지 개체에서는 밑줄 5개로 대신한다. 나열 순서는 가장 최근에 출판된 책부터 한다.

이처럼 대부분의 학교에서는 학위논문 작성 서식으로 참고문헌 작성방식을 안내하고 있다. 가장 바람직한 것은 학교에서 정한 기준을 명확하게 준수하는 것이다. 그렇지만 작성해야 하는 세부 방식이 학교 서식에 구체적으로 제시되지 않거나 아예 기준이 없는 경우가 있다. 연구자의 관심 부족 등으로 참고문헌에 대한 작성이 불완전한 경우가 많다.

따라서 학교에서 제시하는 기준이 명확하지 않다면 참고문헌을 표기하는 과정에서 연구자 본인이 통일시키는 것도 방법이라 할 수 있다.

3부 4일 심사단계

· 27일 차 논문 완성도 자가진단방법 · 28일 차 1차 논문심사 준비방법 숙지하기 · 29일 차 2차 이후 논문심사 준비방법 숙지하기 · 30일 차 주요 심사 지적사항 살펴보기

27일 차 논문 완성도 자가진단방법

Q 90. 논문 완성도를 자가진단하는 방법이 있나요?

A 90. 자가진단목록 50가지를 통해 스스로 완성도를 평가할 수 있습니다.

지금까지 논문 찾는 방법부터 참고문헌 작성 방법까지 소개했다. 이러한 과정을 통해서 학위논문이 완성되면 연구자 스스로 논문의 완성도를 진단해야 한다. 여기서는 논문을 완성한 후 완성도를 높이기 위해 연구자 스스로 진단할 수 있는 자가진단목록 50가지를 소개한다.

자가진단표의 내용은 이 책에서 소개한 중요한 내용을 중심으로 선정했다. 이 자가진단표를 이용해서 자신이 작성한 논문의 부족한 부분을 확인하면 완성도를 높일 수 있다. 진단표는 순서대로 평가할 수 있도록 구성되어 있다. 5점 척도인 1점(매우 미흡)-2점(미흡)-3점(보통)-4점(충분)-5점(매우 충분)으로 평가해도 좋다.

No	구분	점검 사항
1	제목	제목은 논문의 내용을 감안했을 때 적당한가?
2	초록	전체 줄거리가 잘 정리되었는가?(배경, 목적, 연구방법, 연구결과, 시사점)
3	목차	목차의 구성은 적절한가?(장과 절 구성)
4	서론	연구를 왜 하게 되었는지 배경이 잘 제시되었는가?
5		주제가 왜 중요한지 제시되었는가?
6		주제와 관련된 선행연구 동향이 제시되었는가?
7		연구모형이 충분하게 표현되었는가?
8		연구의 차별성이 제시되었는가?
9		연구의 방법에 대해 제시되었는가?
10		연구의 목적이 명확하게 표현되었는가?
11	이론적 배경	연구자의 주장에 대한 인용자 처리는 충실한가?
12		연구와 관련한 변수에 대한 고찰이 충분히 이루어졌는가?
13		연구와 관련된 이론이나 모델을 제대로 제시했는가?
14		변수 간 관계에 관한 연구는 이루어졌는가?
15		인용자 처리방식은 정확한가?
16		그림과 표에 대한 설명은 정확하고 충분한가?

17		이론과 근거하여 모형이 수립되었는가?
18		모델에 근거하여 모형이 수립되었는가?
19		모형에 제시된 모형의 근거는 명확한가?
20		연구모형은 적합한가?
21		하위요인은 적합하게 제시되었는가?
22		요인명의 근거는 확실한가?
23	연구 설계	변수의 도출근거는 명확한가?
24		측정도구는 적합한가?
25		가설의 설정 근거는 명확하게 제시되었나?
26		방법론 선정은 올바른가?
27		연구대상은 적절한가?
28		설문의 구성은 적절하게 제시되었는가?
29		연구방법 제시는 명확한가?
30		연구 표본 수는 적절한가?
31		분석 내용은 적절한가?
32		신뢰도와 타당성은 확보되었는가?
33	연구 결과	분석 과정은 명확한가?
34		가설에 따른 결과가 제대로 제시되었는가?
35		결과를 표와 그림으로 표시가 제대로 되었는가?
36		결과에 대한 요약은 충실한가?
37		연구목적, 방법에 대한 정리가 되었는가?
38		연구가설에 따른 연구결과 제시가 잘 되었는가?
39		연구결과와 선행연구와 비교검토가 이루어졌는가?
40	결론	연구의 결과가 가지는 의미 제시가 되었는가?
41		학문적 시사점 제시가 잘 되었는가?
42		실무적 시사점 제시가 잘 되었는가?
43		연구의 한계점 제시가 명확한가?
44	참고 문헌	참고문헌 누락은 없는가?
45		참고문헌 표기는 제대로 이루어졌는가?
46		참고된 문헌의 수는 적합한가?

47		석사학위 논문이 너무 많이 인용되지 않았는가?
48		학술적 글쓰기는 제대로 이루어졌는가?
49	공통	전체적인 오탈자는 없는가?
50		학교 양식에 따라 편집이 잘 되었는가?

28일 차 1차 논문심사 준비방법 숙지하기

Q 91. 1차 논문심사 발표자료는 어떻게 준비해야 할까요?

A 91. 학위논문을 요약한 PPT 파일을 준비하는 것이 좋습니다.

학위논문이 완성되면 심사 일정이 확정된다. 작성된 학위논문은 제본 또는 PDF파일 형태로 심사위원에게 전달되므로 사전에 학과 사무실에 확인하고 정해진 방식대로 제출하면 된다.

심사받을 때는 연구자가 별도로 발표자료를 준비한다. 일반적으로 파워포인트 형태로 작성한다. 발표시간은 학교나 석·박사 과정에 따라서 다르지만 보통 10분에서 20분 내외이다.

따라서 연구자는 제한시간 내에 자신의 연구내용을 심사위원들에게 충분히 소개한다. 발표자료는 학위논문을 요약해서 정리한 것이다.

[샘플1]

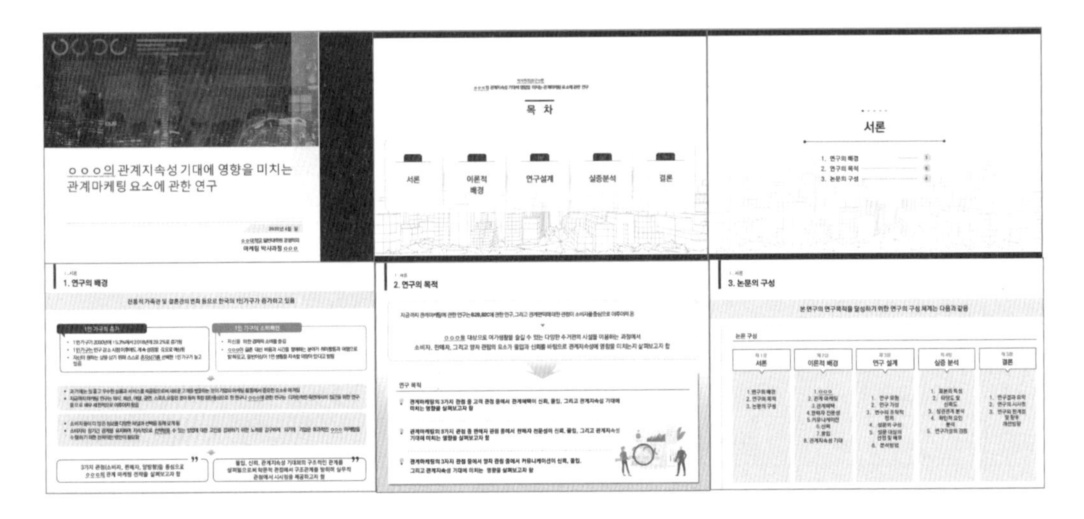

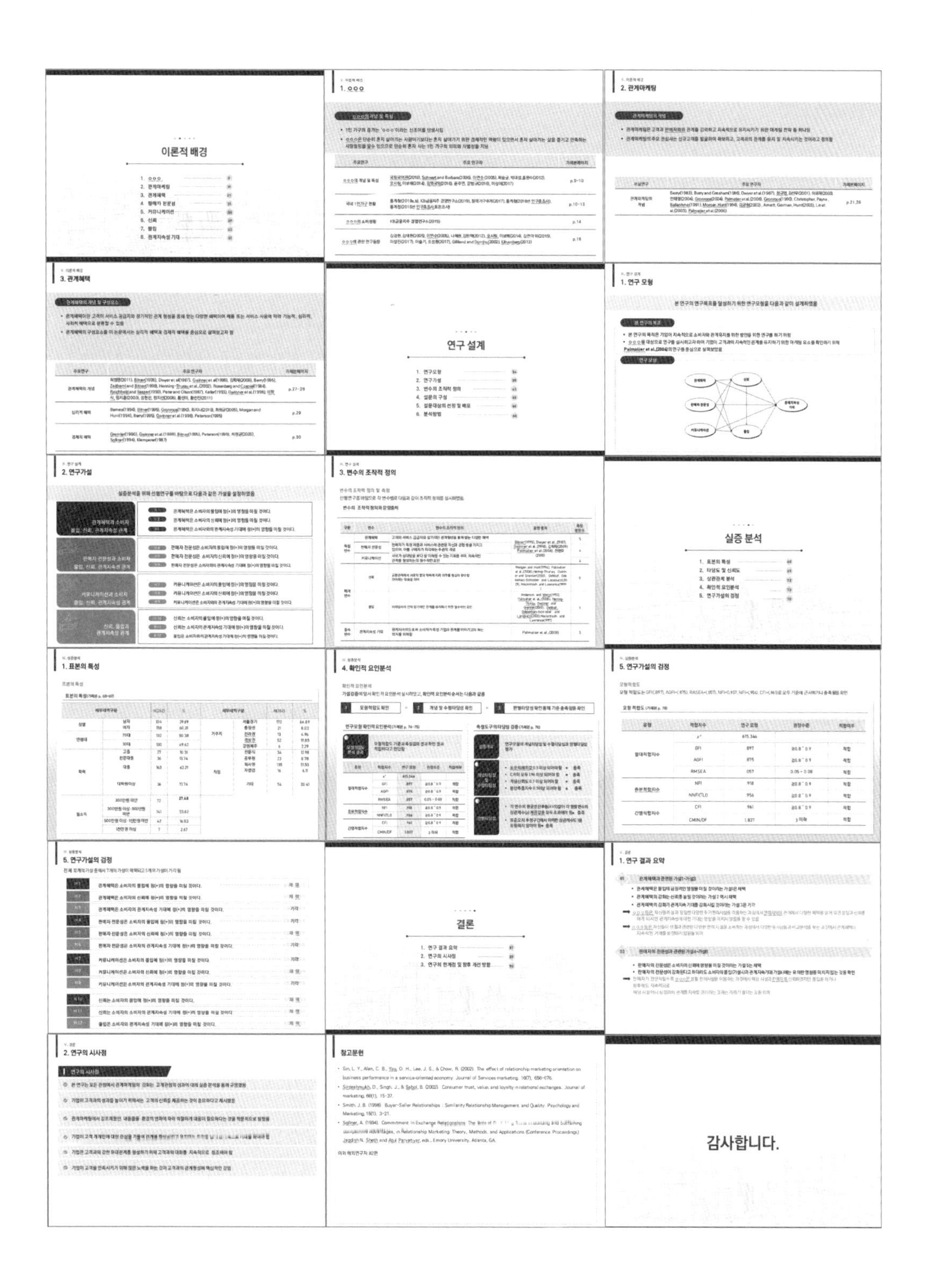
이론적 배경
연구 설계
실증 분석
결론
감사합니다.

29일 차 2차 이후 논문심사 준비방법 숙지하기

Q 92. 2차 이후의 논문심사 발표자료는 어떻게 준비해야 할까요?

A 92. 2차 이후부터는 지적사항에 대해서 연구자가 수정한 내용을 중심으로 발표하면 됩니다.

학위논문의 심사는 1회에 그치지 않는다. 석사학위 과정인지 박사학위 과정인지에 따라서 심사횟수가 정해진다. 학과에 마다 심사횟수가 다르다. 석사는 1~3회에 걸쳐 심사가 진행되고 박사는 2~5회까지 심사가 진행된다.

1차 심사에는 학위논문 전체에 대한 설명자료를 준비해야 하지만, 2차 이후부터는 이전 심사에서 제시된 내용을 위주로 정리하여 발표한다. 따라서 연구자가 준비해야 할 자료는 논문 수정본을 심사위원들에게 제출(제본, PDF파일 등)한 후 지적사항 중심으로 정리한 내용을 준비하면 된다.

[샘플 2]

학위청구논문심사 수정조견표

박사과정 ○○○
2000. 00. 00.(수) 심사

1. ○○○ 교수님 지적사항

	지적사항	수정내용	관련페이지
1	두 방법론 연계에 대한 전반적인 내용 검토 필요 (연구 목적에 맞게 내용 수정)	**서론, 제4장, 5장, 결론부분 재구성 및** **수정보완을 통한 내용연계 반영**하였습니다. 콜드체인 네트워크(mode, node) 관점에서 자연스럽게 연결이 되도록 하였습니다.	서론, 4장, 5장, 결론

2. ○○○ 교수님 지적사항

	지적사항	수정내용	관련페이지
1	본문 중 핵심과 관련 없는 내용은 삭제할 것	본문 중 핵심과 관련 없는 내용 **삭제 완료**하였습니다.	p. 20
2	컨조인트 분석에서 항만/공항을 or로 묶어서 표현하는 것이 합리적인가에 대한 고민 필요	지적하신 내용 의거 **합리적이지 않다고 판단** 및 물류센터 입지선정(5장)과의 연결성에도 문제가 있다고 판단 시장환경(인천, 부산, 평택) 부분은 요인에서 삭제하였습니다. 그리하여 4장은 mode choice, 5장은 node 선정으로 4장과 5장을 자연스럽게 연결될 수 있도록 **전면 수정보완** 하였습니다.	서론, 4장, 결론
3	구어체 표현 및 확신 표현 수정	1) 구어체 표현 수정 수요가 있을 것으로 판단되기 때문이다 ---> 있을 것으로 판단할 수 있다. 등 관련 표현 전체적으로 **수정보완** 하였습니다. 2) 확신 및 단정적 표현 수정 몇가지 한계를 가지고 있다 -> 가지고 있는 것으로 보인다. 연구가 거의 이루어지지 않고 있다 -> 않고 있음을 확인하였다. 연구가 부족하다 -> 연구가 부족함을 확인하였다. 연구가 거의 전무한 실정이다 -> 연구는 거의 없음을 확인하였다. 반영하지는 못하고 있다 -> 반영하지는 못하고 있는 듯하였다. 등, 서론, 이론적 배경, 결론 부분 전반에 걸쳐 **수정보완** 하였습니다.	p. 3 外 서론, 이론적배경, 결론 부분, p. 44~45 外
4	참고문헌 표기법 수정	참고문헌 표기법 학교 표기법으로 **수정보완** 하였습니다. <학위논문> 저자명(년도). "논문제목". 학교명(대학원). 석박사 학위논문 <학회지> 저자명(년도). "논문제목". 학회지명. 권호. pp.	p. 181~191

Q 93. 논문심사 시 유의할 사항은 무엇이 있을까요?

A 93. 심사 시 유의사항을 몇 가지 제시했으니 참고하기 바랍니다.

학위논문 심사과정에서 유의해야 할 사항을 살펴보자. 석사학위 심사는 3명의 심사위원으로 구성되고, 박사학위 심사는 5명의 심사위원으로 구성된다. 예상하지 못한 질문과 지적사항을 받으면 당황할 수 있으므로 철저히 준비해야 한다.

①복장은 최대한 정중하게 갖추자

심사위원 중에서 보수적인 심사위원이 있을 수 있다. 따라서 논문심사를 받을 때는 최대한 정중한 복장을 갖출 것을 제안한다. 정장을 착용해도 좋다.

②발표시간을 최대한 맞춰라

일부 연구자는 너무나도 구체적이고 장황하게 설명한다. 제한시간이 15분인데 서론과 이론적 배경을 설명하는 데만 10분을 소요하는 경우가 흔하게 발생한다. 따라서 발표자료를 작성한 후 10~15분 이내에 발표할 수 있도록 충분하게 연습해야 한다. 그렇지 않으면 자신이 준비한 것을 제대로 보여주지 못하게 되고, 심사위원이 발표를 제재할 경우 당황하여 실수를 저지를 수도 있다.

③필기구를 준비하라

연구자의 발표가 끝나고 나면 심사위원장이 심사위원들에게 지적사항을 알려달라고 한다. 다양한 지적사항을 듣게 되는데 기억하는 것은 불가능하다. 따라서 적어야 한다. 때론 녹음해서 지적사항 하나하나를 놓치지 않아야 한다. 물론 심사가 끝난 후에 심사위원은 각자 심사평가결과표를 작성하지만, 해당 심사평가 결과표에는 지적사항이 요약되어 작성되므로 세부 사항을 놓치게 되는 실수를 방지하려면 반드시 필기구나 녹음기를 준비해야 한다.

④심사 방식은 양방향이 아니라 한 방향이다

학위논문을 준비하는 사람들이 생각하는 오해 중 하나는 학위논문 심사과정에서 심사위원들이 질문을 많이 할 것으로 생각하는 것이다. 그리고 심사과정에서 질문에 제대로 대답하지 못하면 어떡할까 하는 두려움을 가진다.

하지만 대부분의 학위논문 심사과정에서 심사위원들은 연구자에게 질문하지 않는다. 대부분은 심사위원이 해당 논문에서 수정할 부분을 일방적으로 지적한다. 연구자는 그 지적사항을 최대한 반영하겠다는 자세를 보여주면 된다.

⑤심사위원이 질문하는 경우는 두 가지이다

첫 번째는 심사위원이 연구자가 작성한 내용을 잘 이해하지 못해 해당 내용을 확인하기 위해 질문한다. 보통 해당 내용이 무슨 의미인지 설명해달라고 한다. 그러면 연구자는 성실하게 자신이 아는 범위에서 설명하면 된다. 제대로 설명하지 못하면 예상하지 못한 지적사항이 쏟아지기도 하므로 철저히 준비해야 할 것이다. 특히 새로운 연구방법론을 사용하거나 생소한 주제로 학위논문을 준비했을 때 이런 경우가 있다.

두 번째는 심사위원이 연구자가 어느 정도 이해하고 있는지 확인하기 위해 질문한다. 이 경우에 심사위원은 질문한 내용에 대해 충분히 잘 알고 있다. 해당 내용을 연구자가 어느 정도 이해하고 있는지, 알고 있는지 묻기 위해 질문한다. 그러므로 자신이 아는 범위에서 잘 설명해야 한다. 제대로 대답하지 못했을 때는 예상하지 못한 지적사항을 받게 되어 곤란을 겪을 수도 있다.

⑥연구자는 심사위원의 질문과 지적에 잘 대응해야 한다

연구자는 심사위원이 질문하고 지적할 때 어떤 자세를 보여야 할까? 하나하나의 지적사항에 "잘 알겠습니다", "다시 확인해 보겠습니다", "다시 작성하도록 하겠습니다."라고 답하는 정중한 자세가 필요하다.

심사위원의 지적사항에 반박하려는 경우가 있다. 물론 자신의 연구내용을 심사위원이 제대로 이해하지 못해 지적했다면 이해하도록 도와줘야 한다. "교수님께서 말씀하신 사항을 충분히 잘 이해했습니다. 교수님께서 말씀하신 내용 중에 제가 설명을 조금 더 드려도 될까요?"와 같이 동의를 구한 후에 발언할 것을 제안한다. 만약 그러지 않고 지적하는 상황에서 답을 하려고 시도하면 분위기는 안 좋아질 것이다.

⑦통계에 대한 예상 질문을 잘 준비하라

연구자들이 가장 두려워하는 질문 중 하나가 '통계에 대해 질문하면 어떡하지?'이다. 학위 논문을 준비하면서 통계분석은 연구자가 해야 하지만 경우에 따라 통계분석 전문가에게 의뢰하는 경우가 있다. 그러면 솔직하게 밝혀야 한다. 최소한 지도교수에게 통계분석 전문가에게 의뢰했다고 이야기해야 한다. 통계분석 결과를 연구자가 해석하고 정리하는 데 더 집중했다고 말해야 한다.

통계에 대한 주된 질문은 연구자가 사용한 통계 방법에 대한 기본 개념, 해당 방법론을 실시한 이유, 해당 방법론의 적용 기준이다. 앞서 4장에서 제시한 내용을 잘 숙지하면 크게 어려움이 없을 것이다.

30일 차 주요 심사 지적사항 살펴보기

Q 94. 장별 지적 비율은 어떻게 되나요?

A 94. 3장이 가장 많은 부분을 차지하지만, 전체적으로 다양한 지적사항이 있을 수 있습니다.

다음은 필자가 논문컨설팅을 하면서 지적사항을 정리한 것이다.

1. 전체 기준 지적사항 비율

가장 많은 지적사항이 있는 장은 3장 연구설계이다. 다음으로 4장 연구결과이며, 연구의 설계와 연구결과가 전체 43.5%로 절반 가까이 차지한다.

구분	비율
1장	10.4%
2장	16.1%
3장	25.9%
4장	17.7%
5장	15.5%
기타	14.5%

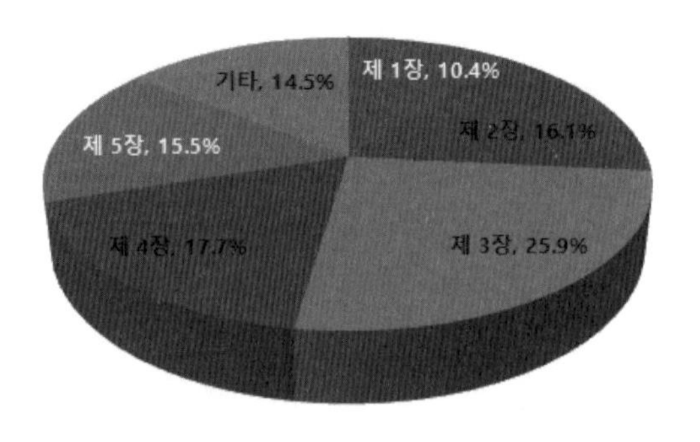

2. 기타 부분 지적사항 비율

기타에 해당하는 지적사항은 14.5%이다. 기타 유형에는 편집에 대한 지적, 참고문헌에 대한 지적, 연구 제목 수정, 인용자 처리 준수, 초록 수정, 표절률 확인, 설문지 내용 확인, 목차 수정 등이다.

기타 부분에서는 편집에 대한 지적이 34.8%로 가장 높다. 참고문헌 누락이나 표기 방법에 대한 정정이 26.1%를 차지한다. 또 논문 제목을 변경도 17.6%인 것을 알 수 있다.

구분	비율
편집	34.8%
참고문헌	26.1%
연구 제목	17.4%
인용자 처리	10.9%
초록	4.3%
표절률	2.2%
설문지	2.2%
목차	2.2%

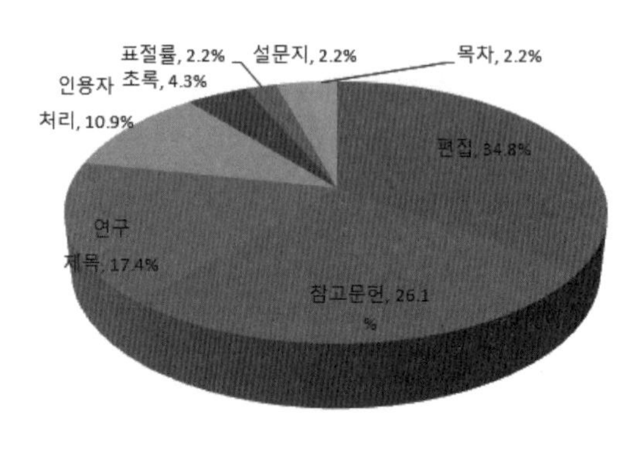

Q 95. 1장의 지적사항으로 무엇이 있을까요?

A 95. 서론 작성을 위해 소개한 다섯 가지를 중심으로 부족한 부분에 대한 지적이 있습니다.

1장 세부 지적사항
연구의 필요성, 기존 연구에 대한 보완 필요성 등을 보완
서론에 ○○ 교육의 입장에서 많이 고민한 흔적이 부족하다.
연구문제로 넘어가기 전에. 연구의 필요성 제시가 되어야 한다.
○○ 산업의 특성 반영은 어떻게 된 것인지 부각 필요
본 연구의 목적은 ○○ 인데 방안 제시가 부족함
인용문 과다로 논문의 독자성이 약해졌음, 본인의 생각이 더 담겨야 함
기존 연구와의 차이를 좀 더 뚜렷이 정리할 것 (현재 사례는 다소 모호하고 약함)
연구의 목적, 연구의목표, 연구의 기대효과를 명확하게 구분하여 정리되어야 함
본 연구의 목적 부분 내용이 이상하니 문장을 다시 정리
'연구목적'을 구체화
연구를 통해 드러내고자 하는 이유를 다시 설명
주제 및 의의가 드러나도록 서론 앞부분 보완
서론에서 연구에 사용할 변수에 대한 용어가 무엇인지 설명이 필요함
직장 내 실태 조사 내용이 불필요해 보이므로 제거 바람
용어 정의 순서 정리(변인 순서에 맞게)
본 연구가 기존 연구와 비교하여 어떠한 차별적인 기여점을 갖는지를 구체화 시킬 것
왜 이 연구가 그렇게 중요하고 의미 있는 것인지에 관해 이해할 만한 어떤 논증도 없음
본 연구와 관련하여 문제 제기가 안 되어 있다.
2011년 이후 최근 자료를 활용하여 작성할 것
서론과 결론이 문맥상 논리적인 연계성이 부족하며 이를 보완해야 함
과도하게 선언적이고 일방적인 주장을 한 문장이 많음
연구의 목적이 한마디로 무엇인지 명확하게 제시되어 있지 않음

Q 96. 2장의 지적사항으로 무엇이 있을까요?

A 96. 이론적 배경에 대한 양적 부분부터 내용 부분에 이르기까지 다양합니다.

2장 세부 지적사항
변수와 변수에 대한 관계성 선행연구 보완 필요함
이전 연구 저자들의 논리적 타당성과 한계성 언급할 것
이론적 배경 마지막에 종합 논의 추가할 것
이론적 배경에 대한 목차 재구성할 것
개념에 대한 구체적 내용이 부족한 듯하며 이에 대한 보완 필요
적용사례를 좀 더 보완해야
이론적 고찰과 선행연구 검토 구분할 것 (2장 너무 방대)
선행 연구와의 차별화가 모호함
선행 연구 인용이 편중되어 있어 더 많은 인용 내용 추가할 것
인용문으로 계속 구성되어 논문의 독자성이 약해졌으며, 인용의 연속으로 편집된 것처럼 인식될 우려가 있음
인용한 다음에는 반드시 이를 종합, 평가, 비평하는 본인의 글로 마무리할 것
모든 그림은 Box 처리, 그림 타이틀은 항상 그림 아래에
본 연구의 차별성 보완
선행연구 추가 필요
이론적 배경에서 각 변수를 구분해서 이론적 배경을 작성 바람
이론적 고찰 부분에 변수와 변수 간 관계연구 추가되어야 함
인용자와 실제 내용이 다름
선행연구자가 연구한 내용을 표로 재정리한 것. 삭제할 것
선행연구 정리 내용을 표로 요약하여 제시할 것
변수별로 구분하여 구체적으로 설명할 것
관련 이론을 여러 개 소개했는데, 교과서 받는 듯한 느낌을 받음. 연구자가 논문에 가장 적합하다고 생각하는 이론을 택하여 특정이론을 소개하고 적용하여 연구자의 글을 바꾸어 정리할 것
이론, 선행연구 검토에서 국내외 문헌 리뷰라고 표시되었지만, '재인용' 아닌가? 실제 다 읽었는가?
이론적 배경 : 형식이 학교마다 다른데 일단 우리 학교 양식은 변인들 간의 관계규명이다. 그것이 잘 되어 있지 않고 표 양식에서 많이 벗어남
표만 정리할 것이 아니라 본문에 표에 대한 설명을 넣어야 한다.

박사학위 논문으로써 논지 정리에 필요하지 않은 자료가 너무 많음. 꼭 교과서 같음. 그러므로 이를 많이 줄여야 함
박사 논문인데 남의 석사 논문을 다 베껴서 엄청 많은 양을 작성하였음
전체적으로 압도되는 분량을 줄이면 훨씬 짧아질 수 있음. 불필요한 게 많음. 이론적 배경 다 줄이고 결과도 매개효과에 맞게 하고 논의도 본인 주장이 아닌 것은 다 줄이고 정리할 것

Q 97. 3장의 지적사항으로 무엇이 있을까요?

A 97. 주로 연구모형에 대한 근거를 지적합니다. 연구모형이나 연구방법을 변경해야 한다는 지적도 있습니다.

3장 세부 지적사항
조절변수의 근거 제시할 것
연구모형 맞지 않은 것을 새롭게 수정할 것
조절변수 재설정할 것
이론에 기초한 연구모형 재설정
심층 인터뷰 목적 기술할 것
변수와 변수에 대한 근거 부족
추가 인터뷰 실시할 것
연구모형에서 기존 연구와의 차별점을 부각할 수 있는지?
연구모형에서 단계별로 도출된 항목은 어떠한 근거로 도출된 것인지?
조사방법 구체적으로(조사 기간, 지역) 제시할 것
지역에 대한 언급은 불필요해 보이므로 삭제 요망
변수의 조작적 정의 및 측정 부분에 대한 내용 수정 및 보완
연구모형 수정 필요 - 감정 부조화에서 감정 고갈로 가는 것이 맞음
척도에 대한 신뢰도 타당도 확보과정이 없음
○○ 척도 문항이 많아서 줄였다는데, 2문항씩 하는 것이 문제. 적어도 3문항이 되어야 한다.
많아서 줄였다는 것은 말이 안 된다.
연구의 조작적 정의에 맞춰 3개 문항으로 수정과 보완 어떻게 한 것인가? 그 과정이 너무 임의적이고 연구자 마음대로 뺀 것으로 생각하여 타당성에 문제가 될 거로 생각한다.
○○ 척도가 3문항에 타당한 척도가 아닌데, 타당성의 문제가 있지 않겠는가?
연구모형과 연구가설은 붙어서 간다. 이론적 배경 끝부분으로 보내든지 위치 재고민해야 한다.

변수의 도출에 대한 재정리 필요
매개하는 것을 보는 데 대한 논리적 고리가 없다.
연구모형 그림 정삼각형으로 수정
표본수집에 설문지 어떻게 돌렸는지 온라인, 오프라인 반반 편의 표집했다고 적기
유형 3개를 어떤 기준으로 채택했는지 명확하게 제시할 것
변수를 3개로 나눠 선정한 이유(어떤 대표성으로)
연구가설을 분리할 것
가설검정 등 용어나 표현방법을 개선해서 독자가 좀더 이해할 수 있도록 정리 필요
설문 대상자를 명확하게 제시
무엇에 대한 의문을 갖고 무엇을 분석할 것인가가 정확하게 설정되지 않은 상태에서 연구대상이 나옴
제1절에 연구문제 설정을 추가하기 바람(예. 연구문제1) 2) 3)으로 정리)
설문 구성은 연구자가 임의로 할 수 없으며 이론 고찰과 연결한 이론적 근거가 있어야 함
〈표3-1〉, 〈표3-2〉, 〈표3-3〉으로 재편집
변수의 정의 구체적으로 제시할 것
가설과 연구모형을 다시 한번 검토하기 바람
직무스트레스는 Likert 5점 척도이나 일터 영성 및 이직 의도의 경우 Likert 7점 척도를 사용하였음.
다른 척도로 분석을 했다는 것은 치명적 오류. 확인하기 바람
가설에서 정(+)의 영향을 미치는지 부(-)의 영향을 미치는지 명시해야 함
3장 조작적 정의가 맞지 않는 부분 수정
분석 방법 제시 및 통계분석과 관련된 세부 사항에 대한 기술
논문의 가설에 대한 명확한 근거 제시 필요
설문지 구성 내용에 대한 이론적 근거를 제시할 것
분석 방법에 대한 설명이 다소 부족함
연구모델이 식상함(특히 혁신역량은 기존에 연구가 되어 있는 부분)
기업가 정신을 조직 설문문항으로 조사한 측정한 근거가 무엇인지?
방법론적 부분에 앞서 이론적 근거에 대한 내용 좀 더 보완이 필요함
가설을 설정 도출을 위한 선행연구 제시 요망
모델 수정
연구대상 선정 기준을 명확하게 제시
모델 그림은 전체 모델 그림 하나로 표현하고 세부 모델 삭제

부(-)적 영향이라는 말을 제거하는 것이 좋을 듯함
자료수집 기간을 제시할 것
변수를 임의로 제외하고 왜 8문항으로 사용했는가?
통계적으로 수치상으로 유의미하게 매개가 검증되는지 모르겠으나 측정모형의 질은 모르겠음
변수의 근거가 명확하지 않고 논리적 비약이 너무 많음
가설을 세울 때 그것의 근거가 되는 연구가 보완되어야 함

Q 98. 4장의 지적사항으로 무엇이 있을까요?

A 98. 분석 방법에 대한 불명확한 부분이나 오류에 대한 지적뿐 아니라 표현 방식에 대한 지적도 있습니다.

4장 세부 지적사항
더미 변수로 바꿔서 투입해야 함, 더미 처리 후 회귀분석 투입하여야 함
인구통계학적 분석에서 종교, 결혼 여부, 연봉 제거
대외활동, 긍정적 자기감과 삶의 질 간의 직접 효과 삭제한 이유
부분매개 모형 분석 시도할 것
기술통계분석 다음 구조모형 분석이면 CFA로 넘어갈 것 (이 부분부터 완전히 다시 할 것)
탐색적 요인분석 제거할 것
판별타당성 분석- 상관계수인지 상관계수 제곱인지 모르겠음- 주석으로 표시할 것
조절 효과의 세부가설 명확히 적을 것
기술통계량 개별항목별로 제시할 것
직/간접 총 효과분석추가 분석할 것
가설 검증 후 종합논의 추가
통계 부분에 대한 전반적인 수정 필요
유형별로 나눠서 통계 디시 분석하고 이에 따른 가설도 수정할 것
브랜드별 평균 차이 분석 추가 시행할 것
전문가 그룹에 대해 분석 필요
심층 인터뷰 결과를 가감 없이 그대로 인용하기보다는 연구자의 명확한 implication을 정리하는 것이 필요
연구주제와 부합되는 추가 분석 필요함

비율의 소수점 이하 숫자 표기 통일
통계분석 시 통제변수를 넣어서 다시 할 것
통계분석 수치는 소수점 둘째 자리까지만 정리 요망
하위요인으로 나누어 분석하지 않는 이유
4장 차이분석 내용을 줄이고 나머지 내용 보강
통계 작성을 우리 학과에서 정리하는 방식으로 표를 제시할 것
일부 결괏값에 오류가 있는 듯하니 재확인할 것
조절변수에 대한 graph가 필요하다.
통제변수도 명확히 무엇을 어떻게 측정하였는지를 밝혀야 함
덧붙여 왜 그러한 통제변수를 선택했는지도 명확히 기술되어야 함
기술통계분석을 왜 써야 하나? 그것은 필요치 않음
매우 많은 연구결과가 있는데 무엇에 중점을 두고 볼 것인지 굉장히 혼란스러움
통계기호는 이탤릭체
그냥 회귀분석이 아니라 단순회귀분석 이라고 해야 함
단계적 회귀분석을 왜 제시했는가?
상관관계 분석 결과는 더 분석 논의되어야 함. 양이 적음
결과 제시한 부분을 보면 통계 교과서 같음. 필요 없는 부분은 삭제
소수점 자릿수 통일(두 자리? 세 자리?)

Q 99. 5장의 지적사항으로 무엇이 있을까요?

A 99. 결론에서 세 가지로 작성해야 할 내용이 부족하다는 지적이 주를 이룹니다.

5장 세부 지적사항
기각된 가설에 대한 원인 설명 보완할 것
정책적 시사점을 실무적 시사점으로 변경
연구목적과 연구문제 간의 체계성 확보할 것
시사점 제언 보완할 것
다른 논문에서 발견된 연구성과를 기초로 자신의 독창적 결론 도출
연구의 결과에서 시사점 차별성 미흡
실무적 시사점 내용 보완
논의에 중복이 많다. 그리고 논의는 선행연구 결과들을 비교하며 연구자 의견을 논의해야 하는데 그런 부분이 없다.
결론에 가설만 늘어놓지 말고 의역해서 더 설명하고 해석
결론에 기각된 건 왜 기각된 것 같은지 생각 적기
시사점 추가 필요
제시된 방안이 모호하므로 보다 구체적으로 고민
연구 시사점에 '~해서 필요하다'라고만 언급했는데 어떻게 적용할 것인지 적용 시 예상되는 문제점이 무엇인지
실용적 면에서 보완할 것
해외사례를 좀 더 풍부하게 적어주면 결론이 설득력이 있겠음
이론적 시사점 및 실무적 시사점을 보강
한계점 부분과 시사점 부분이 강화되길 바람
결론 부분에서도 기존 연구와의 차별성에 대한 구체적인 기술이 필요
조사결과를 바탕으로 함의 및 제언을 추가할 것. 특히 제언을 많이 추가
결론 및 논의에 학문적 시사점과 실무적 시사점을 구분하여 제시해 주셔야 함
5장에서 논의는 4장으로 이동
경로 분석 결과의 의미를 구체적으로 제시하기
한계도 통상적인 한계로 쓰지 말고 연구에서 느낀 한계점을 써야 함
연구결과 정리는 내용의 유사성 기준으로 작성해야 한다.
결과에서 조절 효과에 대한 기여도를 명확하게 써줘야 한다.
결론 부분의 중간중간 과도한 해석, 국어 표현의 오류, 불충분한 논증이 많이 보이므로 꼼꼼하게 다시 점검하기 바람

함의 내용은 1페이지도 안 되는 분량임
연구결과가 무엇을 중점을 두고 제시할지 모호함
논의에서도 선행연구와의 관련성이 있는지 통합적으로 제안되지 않음

Q 100. 기타 부분의 지적사항으로 무엇이 있을까요?

A 100. 편집, 연구 제목 수정, 참고문헌 표기 방법 지적 등 다양한 지적사항이 있습니다.

기타 부분 세부 지적사항
목차가 너무 세분되어 있다(선행연구 배치에 대한 고민과 균형을 생각해야 한다).
유사 개념 등 세부 부분은 목차에서 제거하고 구성하는 것이 좋을 듯함
설문지에 휴대폰 번호와 이메일은 개인정보 보호 차원에서 빈칸으로 남겨놓는 게 좋지 않을까?
논문 et al은 앞에 저자들이 많이 나왔을 때 쓰는 거고 처음부터 쓰는 거 아님. 처음에는 명칭 다 써야 함
외국 논문 인용 시 한국 사람 논문에서 인용했을 텐데 그럴 경우
한국인 저자 이름도 표기해야 함(표절이 될 수 있다)
본문 내용에 논문 저자를 표기할 때 3명까지 모두 표기해야 함
&와 and가 혼용됨
제목 변경
논문 제목에 부제 필요 여부
제목에서'활성화'가 너무 추상적
제목에서 논문 내용이 잘 드러나지 않음
연구 제목이 본 연구의 목적을 정확히 반영하고 있지 못한 듯 보임
석사학위 논문은 되도록 참고문헌에 사용하지 말 것
최근 참고문헌을 더 추가할 것
참고문헌 누락된 것 추가
사용한 모든 참고문헌에 대한 기재 보완
참고문헌 표시에 띄어쓰기 체크
참고문헌 다시 제대로
참고문헌에 일부 문헌 누락
참고문헌 작성 시 논문 작성법 기준 확인
국문 초록을 논문 전체 내용 반영할 것
주제어를 다른 사람의 관련 연구에서 찾을 때 도움되는 것으로 선정할 것
APA 논문에서는 세로줄 처리하지 않음
규격(양식) 맞추기
일부 이상한 편집, 오류(오타) 수정

영문 이름 표기 시 이름 다음에 있는 쉼표 삭제
학교 양식과 맞지 않으므로 전체적으로 다시 한번 검토 바람
전반적으로 띄어쓰기 및 문헌 정리를 다시 한번 검토 바람
전반적으로 불필요한 문장을 제외하고 흐름이 자연스럽고 논리적으로 수정
오타 수정 요망
오타, 목차, 논문 스타일 적용은 기본. 제본 전까지 계속 수정
표절 검사
표절률 너무 높음
자기표절 부분 주의해서 수정 바람
전체 내용을 한 저자의 것으로 모두 정리하는 것은 표절이므로 다시 정리 바람

| 참고문헌 |

[저서]

김원표 저, 《SPSS 통계분석 강의》 기초편, 사회와 통계

김원표 저, Amos를 이용한 구조방정식 모델 분석, 사회와 통계

노경섭 저, 《제대로 알고 쓰는 논문 통계분석》 SPSS & AMOS 21, 한빛아카데미

이일현 저, EasyFlow 회귀분석, 한나래아카데미

허준 저, 《허준의 쉽게 따라 하는 AMOS 구조방정식모형》 기초편, 한나래아카데미

[웹사이트]

〈한국교육학술정보원〉 http://www.riss.kr

〈DBpia〉 http://www.dbpia.co.kr

〈인천대학교 학산도서관〉 http://lib.inu.ac.kr

〈(사)한국코치협회〉 http://www.kcoach.or.kr

〈카피킬러〉 https://www.copykiller.com

[학위논문]

강인주(2015), 서울대학교 박사학위논문 | 구상회(2020), 국민대학교 박사학위논문 | 권슬기(2016), 서울대학교. 석사학위논문 | 김상한(2017), 경희대학교 박사학위논문 | 김미정(2017), 숙명여자대학교 박사학위논문 | 김수연(2015), 신라대학교 박사학위논문 | 김수현(2018), 부산대학교 석사학위논문 | 김성영(2018), 인천대학교 박사학위논문 | 김은정(2020), 숙명여자대학교 박사학위논문 | 김혜진(2017), 인천대학교 박사학위논문 | 박정홍(2018), 성균관대학교 박사학위논문 | 배창봉(2020), 제주대학교 박사학위논문 | 손상균(2015), 국민대학교 석사학위논문 | 안기홍(2020), 건국대학교 대학원 박사학위논문 | 오혜경(2020), 서울대학교 박사학위논문 | 유효정(2019), 광운대학교 박사학위논문 | 윤성주(2017), 세종대학교 박사학위논문 | 이민주(2017), 고려대학교 석사학위논문 | 이상희(2020), 숭실 데 대학원 박사학위논문 | 전유진(2019), 숙명여자대학교 박사학위논문 | 전빛나(2019), 건국대학교 박사학위논문 | 최낙영(2017), 백석대학교 박사학위논문

지은이_ **김진수**

광운대학교 국제통상학부 겸임교수, 우리가치연구원 원장, 전략기술경영연구원 이사로 재직 중이며,
국내 최고의 논문 컨설팅 기업에서 대표컨설턴트로 활동 중이다. 저서로는 《딱! 한권으로 끝내는 논문통계》가 있다.

블로그 : https://blog.naver.com/kimtongdog
이메일 : kimtongdog@naver.com

딱! 30일 만에 논문 작성하기

초판 1쇄 발행 2020년 12월 5일 **개정판 1쇄 발행** 2022년 7월 25일

지은이 김진수
펴낸곳 글라이더 **펴낸이** 박정화
편집 이고운 **디자인** 디자인뷰 **마케팅** 임호

등록 2012년 3월 28일(제2012-000066호)
주소 경기도 고양시 덕양구 화중로 130번길 14(아성프라자)
전화 070)4685-5799 **팩스** 0303)0949-5799
전자우편 gliderbooks@hanmail.net **블로그** https://blog.naver.com/gliderbook
ISBN 979-11-7041-106-2 93310